1+X职业技能等级证书（运动控制系统开发与应用）配套教材

运动控制系统开发与应用（中级）

主　编　廖强华　盛　倩

副主编　蒋正炎　邹正哲　李　超

参　编　李莉娅　朱　江　刘晓磊　宰文姣　王　刚

机械工业出版社

本书为1+X职业技能等级证书（运动控制系统开发与应用）配套教材之一。本书参照1+X《运动控制系统开发与应用职业技能等级标准》（中级），根据自动化设备和生产线、数控装备、机电一体化装备等制造类企业的设计、调试、开发、操作编程、设备检测、技术支持等岗位涉及的职业技能要求编写而成，通过13个项目介绍了伺服电动机的选型和调试、控制器多种运动模式的编程、设备精度的计算及优化和使用C++语言开发运动控制系统等内容。全书内容丰富、结构合理、理论与实践相结合。

本书可作为1+X职业技能等级证书——运动控制系统开发与应用（中级）的培训教材，也可作为职业院校机电一体化技术、电气自动化技术、机电设备维修与管理、计算机应用技术等相关专业配套教材，还可作为自动化企业从业人员的培训用书。

为方便教学，本书植入二维码微课视频，配有免费电子课件、模拟试卷及答案等，供教师参考。凡选用本书作为授课教材的教师，均可登录机械工业出版社教育服务网（www.cmpedu.com）网站，注册、免费下载，或来电（010-88379564）索取。

图书在版编目（CIP）数据

运动控制系统开发与应用：中级/廖强华，盛倩主编. —北京：机械工业出版社，2021.10（2024.6重印）
1+X职业技能等级证书（运动控制系统开发与应用）配套教材
ISBN 978-7-111-69503-5

Ⅰ.①运… Ⅱ.①廖… ②盛… Ⅲ.①自动控制系统-高等职业教育-教材 Ⅳ.①TP273

中国版本图书馆CIP数据核字（2021）第220453号

机械工业出版社（北京市百万庄大街22号　邮政编码100037）
策划编辑：冯睿娟　　责任编辑：冯睿娟　章承林
责任校对：陈　越　李　婷　责任印制：刘　媛
涿州市京南印刷厂印刷
2024年6月第1版第5次印刷
184mm×260mm · 12印张 · 319千字
标准书号：ISBN 978-7-111-69503-5
定价：45.00元

电话服务　　网络服务
客服电话：010-88361066　　机　工　官　网：www.cmpbook.com
　　　　　010-88379833　　机　工　官　博：weibo.com/cmp1952
　　　　　010-68326294　　金　　书　　网：www.golden-book.com
封底无防伪标均为盗版　　机工教育服务网：www.cmpedu.com

前言

PREFACE

运动控制技术综合了机械、电气、传感、通信、计算机以及自动化等多个学科的知识，在工业生产中占有非常重要的地位。随着人工智能、大数据等新技术的高速发展，我国的运动控制技术还有很大的发展空间。

2019年，教育部、国家发展改革委等联合印发了《关于在院校实施“学历证书+若干职业技能等级证书”制度试点方案》，在职业院校和应用型本科高校部署启动了“学历证书+若干职业技能等级证书”（简称1+X证书）制度试点工作。1+X证书制度将学校学历证书和企业用人需求、职业技能等级证书有效地结合在一起，能进一步激发职业技能人才积极提升综合素质。“运动控制系统开发与应用职业技能等级证书”是1+X证书制度第三批试点项目。

通过本书的学习，学生应该掌握运动控制系统开发与应用中级技能，能根据工业现场需要完成自动化设备的调试、操作编程、二次开发以及控制系统研发等相关工作，能够胜任技术支持、培训专员、研发工程师等岗位。

教学建议如下：

项　目	理论学时	实操学时
伺服电动机调试	6	8
伺服电动机选型	6	2
MFC 界面制作	2	4
供料系统与流水线输送	2	6
按钮控制丝杠模组运动	2	6
手轮控制丝杠模组运动	2	6
设备回零程序	2	8
单轴变速运动	2	6
跟踪打标	2	6
平面激光打标	4	8
计算定位精度和重复定位精度	4	4
XY 平面运动平台的优化	6	6
综合实训	2	16

本书由职业教育专家和企业专家共同担任主编，并邀请了高等学校专业教师、企业运动控制工程师参与编写。全书共有13个项目，其中项目1和项目2由常州工业职业技术学院蒋正炎、贵州工业职业技术学院李莉娅编写，项目3、项目4和项目5由广东轻工职业技术学院李超、常州信息职业技术学院朱江编写，项目6、项目7和项目8由深圳职业技术学院廖强华、烟台职业学院刘晓磊编写，项目9和项目10由固高派动（东莞）智能科技有限公司盛倩、四川师范大学宰文姣编写，项目11、项目12和项目13由固高派动（东莞）智能科技有限公司

邹正哲、四川信息职业技术学院王刚编写。廖强华、盛倩作为本书主编统筹组稿。

本书在编写过程中得到了机械工业出版社和深圳职业技术学院的大力支持，同时徐州工业职业技术学院范柏超，深圳职业技术学院文双全，浙江水利水电学院姚玮，固高派动（东莞）智能科技有限公司禹新路、钟华军、江兵等对本书的成稿提供了支持，参与了本书的书稿校对、插图绘制、微课录制等工作，在此一并表示感谢！

由于编者水平有限，书中出现不足之处在所难免，恳请广大读者予以批评指正。

编　者

二维码清单

名称	图形	名称	图形
01-01-伺服电动机的控制方式		04-01-硬件介绍和进制计数法	
01-02-伺服驱动器的电机安装		04-02-输入/输出运动控制指令介绍	
01-03-伺服驱动器的自动调整		04-03-数字量和模拟量的输入输出编程操作	
01-04-伺服电动机的电流环调试		05-01-Jog运动及其硬件介绍	
01-05-伺服电动机的速度环调试		05-02-C++数据类型及转换	
01-06-伺服电动机的位置环调试		05-03-Jog运动控制指令介绍	
02-01-伺服电动机的惯量匹配		05-04-Jog运动编程	
02-02-伺服电动机的转矩、速度匹配		06-01-电子齿轮运动及其硬件介绍	
02-03-伺服电动机的选型		06-02-控制流程语句	
02-04-伺服电动机的负载匹配		06-03-函数的声明和调用	
03-01-MFC的常用控件介绍		06-04-电子齿轮运动控制指令介绍	
03-02-人机交互界面的基础制作		06-05-手脉轮电子齿轮运动编程	

（续）

名称	图形	名称	图形
07－01－回零运动和硬件介绍		11－01－精度计算和程序流程	
07－02－C++知识点及回零流程		11－02－单向轴线重复定位精度实验	
07－03－回零运动控制指令介绍		12－01－误差补偿与前瞻预处理	
07－04－单轴回零运动编程		12－02－程序流程和运动控制指令介绍	
08－01－PT运动和硬件介绍		12－03－前瞻预处理优化实验	
08－02－C++知识点及程序流程		13－01－综合实训：删除现有控件	
08－03－PT运动控制指令介绍		13－02－综合实训：报错提示	
08－04－PT运动编程		13－03－综合实训：控制卡初始化	
09－01－电子凸轮运动和硬件介绍		13－04－综合实训：建立状态监控区域界面	
09－02－跟随运动控制指令介绍		13－05－综合实训：添加状态查询功能	
09－03－跟踪打标运动编程		13－06－综合实训：多界面切换功能	
10－01－插补运动和硬件介绍		13－07－综合实训：单轴控制模块制作	
10－02－插补运动控制指令介绍		13－08－综合实训：回零功能模块制作	
10－03－插补运动编程		13－09－综合实训：搬运流程模块制作	

目录

CONTENTS

前言

二维码清单

项目1 伺服电动机调试 1

1.1 项目引入 1

1.2 相关知识 1

1.2.1 伺服电动机控制按应用分类 1

1.2.2 伺服电动机控制按原理分类 2

1.3 项目实施 3

项目2 伺服电动机选型 19

2.1 项目引入 19

2.2 相关知识 19

2.2.1 伺服电动机惯量匹配 19

2.2.2 伺服电动机转矩匹配 21

2.2.3 伺服电动机速度匹配 23

2.3 项目实施 23

项目3 MFC 界面制作 28

3.1 项目引入 28

3.2 相关知识 28

3.2.1 MFC 简介 28

3.2.2 C++界面控件介绍 29

3.3 项目实施 30

项目4 供料系统与流水线输送 35

4.1 项目引入 35

4.2 相关知识 35

4.2.1 硬件介绍 35

4.2.2 C++知识点 36

4.2.3 指令列表 37

4.3 项目实施 39

项目5 按钮控制丝杠模组运动 41

5.1 项目引入 41

5.2 相关知识 41

5.2.1 Jog 运动介绍 41

5.2.2 硬件介绍 42

5.2.3 C++知识点 43

5.2.4 程序流程图 45

5.2.5 指令列表 46

5.3 项目实施 49

项目6 手轮控制丝杠模组运动 60

6.1 项目引入 60

6.2 相关知识 60

6.2.1 电子齿轮运动介绍 60

6.2.2 硬件介绍 61

6.2.3 C++知识点 63

6.2.4 程序流程图 67

6.2.5 指令列表 67

6.3 项目实施 70

项目7 设备回零程序 75

7.1 项目引入 75

7.2 相关知识 75

7.2.1 回零运动介绍 75

7.2.2 硬件介绍 76

7.2.3 C++知识点 78

7.2.4 程序流程图 80

7.2.5 指令列表 80

7.3 项目实施 83

项目 8
单轴变速运动 86
8.1 项目引入 86
8.2 相关知识 86
8.2.1 PT 运动介绍 86
8.2.2 硬件介绍 87
8.2.3 C++知识点 88
8.2.4 程序流程图 89
8.2.5 指令列表 89
8.3 项目实施 96

项目 9
跟踪打标 100
9.1 项目引入 100
9.2 相关知识 100
9.2.1 电子凸轮运动介绍 100
9.2.2 硬件准备 101
9.2.3 程序流程图 101
9.2.4 指令列表 101
9.3 项目实施 106

项目 10
平面激光打标 108
10.1 项目引入 108
10.2 相关知识 108
10.2.1 笛卡儿坐标系 108
10.2.2 直线插补运动介绍 108
10.2.3 圆弧插补运动介绍 109
10.2.4 硬件准备 109
10.2.5 程序流程图 110
10.2.6 指令列表 110
10.3 项目实施 116

项目 11
计算定位精度和重复定位精度 120
11.1 项目引入 120
11.2 相关知识 120
11.2.1 光栅尺 120
11.2.2 专业术语 120
11.2.3 精度计算 121
11.2.4 程序流程图 122
11.3 项目实施 123

项目 12
XY 平面运动平台的优化 124
12.1 项目引入 124
12.2 相关知识 124
12.2.1 误差补偿 124
12.2.2 前瞻预处理 124
12.2.3 硬件准备 125
12.2.4 程序流程图 126
12.2.5 指令列表 126
12.3 项目实施 127

项目 13
综合实训 129
13.1 项目引入 129
13.2 项目实施 129
13.2.1 删除现有控件 129
13.2.2 报错提示 129
13.2.3 控制卡初始化 130
13.2.4 建立状态监控区域界面 131
13.2.5 添加状态查询功能 134
13.2.6 多界面切换功能 139
13.2.7 单轴控制模块制作 144
13.2.8 回零功能模块制作 155
13.2.9 搬运流程模块制作 166

参考文献 184

项目 1

伺服电动机调试

1.1 项目引入

某企业的生产设备装了一台伺服电动机，需要工程师调试，需要将电动机参数调整至位置跟踪误差最小（<20 脉冲）。

1.2 相关知识

伺服电动机主要靠脉冲定位，伺服电动机接收到 1 个脉冲，就会旋转 1 个脉冲对应的角度，从而实现位移。因为伺服电动机驱动器具备发出脉冲的功能，同时伺服电动机每旋转一个角度，伺服电动机编码器也会反馈对应数量的脉冲形成闭环，所以伺服系统知道发送给伺服电动机脉冲数的同时，又能得知反馈的脉冲数，就能够精确控制电动机的转动，从而实现精确定位，其精度可以达到 0.001mm。

伺服电动机的控制方式

1.2.1 伺服电动机控制按应用分类

1. 伺服电动机脉冲控制

在一些小型单机设备中，最常见的应用方式是选用脉冲控制实现电动机的定位，这种控制方式简单，易于理解。基本的控制思路：脉冲总量确定电动机位移，脉冲频率确定电动机速度。脉冲控制方式分以下三种：

第一种，驱动器接收两路（A、B 路）高速脉冲，通过两路脉冲的相位差，确定电动机的旋转方向。如图 1-1 所示，如果 A 相比 B 相快 90°，为正转；如果 A 相比 B 相慢 90°，则为反转。运行时，这种控制的两相脉冲为交替状，即差分控制，具有差分的特点，控制脉冲具有更高的抗干扰能力，在一些干扰较强的应用场景，优先选用这种方式。但这种方式一个电动机需要占用两路高速脉冲端口，对高速脉冲端口紧张的情况，不宜使用。

第二种，驱动器依然接收两路高速脉冲，但是两路高速脉冲并不同时存在，一路脉冲处于输出状态时，另一路必须处于无效状态。选用这种控制方式时，一定要确保在同一时刻只有一路脉冲的输出。两路脉冲，一路输出为正方向运行，另一路为负方向运行。和上面的情况一样，这种方式也是一个电动机需要占用两路高速脉冲端口。

第三种，只需要给驱动器一路脉冲信号，电动机正反向运行由一路方向 I/O（输入/输出）信号确定。这种控制方式控制更加简单，高速脉冲端口资源占用也最少。在一般的小型系统中，可以优先选用这种方式。

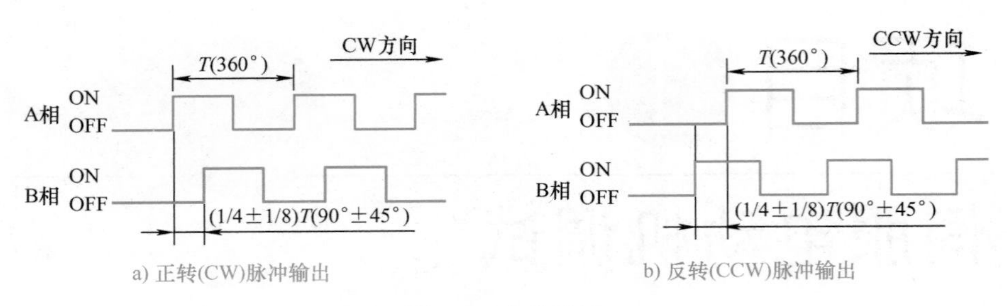

图 1-1　差分脉冲

2. 伺服电动机模拟量控制

在需要使用伺服电动机实现速度控制的应用场景，可以选用模拟量来实现电动机的速度控制，模拟量的值决定了电动机的运行速度。模拟量有两种方式可以选择，即电流方式和电压方式。

1）电压方式，只需要在控制信号端加入一定大小的电压即可，实现简单，在有些场景使用一个电位器即可实现控制。但选用电压作为控制信号，在环境复杂的场景，容易被干扰，控制不稳定。

2）电流方式，需要对应的电流输出模块，电流信号抗干扰能力强，可以使用在复杂的场景。

3. 伺服电动机通信控制

采用通信方式实现伺服电动机控制的常见方式有 CAN、EtherCAT、Modbus、Profibus。使用通信的方式来对电动机控制，是目前一些复杂、大系统应用场景首选的控制方式。采用通信方式，系统的大小、电动机的多少都易于设计，没有复杂的控制接线，搭建的系统具有极高的灵活性。

1.2.2　伺服电动机控制按原理分类

1. 转矩控制

转矩控制方式是通过外部模拟量的输入或直接的地址赋值来设定电动机对外输出转矩的大小。例如，若 10V 对应 5N·m，则当外部模拟量设定为 5V 时电动机轴输出转矩为 2.5N·m。如果电动机轴负载低于 2.5N·m 时，电动机正转；外部负载等于 2.5N·m 时，电动机静止；大于 2.5N·m 时，电动机反转。可以通过即时地改变模拟量的设定来改变设定的力矩大小，也可通过通信方式改变对应的地址的数值来实现。

转矩控制主要应用在对材质的受力有严格要求的缠绕和放卷的装置中，例如绕线装置或拉光纤设备，转矩的设定要根据缠绕半径的变化随时更改，以确保材质的受力不会随着缠绕半径的变化而改变。

2. 位置控制

位置控制模式一般是通过外部输入脉冲的频率来确定转动速度的大小，通过脉冲的个数来确定转动的角度，也有些伺服可以通过通信方式直接对速度和位移进行赋值。由于位置控制模式可以对速度和位置都有很严格的控制，所以一般应用于定位装置。其应用领域有数控机床、印刷机械等。

3. 速度控制

通过模拟量的输入或脉冲的频率都可以进行转动速度的控制，在有上位控制装置的外环 PID（比例积分微分）控制时速度模式也可以进行定位，但必须把电动机的位置信号或直接负载的位置信号反馈给上位以做运算用。速度控制模式也支持直接负载外环检测位置信号，此时电动机轴端的编码器只检测电动机转速，位置信号就由直接的最终负载端的检测装置来提供

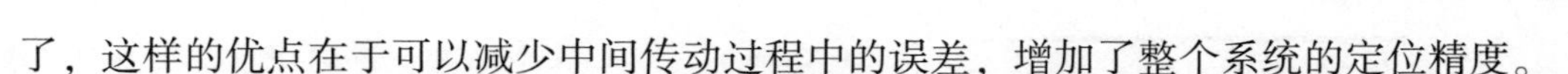

了，这样的优点在于可以减少中间传动过程中的误差，增加了整个系统的定位精度。

伺服电动机的速度控制和转矩控制都是可以用模拟量来控制的，位置控制是通过发脉冲来控制的。具体采用什么控制方式要根据用户的要求和满足何种运动功能来选择。

如果对电动机的速度、位置都没有要求，只要输出一个恒转矩，可以选用转矩控制模式。如果对位置和速度有一定的精度要求，而对实时转矩不是很关心，用速度控制或位置控制模式比较好。如果上位控制器有较好的闭环控制功能，用速度控制模式效果会好一点。如果本身要求不是很高，或者基本没有实时性的要求，用位置控制方式。

从伺服驱动器的响应速度来看，转矩控制模式运算量最小，驱动器对控制信号的响应最快；位置控制模式运算量最大，驱动器对控制信号的响应最慢。

对运动中的动态性能有比较高的要求时，需要实时对电动机进行调整。如果控制器本身的运算速度很慢（比如PLC、低端运动控制器），就用位置控制模式。如果控制器运算速度比较快，可以用速度控制模式，把位置环从驱动器移到控制器上，减少驱动器的工作量，提高效率（比如大部分中高端运动控制器）；如果有更好的上位控制器，还可以用转矩控制模式，把速度环也从驱动器上移开，一般只有高端专用控制器才能这么做。

1.3 项目实施

1. 搭建调试平台

(1) 硬件平台　利用多自由度运动控制系统开发平台的电动机调试模块，如图1-2所示，主要包括伺服电动机（多摩川）和驱动器（GTHD），负载（惯量盘）需要卸下来。

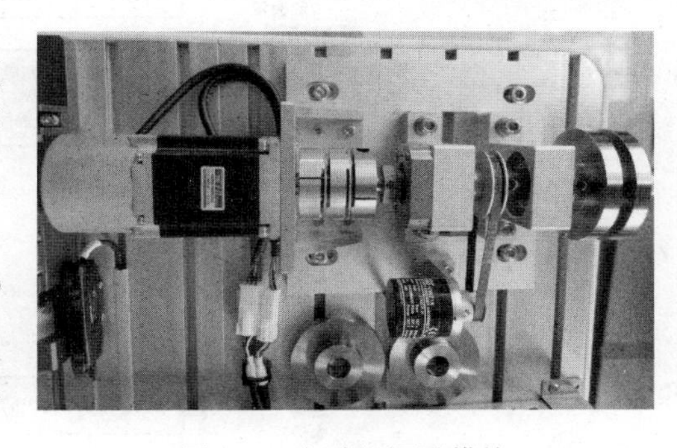

图1-2　电动机调试模块

(2) 调试软件（ServoStudio）介绍　ServoStudio为伺服驱动器调试软件，其主界面如图1-3所示，主要包括工具栏、侧边栏、任务栏、状态栏以及信息帮助栏五个部分。

1）工具栏。工具栏界面如图1-4所示。

图1-3　ServoStudio主界面

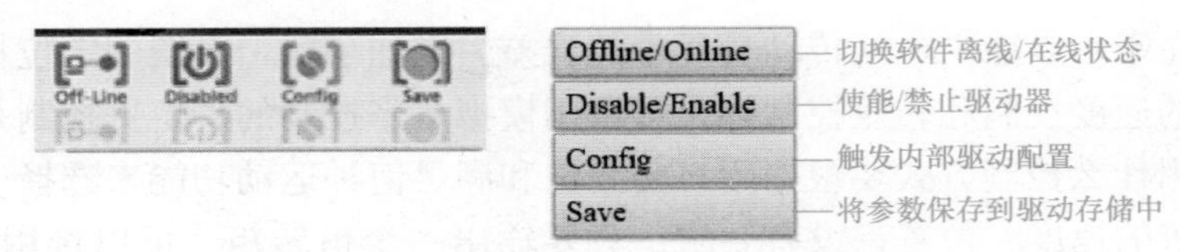

图 1-4　ServoStudio 工具栏界面

2）状态栏。状态栏界面如图 1-5 所示。

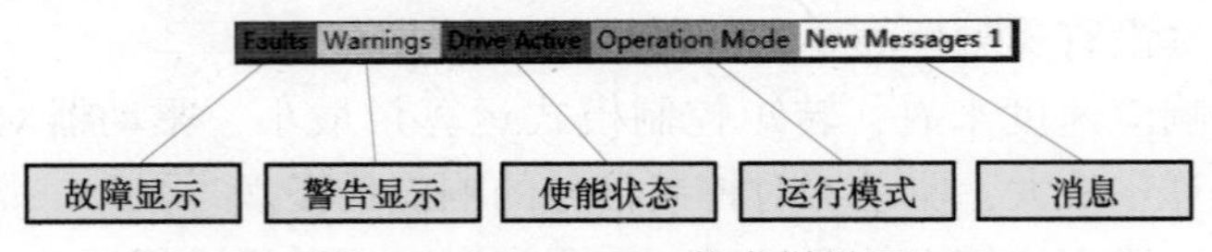

图 1-5　ServoStudio 状态栏界面

3）侧边栏。侧边栏界面如图 1-6 所示。

4）信息帮助栏。信息帮助栏界面如图 1-7a 所示，获取信息帮助的三种方式如图 1-7b 所示。

（3）建立通信　给电动机调试平台上电并用 USB 转串口线将驱动器与上位机连接，然后打开驱动器调试软件“ServoStudio”，选择“驱动器配置”→“连接”，如图 1-8 所示，再单击“搜索 & 连接”按钮，软件将自动搜索驱动器并建立通信。

伺服驱动器的电机安装

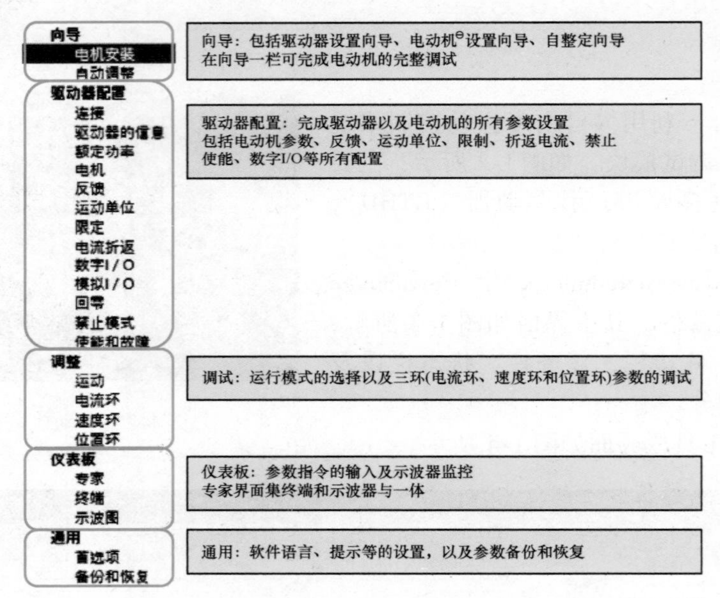

图 1-6　ServoStudio 侧边栏界面

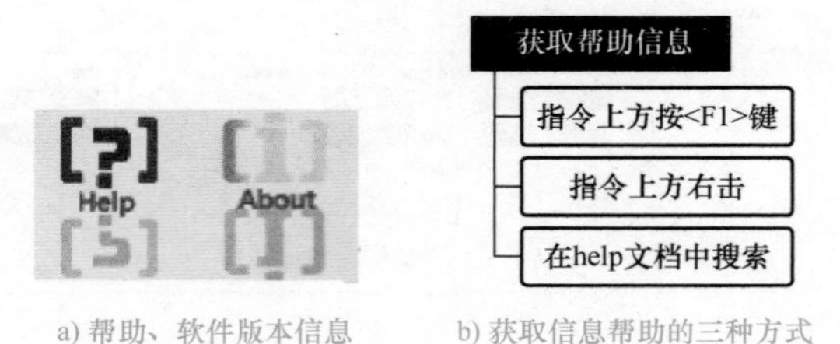

a) 帮助、软件版本信息　　b) 获取信息帮助的三种方式

图 1-7　ServoStudio 信息帮助栏界面

⊖ 在 ServoStudio 软件中使用的“电机”，在正文及对软件进行说明时用“电动机”。

然后选择“电机安装”，单击“恢复出厂默认”，如图1-9所示。

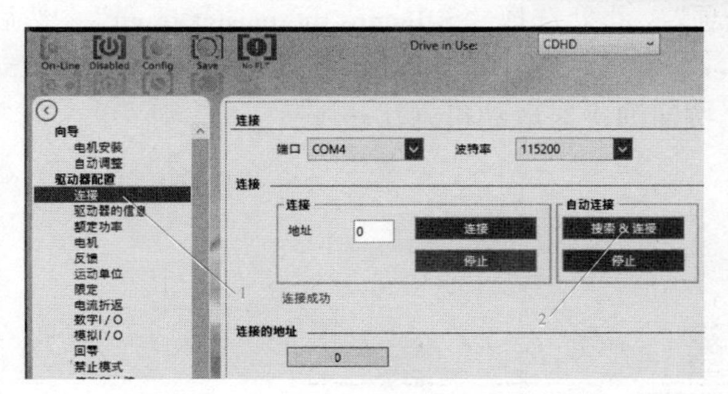

图1-8　ServoStudio搜索&连接界面

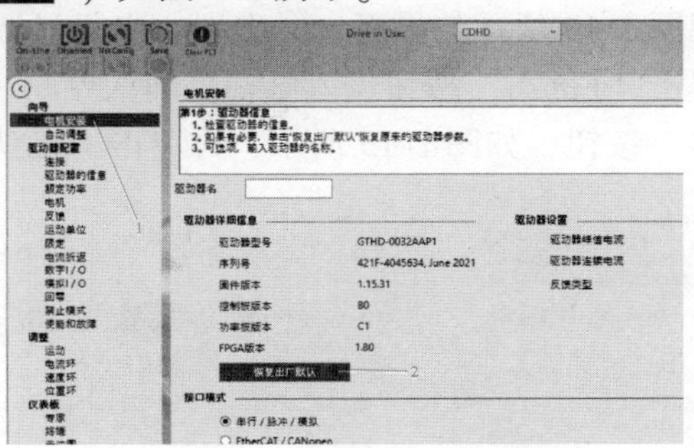

图1-9　驱动器恢复出厂界面

然后选择“驱动器配置”→“数字I/O”，将数字输入“Input1”，由“1-Remote enable”设置为“0-Idle”，如图1-10所示。

(4) 电动机参数设置　使用“驱动器配置”→“电机”进行新电动机参数配置，新电动机操作界面如图1-11所示。

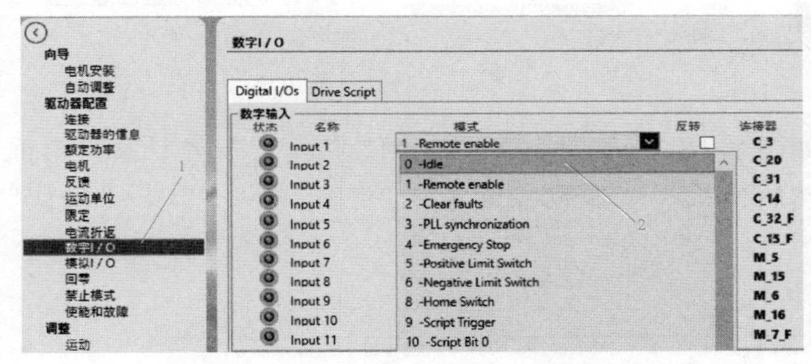

图1-10　ServoStudio数字I/O界面

图1-11　ServoStudio电动机界面

电动机系列选择“User Motors”，“模型”中是驱动器存储器中默认的电动机参数，该处忽略。接下来需要设置电动机技术参数并进行电动机确认：单击“新电机”按钮出现以下界面，如图1-12所示。

然后依据电动机厂家所提供的资料填写图1-12中参数。

特别注意：峰值电流和持续电流有峰值和有效值之分，Arms为有效值，Amp为峰值；电感和电机电阻为线电感值和电机线电阻值。

填写完成后，单击“下一步”按钮，进入图1-13所示的界面。

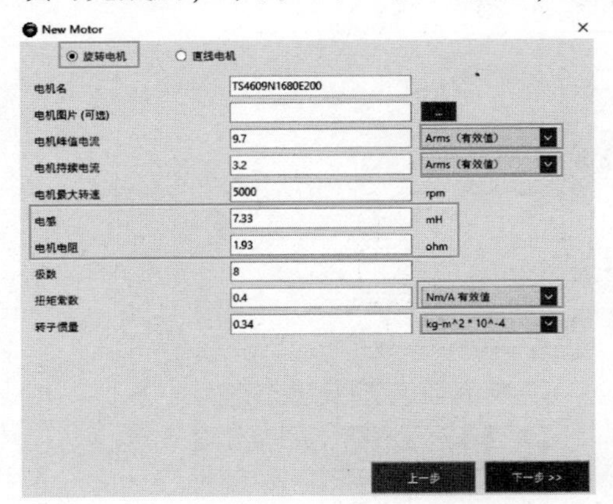

图1-12　ServoStudio电动机参数配置界面（一）

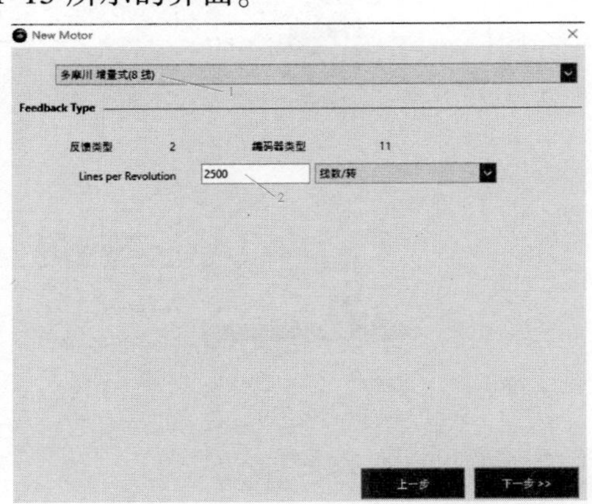

图1-13　ServoStudio电动机参数配置界面（二）

再根据电动机资料选择电动机的编码器相关参数，填写完成后单击“下一步”按钮，出现图1-14所示的界面，会出现“电机过温选项”，此处选择“3-Ignore thermostat input”。然后单击“Finish”按钮进入电动机确认界面（Verify栏），“确认”电动机前需要单击“写入驱动器”按钮，如图1-15所示，再单击“确认”按钮即进入电动机确认步骤。

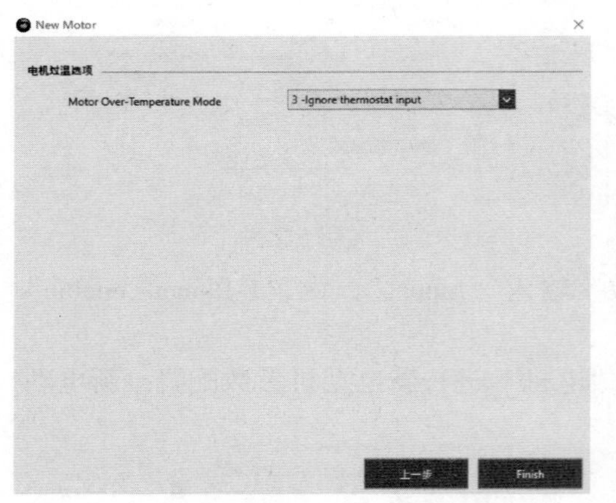

图1-14　ServoStudio电动机过温配置界面

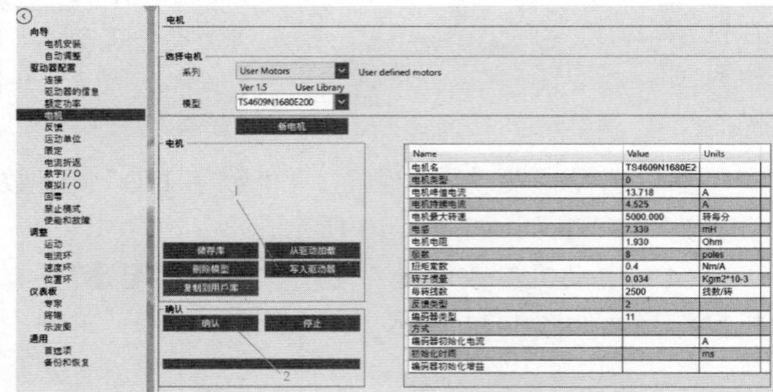

图1-15　将新电动机参数写入驱动器界面

如果状态栏的故障显示为“H”，如图1-16所示，则需要在“仪表板”→“专家”界面输入“thermode 3”，如图1-17所示。然后再选择“驱动器配置”→“电机”，单击“确认”按钮进入电动机确认步骤。

注意：电动机安装过程需要空载进行！

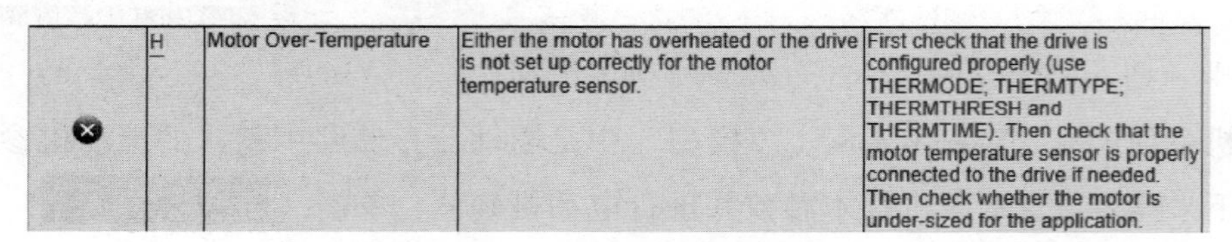

⊗	H	Motor Over-Temperature	Either the motor has overheated or the drive is not set up correctly for the motor temperature sensor.	First check that the drive is configured properly (use THERMODE; THERMTYPE; THERMTHRESH and THERMTIME). Then check that the motor temperature sensor is properly connected to the drive if needed. Then check whether the motor is under-sized for the application.

图1-16　电动机温升故障报警

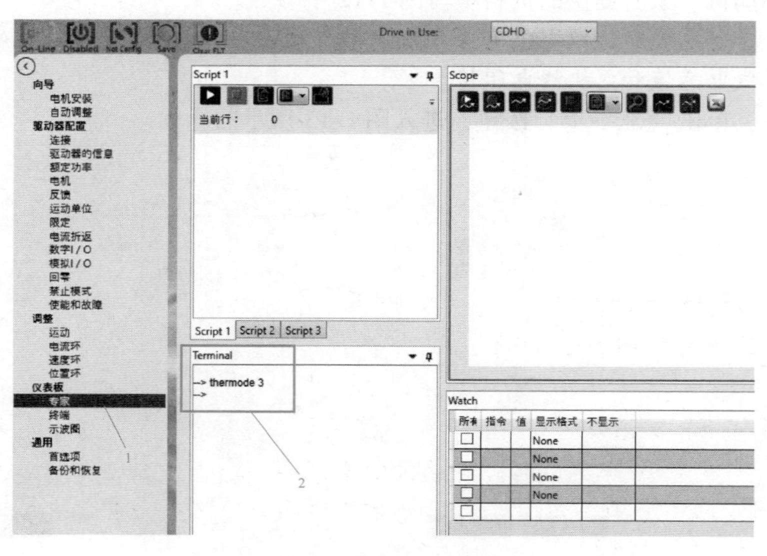

图1-17　清除电动机温升故障报警界面

在此过程中，驱动器数码管将显示“At1”，等待一段时间，电动机确认完成后会弹出“电机安装成功”的提示，如图1-18所示，两种都是电机安装成功，单击“是”或“确定”按钮即可。如果安装失败，需确认电动机参数是否正确，安装步骤是否正确，重新安装。

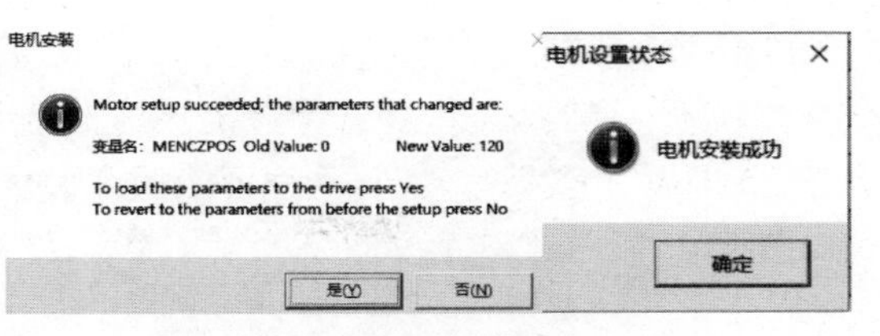

图1-18　ServoStudio信息提示界面

（5）限定设置　驱动器恢复出厂值之后，在电动机测试前需要更改限定设置，如图1-19所示。

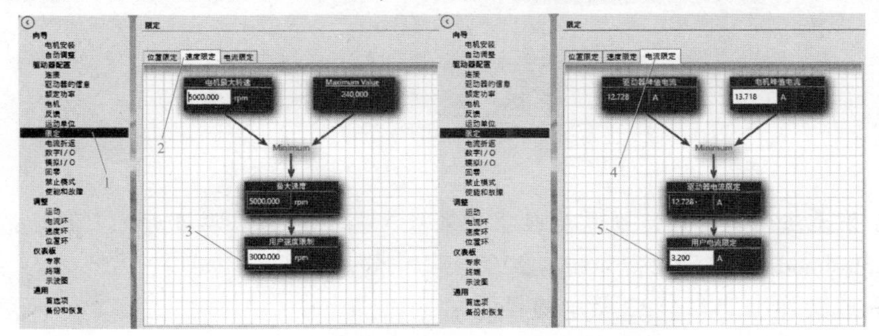

图1-19　ServoStudio电动机限定设置界面

（6）编码器匹配确认　单击“驱动器配置”→“反馈”，进入编码器反馈界面，如图1-20所示，确认编码器类型、编码器分辨率及接线：

1）如果编码器接线有误或者选择的编码器类型与实际类型不符，驱动器都会报故障，因此一定要核实好编码器的接线及类型。

2）确认编码器分辨率的方法是，手动旋转电动机一圈，如图1-20所示的码盘也应该旋转一圈，如果不是，则编码器分辨率不正确。

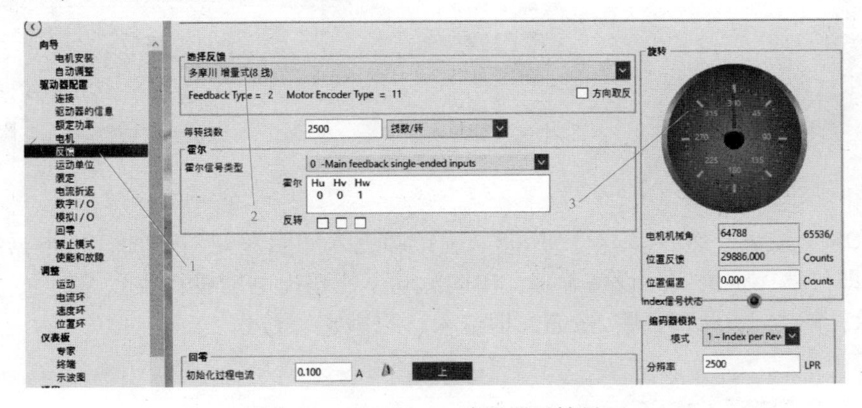

图1-20　ServoStudio编码器反馈界面

（7）驱动器控制参数自整定　如果初次调试，可以使用自整定功能，软件会自动测算出一套参数，但需要注意，确保不会发生危险，随时准备按下急停按钮。

伺服驱动器的自动调整

自整定方法如下：如果知道惯量比，可以使用已知惯量；如果不知道，则选择自动识别，单击“运行”按钮，电动机会来回转，请一定注意安全。选择向导中的“自动调整”项，如图1-21所示设置所需参数，然后单击“开始负载估计”按钮即进入电动机负载估算过程。

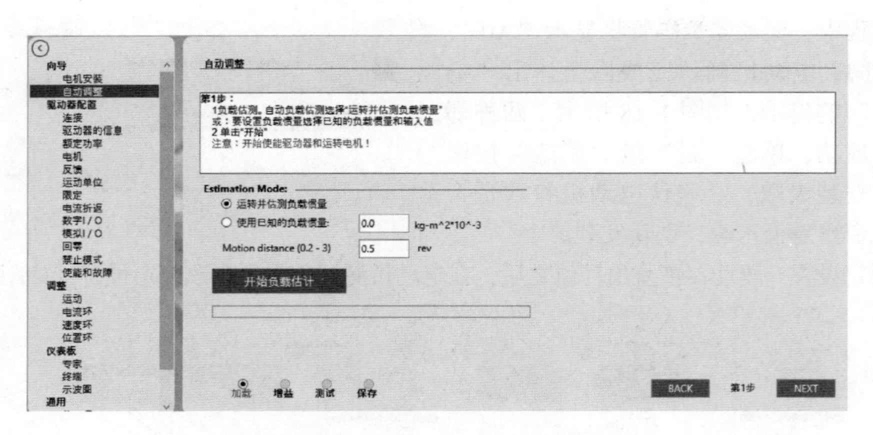

图 1-21　ServoStudio 自动调整界面

注意： 如果无法估算负载，则需要在“仪表板”→“专家”界面输入“poscontrolmode 2”，将参数 poscontrolmode 设置为 2，如图 1-22 所示。

待估算完成会弹出如图 1-23 所示的界面。

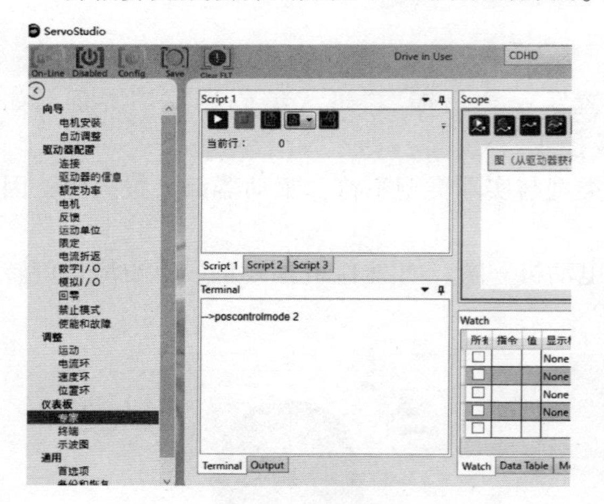

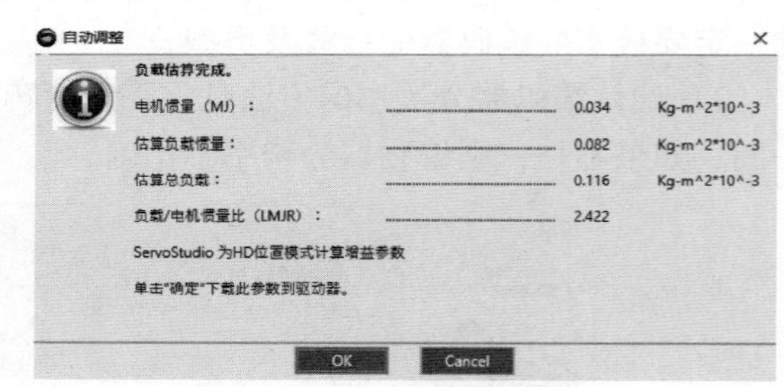

图 1-22　poscontrolmode 模式设置　　　　图 1-23　ServoStudio 自动调整提示界面

单击“OK”按钮，然后单击“NEXT”按钮即进入“自整定”界面，再根据实际情况设置好距离（即位移，根据实际设备确定，单向运动不能超出电动机行程）、速度、加速度，如图 1-24 所示，单击“开始调试”按钮，即进入“自整定”过程。

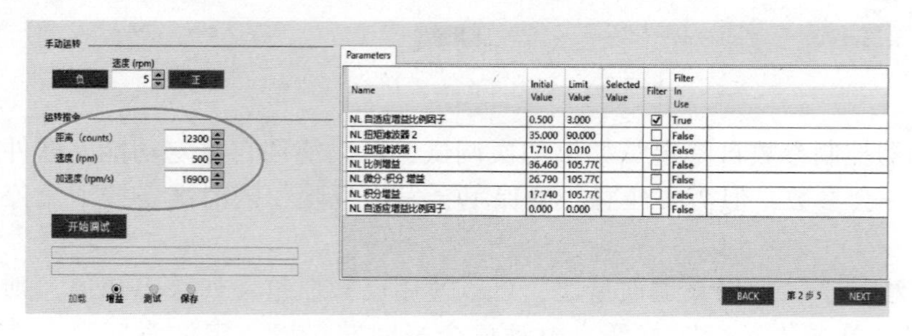

图 1-24　ServoStudio 自动调整界面

注意： 第一个参数为比例增益，慢慢加大的过程中可能会有些声音，属于正常情况。整定完成后会弹出如图 1-25所示的提示界面。

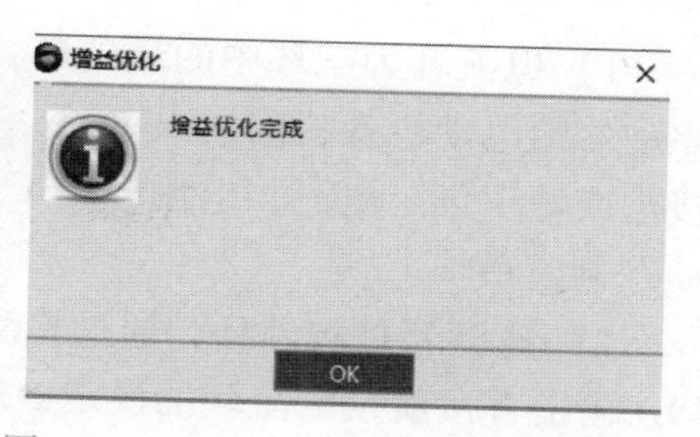

图 1-25　ServoStudio 自动调整提示界面

然后单击“OK”按钮，再单击“NEXT”按钮，进入参数验证界面，根据实际需求填写如图 1-26 所示的各参数并单击“运行并画图”按钮进行参数验证并绘制波形图，如图 1-27 所示，图中 PE 需要尽量小，PTPVCMD 与 V 拟合程度越高表明电动机控制参数越好。

然后单击“NEXT”按钮进入参数保存界面，再选择如图 1-28 所示的选项将参数下载到驱动器。

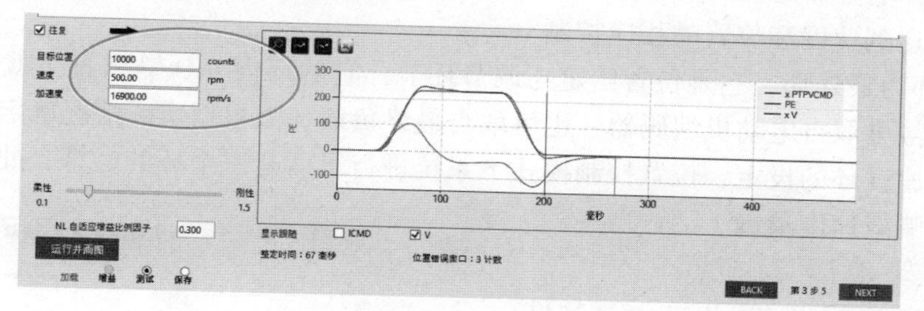

图 1-26　ServoStudio 自动调整测试界面（一）

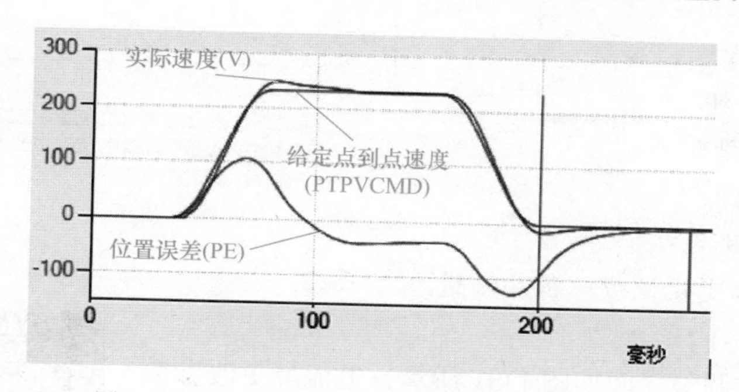

图 1-27　ServoStudio 自动调整测试界面（二）

图 1-28　ServoStudio 下载参数图标

参数验证：选择仪表板中的“示波图”模式，进入 JOG 界面，根据实际需求设置各参数（控制模式、目标位置、速度、加速度、减速度），让电动机不断地正反转，再查看曲线所记录的变量值是否符合需求，如果不符合需求可以再重新自整定或者进行参数微调，具体请参下面介绍的电动机三环调节。

2. 伺服电动机控制系统介绍

伺服一般为三个环控制，所谓三环就是 3 个闭环负反馈 PID 调节系统。三种控制模式的系统结构框图如图 1-29 所示。

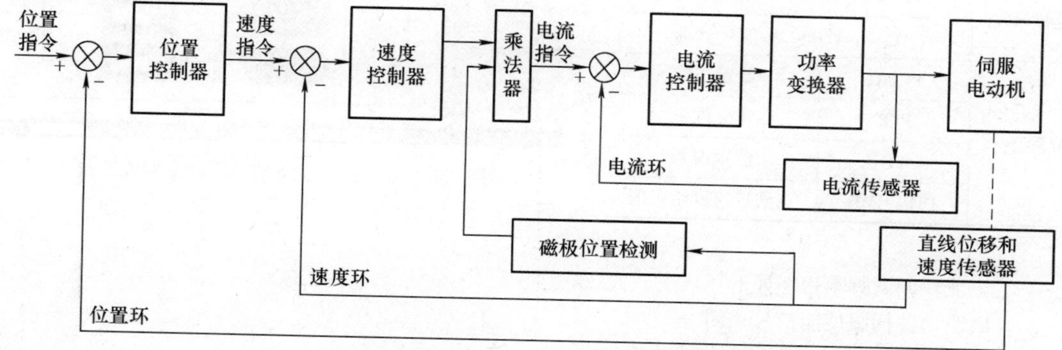

图 1-29　伺服电动机控制系统结构框图

1）电流环为三环中的最内环，电流环完全在伺服驱动器内部进行，通过电流传感器检测驱动器给电动机各相的输出电流，负反馈给电流的设定进行PID调节，从而达到输出电流尽量接近或等于设定电流，电流环用于控制电动机转矩，所以在转矩控制模式下驱动器运算最小，动态响应最快。

2）速度环是次外环，通过检测伺服电动机编码器的信号进行负反馈PID调节，它的环内PID输出直接就是电流环的设定，所以速度环控制时就包含了速度环和电流环［任何模式都必须使用电流环，电流环是控制的根本，在速度与位置控制的同时系统实际也在进行电流（转矩）的控制以达到速度和位置的相应控制］。

3）位置环为最外环，它是位置给定与调节环节，它的环内PID输出直接就是速度环的设定。其反馈信号可取自电动机编码器，也可取自最终负载，需根据实际情况确定。由于位置环内部输出的是速度环的设定，位置控制模式下系统进行了所有三个环的运算，此时的系统运算量最大，动态响应速度最慢。

3. 伺服电动机三环调试

伺服电动机三环调试可以在调试软件的“专家”功能下进行调试，如图1-30所示。可以参考提供的调试脚本，将程序写进“Script”中，单击“运行”按钮，可在右侧观察当前参数下变量曲线，脚本中的参数可根据实际曲线需求进行调整。

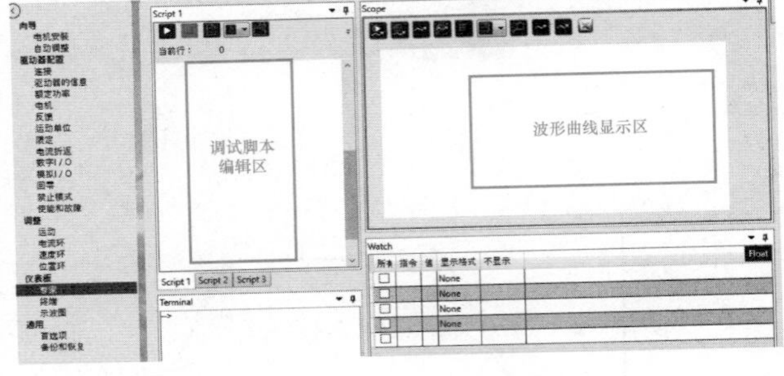

图1-30　ServoStudio专家测试界面

注意： 调试过程电动机三环参数改变需从微小改动观察结果后，再慢慢增加变化幅度，循序渐进。

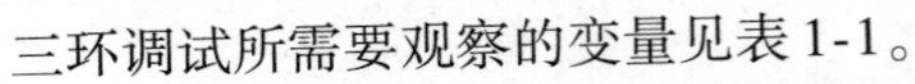

三环调试所需要观察的变量见表1-1。

(1) 电流环调试　电流环控制参数调整界面如图1-31所示，电流环更改参数需要确认后才能生效，对应伺服电动机控制系统结构框图中的电流控制器环节，对KcBemf（电流前馈反电动势补偿比）、KCFF（电流前馈增益）、KCI（电流积分增益）、KCP（电流比例增益）四个参数的调整就相当于伺服电动机电流环的调试。

伺服电动机的电流环调试

表1-1　ServoStudio三环调试所需观察的变量

调试环	变量名称	变量含义
电流环	ICMD	给定电流
	IQ	实际转矩电流
速度环	VCMD	给定速度
	V	实际转速
位置环	PCMD	给定位置
	PFB	实际位置
	PE	位置误差
	PTPVCMD	点到点速度给定值

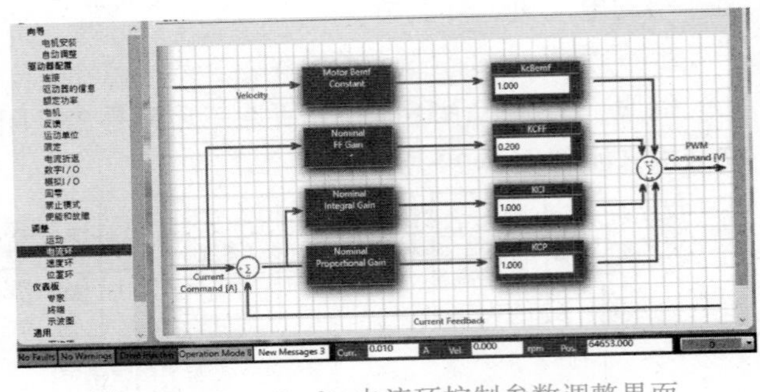

图1-31　ServoStudio电流环控制参数调整界面

```
电流环调试脚本程序如下：
k;驱动器伺服使能信号关闭
opmode 2;设置驱动器控制模式为串口电流
```

kcbemf 1；设置电流环电流前馈反电动势补偿比为1

kcff 1；设置电流环电流前馈增益为1

kci 0.1；设置电流环电流积分增益为0.1

kcp 0.1；设置电流环电流比例增益为0.1

recoff；关闭数据记录

record 30 1000 "icmd" iq；采样周期为30（每30个周期采样一个点，周期为31.25μs），1000个采样点，观察变量为icmd、iq

rectrig "imm；立即触发数据记录

en；驱动器伺服使能信号打开

t 0.5；给定正向0.5A电流

#Delay 150；延时150ms

t -0.5；给定反向0.5A电流

#Delay 100；延时100ms

k；驱动器伺服使能信号关闭

#Plot；画图

运行电流环脚本，如图1-32所示，然后得到电流环的调试曲线，如图1-33所示。

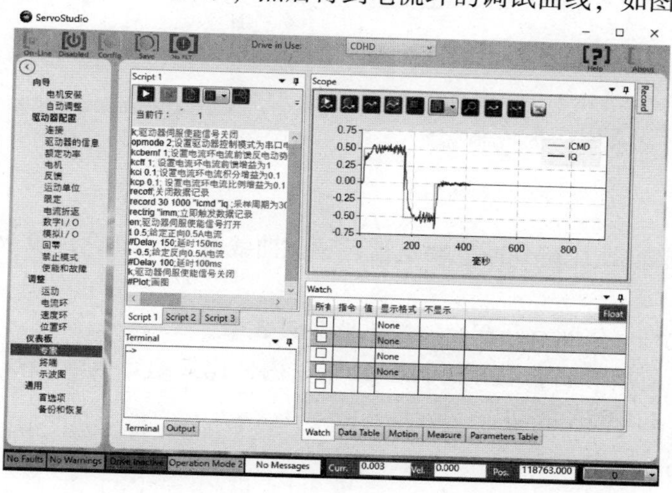

图1-32　ServoStudio电流环调试脚本

电流环KcBemf、KCFF两个参数基本不用修改，默认为1。

当KCP从0.1慢慢增加到1时，如图1-34所示，实际转矩电流曲线在到达目标值的响应稍微有所改善。

当KCP从1慢慢增加到3时，如图1-35所示，实际转矩电流曲线在目标值来回震荡，此时KCP取值已经过大。根据试验曲线可知KCP取值范围0.5～2.5，取KCP＝2。

当KCI从0.1慢慢增加到5时，如图1-36所示，实际转矩电流曲线能够快速达到给定值。

当KCI从5慢慢增加到15时，如图1-37所示，实际转矩电流曲线

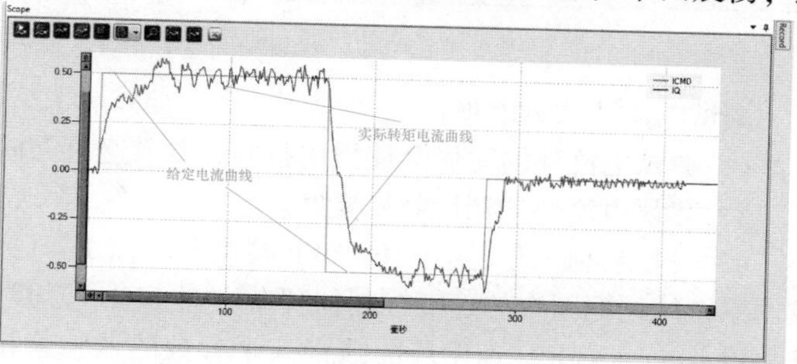

图1-33　ServoStudio电流环调试曲线（一）

出现大幅震荡同时电机伴随有啸叫，此时 KCI 取值已经过大。根据实验曲线可知 KCI 取值范围 1 ~ 10，取 KCI = 5。

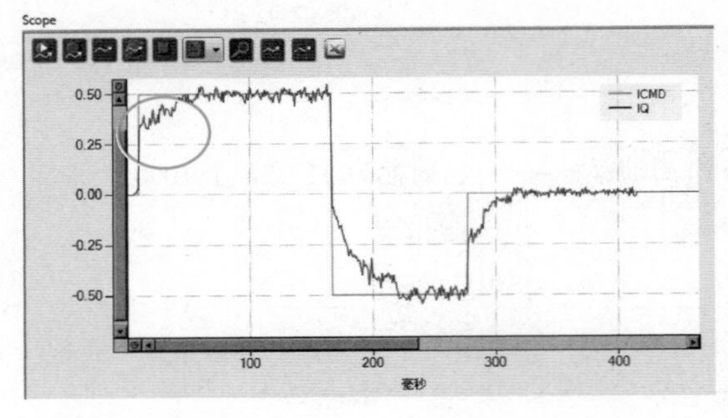

图 1-34　ServoStudio 电流环调试曲线（二）

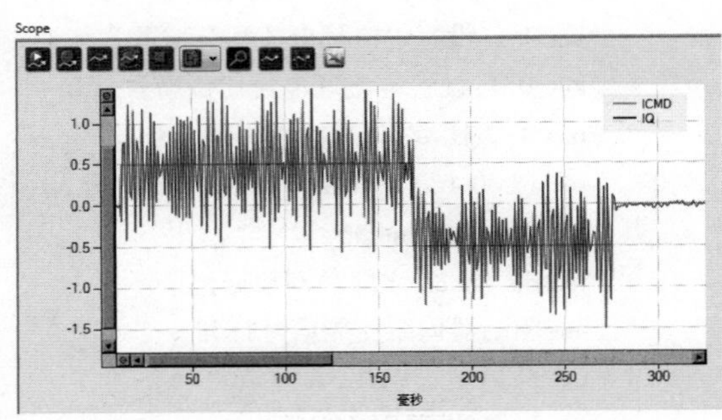

图 1-35　ServoStudio 电流环调试曲线（三）

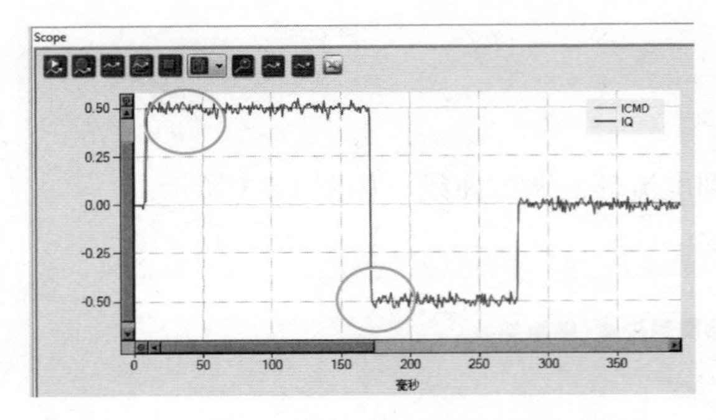

图 1-36　ServoStudio 电流环调试曲线（四）

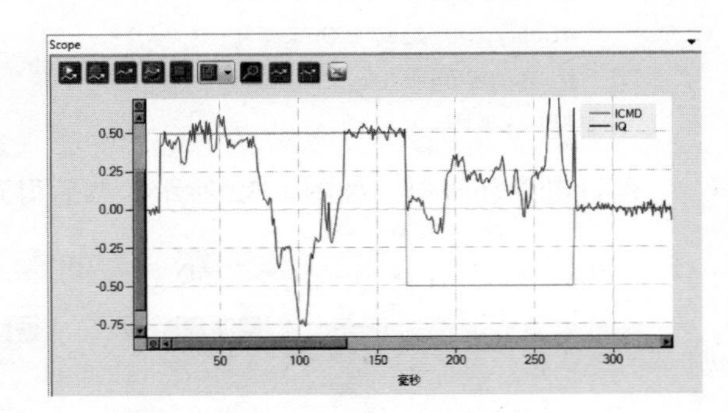

图 1-37　ServoStudio 电流环调试曲线（五）

电流环调试完成如图 1-38 所示，将电流环调试曲线放大后如图 1-39 所示。电流环图像波形调试要求：

1）图形可以允许偶尔间有凸起，一般不要超过 3 个。

2）图像中匀速阶段的波动最好控制在 10% 以内，比如给定电流为 0.5A，匀速阶段实际转矩电流应在 0.5A ±0.05A 波动。

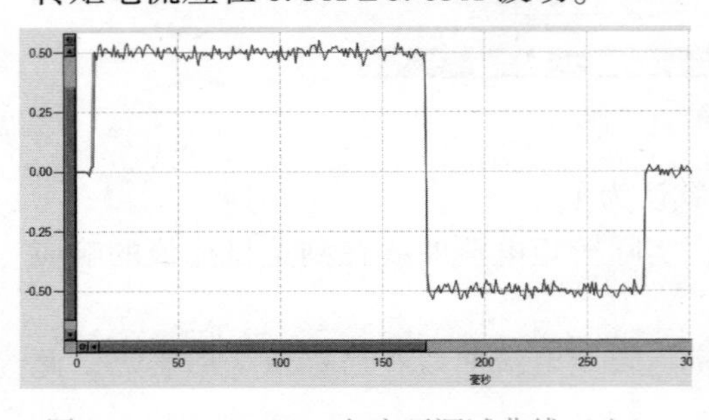

图 1-38　ServoStudio 电流环调试曲线（六）

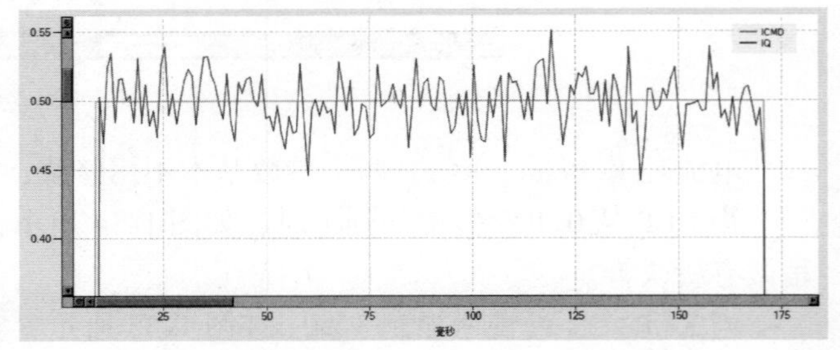

图 1-39　ServoStudio 电流环调试曲线（七）

调试电流环注意事项：

1）调试电流环的时候会使抱闸打开，要有竖直方向上防掉落的预防措施。

2）建议电流环的调试效果要好。

（2）速度环调试　速度环 PDFF 控制器如图 1-40 所示，对应是伺服电动机控制系统结构框图中的速度控制器环节，对 KVI（速度积分增益）、KVP（速度比例增益）、KVFR（速度环前馈）三个参数的调整就相当于伺服电动机速度环的调试。

伺服电动机的速度环调试

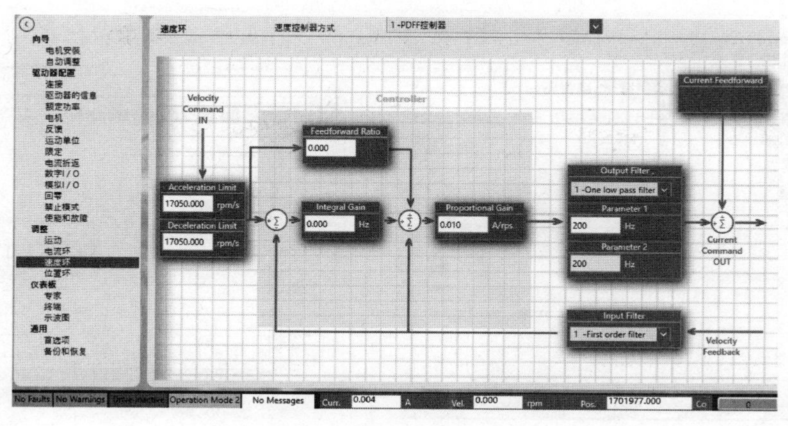

图 1-40　ServoStudio 速度环 PDFF 控制器

速度环调试脚本：

K；驱动器伺服使能信号关闭

opmode 0；设置驱动器控制模式为 0 串行速度

velcontrolmode 1；设置速度环为 PDFF 控制器

acc 74000；设置加速度为 74000$r \cdot min^{-1}/s$

dec 74000；设置减速度为 74000$r \cdot min^{-1}/s$

kvp0. 5；设置速度环比例增益为 0. 5

kvi 1；设置速度环积分增益为 1

kvfr0. 1；设置速度环前馈为 0. 1

recoff；关闭数据记录

record 8 2000 "vcmd" v；选取 VCMD、V 两个变量

rectrig "imm；立即触发数据记录

en；驱动器伺服使能信号打开

j 500；设置速度为 500$r \cdot min^{-1}$

#Delay 100；延时 100ms

j -500；设置速度为 -500$r \cdot min^{-1}$

#Delay 100；延时 100ms

j 0；运动停止

#Delay 100；延时 100ms

k；伺服使能信号关闭

#Plot；画图

运行速度环脚本，如图 1-41 所示，得到的速度环调试曲线如图 1-42 所示，实际转速与给定转速误差很大。

当速度环脚本参数 KVFR 从 0. 1 增加到 0. 5 时，如图 1-43 所示，速度稳态误差减小为原来的1/2。

当 KVFR 从 0. 5 增加到 1（最大值）时，实际转速与给定转速稳态时误差还是非常大，如图 1-44所示，取 KVFR = 1。

当 KVP 从 0. 5 慢慢增加到 2 时，加减速误差缩小，到达给定速度时间缩短，稳态误差明显缩小如图 1-45 所示。

当 KVP 从 2 慢慢增加到 4 时，到达给定目标速度的时间稍微缩短，稳态误差稍微缩小，但是稳态出现振动，电动机有啸叫，如图 1-46 所示，所以需要根据实际情况，调试出合适的 KVP 值，取 KVP = 2。

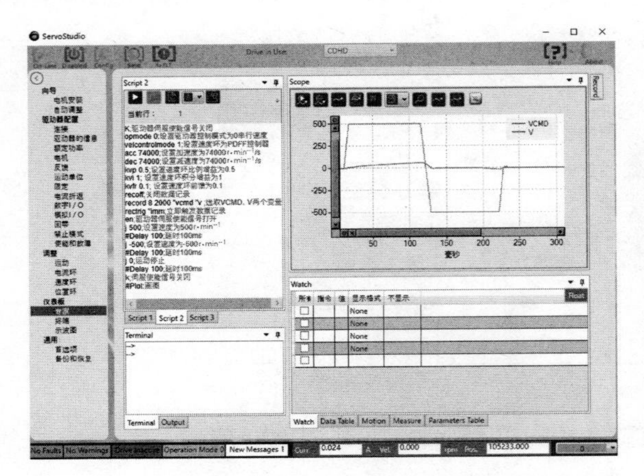

图 1-41　ServoStudio 速度环调试脚本

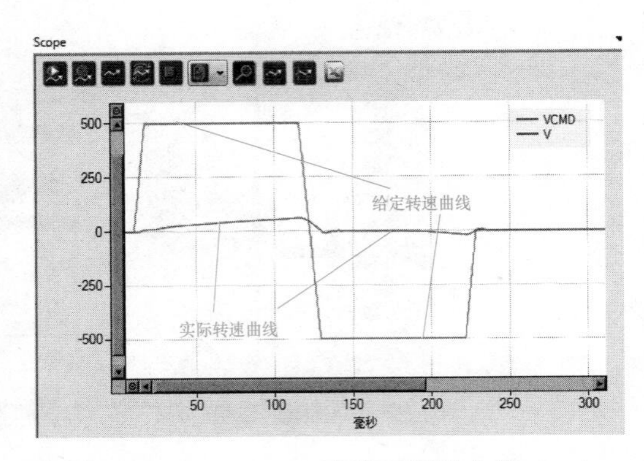

图 1-42　ServoStudio 速度环调试曲线（一）

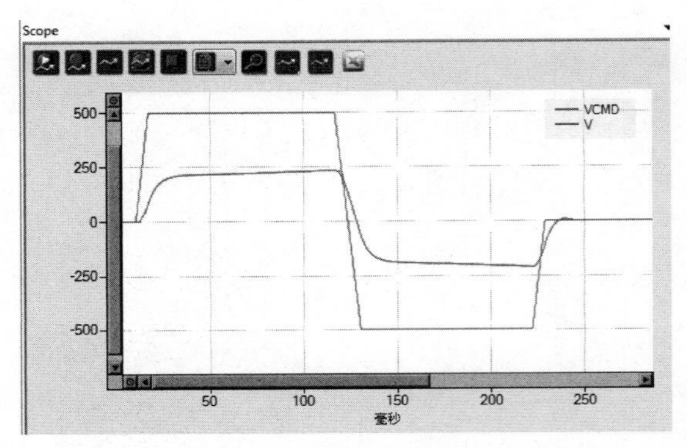

图 1-43　ServoStudio 速度环调试曲线（二）

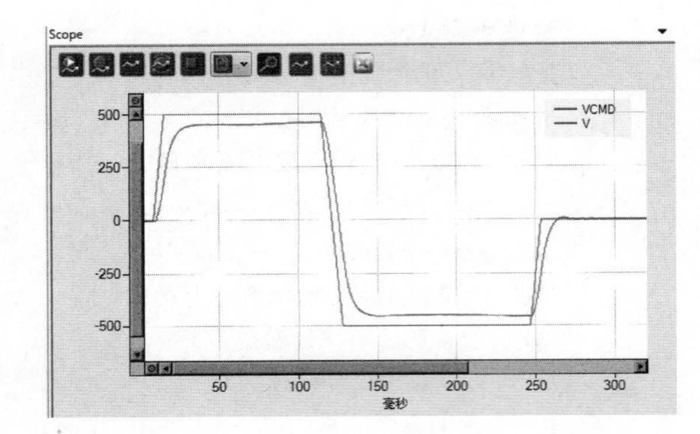

图 1-44　ServoStudio 速度环调试曲线（三）

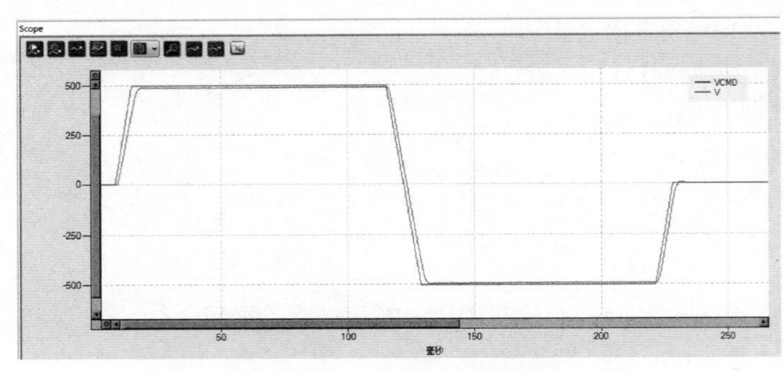

图 1-45　ServoStudio 速度环调试曲线（四）

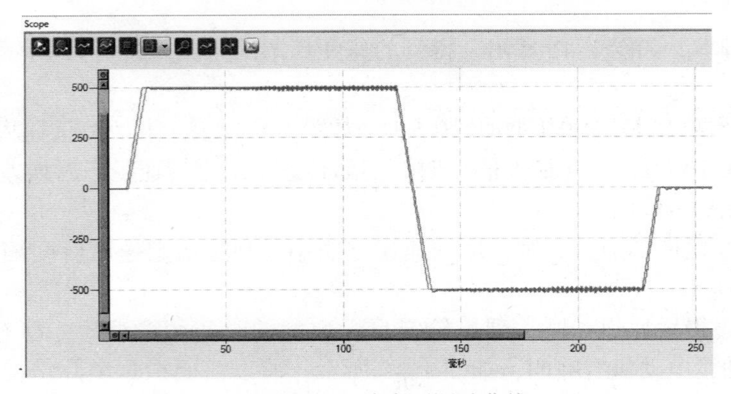

图 1-46　ServoStudio 速度环调试曲线（五）

当KVI从1开始慢慢增加时，速度稳态误差先变小后变大，最后会严重超调，如图1-47所示，调试需要根据实际响应曲线选择合适的取值，取KVI＝20。

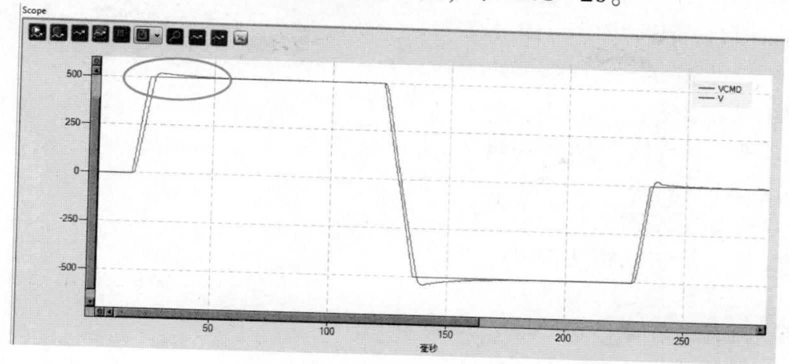

图1-47　ServoStudio速度环调试曲线（六）

假如系统需要最快的响应速度，需提高KVP（速度比例增益），减小KVI（速度积分增益），并且提高KVFR（速度环前馈）。当系统需要最大的低频刚性，可调低KVFR（速度环前馈），使得提高KVI（速度积分增益）时不产生超调，但系统的响应速度会下降。因此，适中的KVFR（速度环前馈）比较适合运动控制应用。

KVI（速度积分增益）的提高，需相应地提高KVP（速度比例增益），以提高速度环的响应时间，这两个参数的调整，是一个反复的过程。

（3）位置环调试　位置环HD控制器如图1-48所示，对应是伺服电动机控制系统结构图中的位置控制器环节，对KNLD（微分增益）、KNLP（比例增益）、KNLIV（微分-积分增益）、KNLI（积分增益）四个参数的调整就相当于对伺服电动机位置环的调试。

伺服电动机的位置环调试

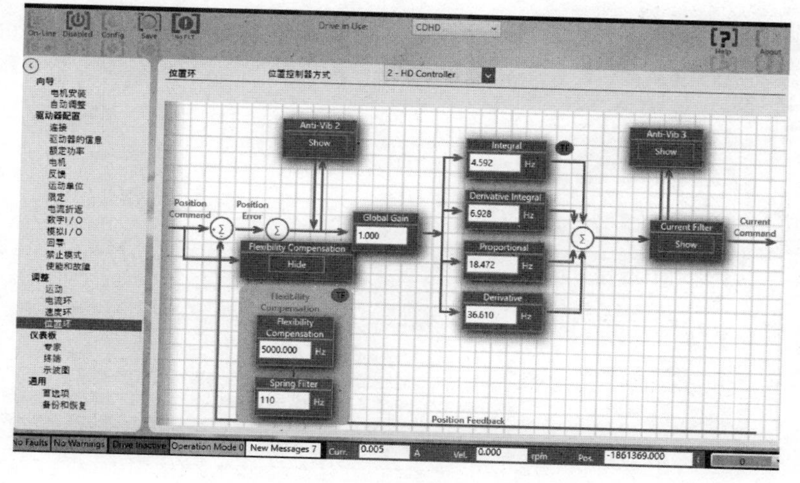

图1-48　ServoStudio位置环HD控制器

位置环调试脚本：

#var $ distance1＝10000；定义位移1为10000counts（脉冲）

#var $ velocity1＝1000；设定速度1为1000r·min^{-1}

#var $ distance2＝－10000；定义位移2为－10000counts

#var $ velocity2＝1000；设定速度2为1000r·min^{-1}

k；驱动器伺服使能信号关闭

opmode 8；设置控制模式为位置模式

poscontrolmode 1；设置位置环为 HD 控制器

acc 50000；设置加速度为 50000$r \cdot min^{-1}/s$

dec 50000；设置减速度为 50000$r \cdot min^{-1}/s$

knlusergain 0.7；设置位置环全局增益为 0.7

knli 0.1；设置位置环积分增益为 0.1

knliv 1；设置位置环微分 – 积分增益为 1

knlp 10；设置位置环比例增益为 10

knld 10；设置位置环微分增益为 10

RECOFF；关闭数据记录

record 8 2000 "pfb" pcmd ；选择记录变量

rectrig "imm；立即触发数据记录

EN；驱动器伺服使能信号打开

moveinc $distance1 $velocity1；运动目标位移 10000counts，目标速度 1000$r \cdot min^{-1}$

#delay 300；延时 300ms

moveinc $distance2 $velocity2；运动目标位移 –10000counts，目标速度 1000$r \cdot min^{-1}$

#delay 300；延时 300ms

#plot；画图

k；驱动器伺服使能信号关闭

运行位置环脚本，如图 1-49 所示，得到的位置环曲线如图 1-50 所示，实际位置在到达目标位置时存在一定的超调。由于电动机空载时动态性能比较好，较大位置偏移曲线可能不容易出现。

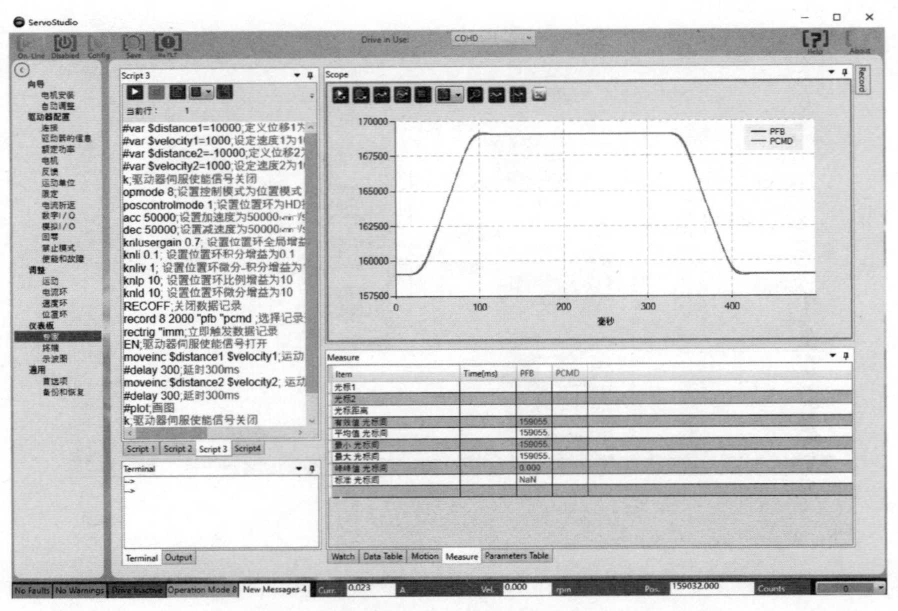

图 1-49　ServoStudio 位置环调试脚本

全局增益可以影响各种现象，一般开始设置为 0.7，若有需要再做调整。在位置环调试时，还需要观察 PTPVCMD、V、PE、ICMD 四个变量。将观察变量更改之后，运行位置环脚本，曲线波形如图 1-51 所示。

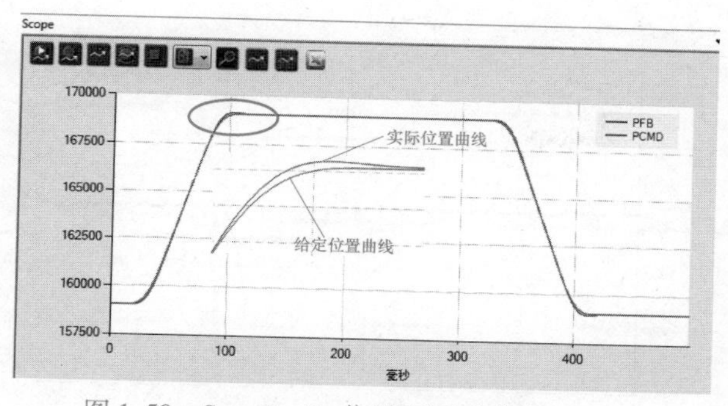

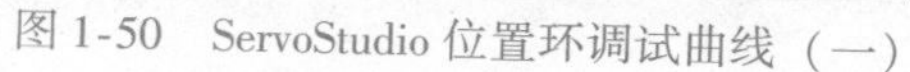
图 1-50　ServoStudio 位置环调试曲线（一）

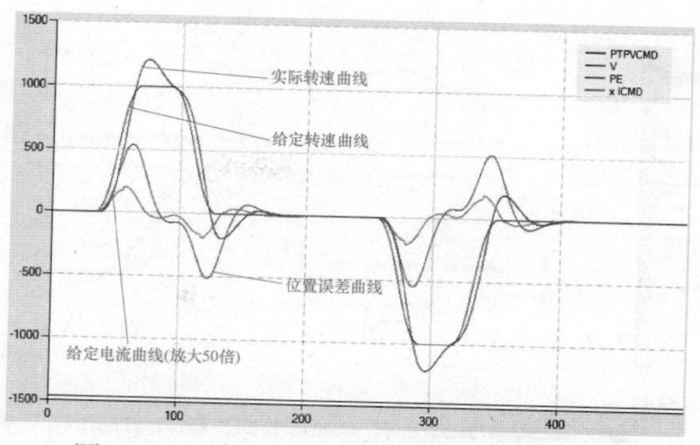

图 1-51　ServoStudio 位置环调试曲线（二）

当 KNLD 从 10 增加到 20 时，误差降低，如图 1-52 所示。

当 KNLD 慢慢增加到 50 时，误差进一步降低，但是电流出现震荡，如图 1-53 所示，此时不能再增加 KNLD 的值，需观察曲线将 KNLD 的值往回调到一个合适的值。

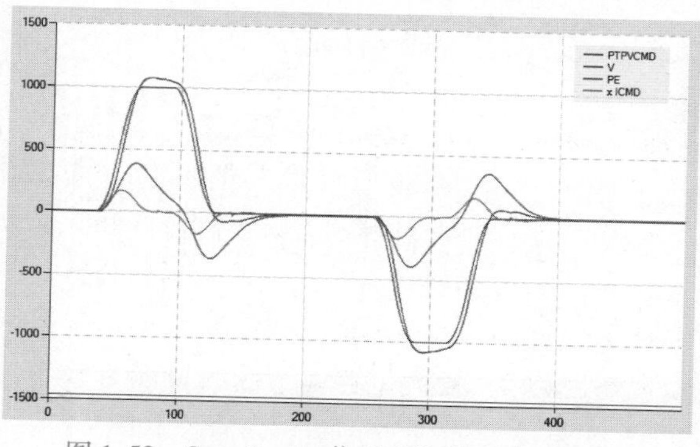

图 1-52　ServoStudio 位置环调试曲线（三）

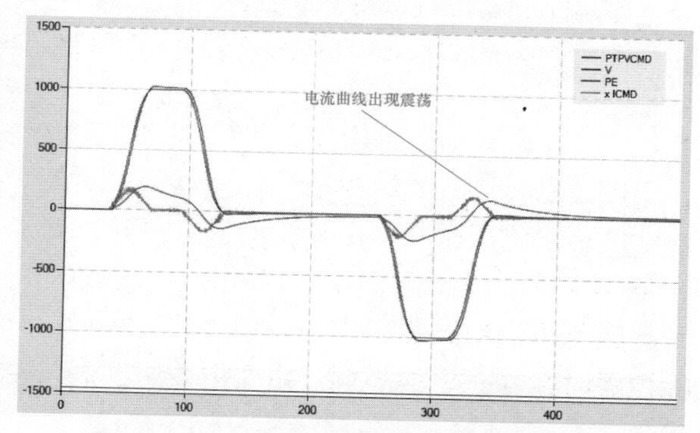

图 1-53　ServoStudio 位置环调试曲线（四）

当 KNLD 取值 36，KNLP 从 10 增加到 20 时，稳态误差、跟随误差、加减速误差都会降低，如图 1-54 所示。

当 KNLP 从 20 慢慢增加到 80 时，实际转速曲线与给定转速曲线基本重合，位置误差非常小，但是电流曲线出现震荡，同时匀速跟随也会出现抖动，如图 1-55 所示。此时观察曲线，回调 KNLP 到一个合适的取值。

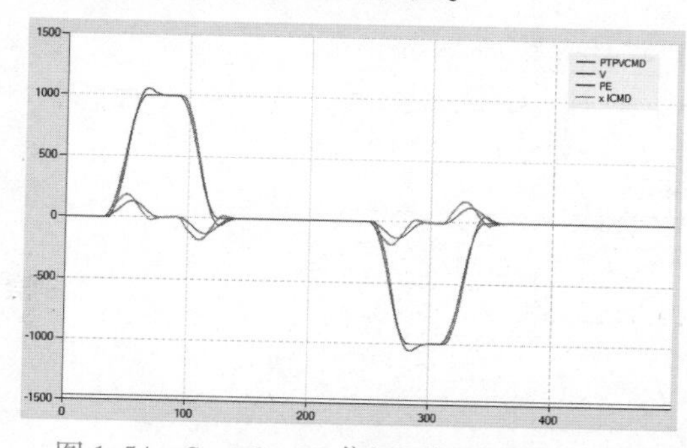

图 1-54　ServoStudio 位置环调试曲线（五）

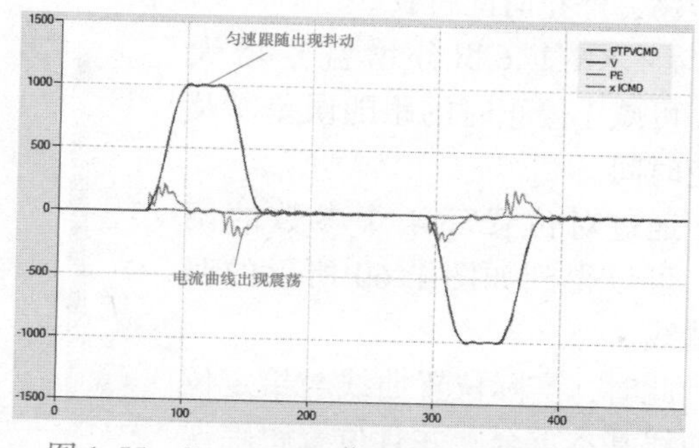

图 1-55　ServoStudio 位置环调试曲线（六）

当 KNLIV 取值增大时，可以减小加减速时的跟随误差，但过大会产生超调震荡，停止时间过长，如图 1-56 所示。

当 KNLIV 取 30 时，曲线出现震荡，电动机停止时间加长，如图 1-57 所示，此时需回调 KNLIV 的值。

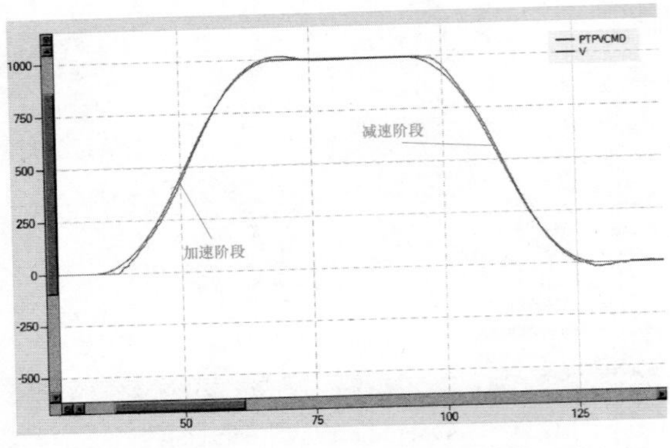

图 1-56　ServoStudio 位置环调试曲线（七）

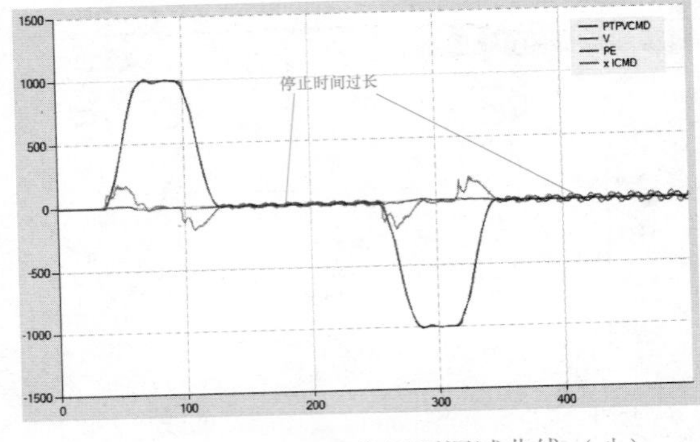

图 1-57　ServoStudio 位置环调试曲线（八）

KNLI 的值可以从 0 慢慢增加，减小停止时的跟随误差以及对应时间，如图 1-58 所示。如果 KNLI 取值过大会造成电动机停止时来回振动，如图 1-59 所示，此时需回调 KNLI 的值。

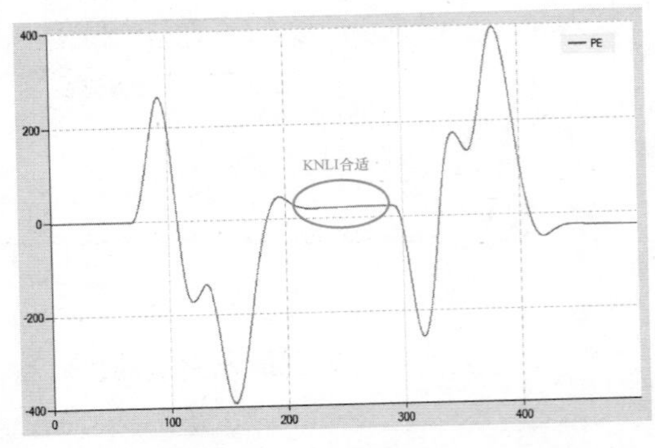

图 1-58　ServoStudio 位置环调试曲线（九）

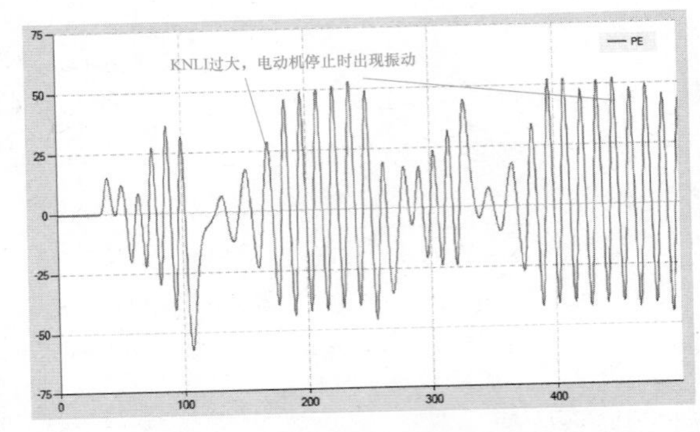

图 1-59　ServoStudio 位置环调试曲线（十）

总结一下位置环参数调整的基本原则：

1）KNLD（微分增益）增大时，电流增大，同时也有降低跟随误差的作用（一般对匀速阶段的电流和误差）。

2）KNLP（比例增益）增大时，可降低所有的跟随误差。

3）KNLIV（微分-积分增益）增大时，可以减小加减速时的跟随误差，但过大会产生超调震荡，停止时间过长。

4）KNLI（积分增益）增大时，可减小停止时的跟随误差以及对应时间。

通过对位置环 4 个参数的调整，可以得到如图 1-60 所示的调试曲线。

此时，实际位置曲线与给定位置曲线基本重合，并且位置跟踪误差最小（<20 脉冲），即完成伺服电动机调试任务。

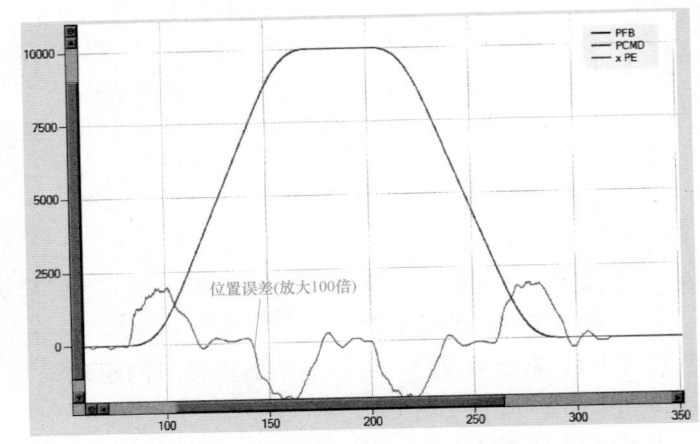

图 1-60　ServoStudio 位置环调试曲线（十一）

项目 2

伺服电动机选型

2.1 项目引入

图 2-1 所示为某设备进给伺服传动系统示意图，已知移动部件进给速度 $v_0 = 30000\text{mm/min}$，每 1 次循环的进给量 $L = 400\text{mm}$，定位时间 $t_0 = 1\text{s}$，进给次数 40 次/min，运行周期 $t_f = 1.5\text{s}$，减速比 $1/n = 5/8$，移动部件质量 $m = 60\text{kg}$，重力加速度 $g = 9.8\text{m/s}^2$，驱动系统效率 $\eta = 0.8$，摩擦因数 $\mu = 0.2$，滚珠丝杠导程 $P_B = 16\text{mm}$，滚珠丝杠直径 $D_B = 20\text{mm}$，滚珠丝杠长度 $L_B = 500\text{mm}$，齿轮直径（伺服电动机轴）$D_{G1} = 25\text{mm}$，齿轮直径（负载轴）$D_{G2} = 40\text{mm}$，齿轮厚度 $L_G = 10\text{mm}$，根据以上信息选择合适的伺服电动机。

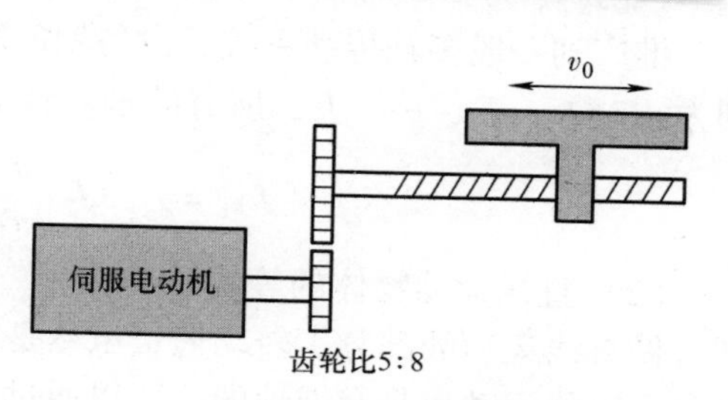

图 2-1　进给伺服传动系统示意图

2.2 相关知识

2.2.1　伺服电动机惯量匹配

转动惯量对伺服系统的精度、稳定性和动态响应都有影响。惯量大，系统的机械常数大，响应慢，使系统的固有频率下降，容易产生谐振，从而限制了伺服带宽，影响了伺服精度和响应速度，惯量的适当增大只有在改善低速爬行时有利。因此，机械设计时在不影响系统刚度的条件下，应尽量减小惯量。

伺服电动机的惯量匹配

衡量机械系统的动态特性时，惯量越小，系统的动态特性反应越好；惯量越大，电动机的负载也就越大，且越难控制，但机械系统的惯量需和电动机惯量相匹配才行。不同的机构，对惯量匹配原则有不同的选择，且会产生不同的作用表现，需要根据机械的工艺特点及加工质量要求来确定。

1. 等效负载惯量 J_L 的计算

旋转运动与直线运动的机械惯量，按照能量守恒定律，通过等效换算，均可用转动惯量来表示，相当于伺服系统中运动物体的惯量折算到驱动轴上的等效转动惯量。

（1）联动旋转体的等效转动惯量　在机电系统中，经常使用齿轮副、带轮及其他旋转运动的零件来传动，传动时要进行加速、减速、停止等控制，在一般情况下，选用电动机轴为控制轴，因此，整个装置的转动惯量要换算到电动机轴上。当选用其他轴作为控制轴时，此时应对特定的轴求等效转动惯量，计算方法是相同的。

如图 2-2 所示，轴 1 为电动机轴，轴 2 为齿轮轴，它们的转速分别为 n_1 和 n_2；轴 1、小齿

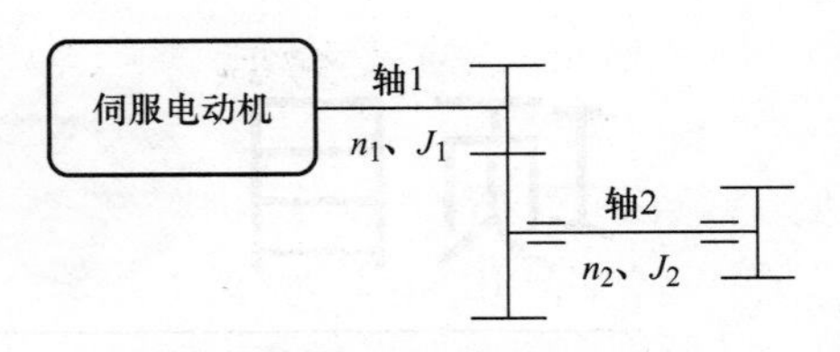

图 2-2　旋转运动的等效转动惯量

轮和电动机转子对轴 1 的转动惯量为 J_1，而轴 2 和大齿轮对轴 2 的转动惯量为 J_2。

旋转运动的动能分别为

$$E_1=\frac{1}{2}J_1\omega_1^2 \tag{2-1}$$

$$E_2=\frac{1}{2}J_2\omega_2^2 \tag{2-2}$$

现在的控制轴为轴 1，将对轴 2 的转动惯量换算到对轴 1 的转动惯量时，根据能量守恒定理，转换时能量守恒，则

$$\frac{1}{2}J_2\omega_2^2=\frac{1}{2}[J_2]_1\omega_1^2 \tag{2-3}$$

式中，$[J_2]_1$ 为轴 2 对轴 1 的等效转动惯量。

推广到一般多轴传动系统，设各轴的转速分别为 n_1、n_2、n_3、…、n_k，各轴的转动惯量分别为 J_1、J_2、J_3、…、J_k，所有的轴对轴 1 的等效转动惯量为

$$[J]_1=J_1+J_2\left(\frac{n_2}{n_1}\right)^2+J_3\left(\frac{n_3}{n_1}\right)^2+\cdots+J_k\left(\frac{n_k}{n_1}\right)^2 \tag{2-4}$$

（2）直线运动物体的等效转动惯量　在机电系统中，机械装置不仅有旋转运动的部分，还有做直线运动的部分。转动惯量虽然是对旋转运动提出的概念，但本质上其是表示惯性的一个量，直线运动也是有惯性的，所以通过适当的变换也可以借用转动惯量来表示它的惯性。

图 2-3 所示为伺服电动机通过丝杠驱动进给工作台，现在求该工作台对特定的控制轴（如电动机轴）的等效转动惯量。设 m 为工作台的质量，v 为工作台的移动速度，$[J]_{\mathrm{m}}$ 为工作台对电动机轴的等效转动惯量，n 为电动机轴的转速（r/min）。

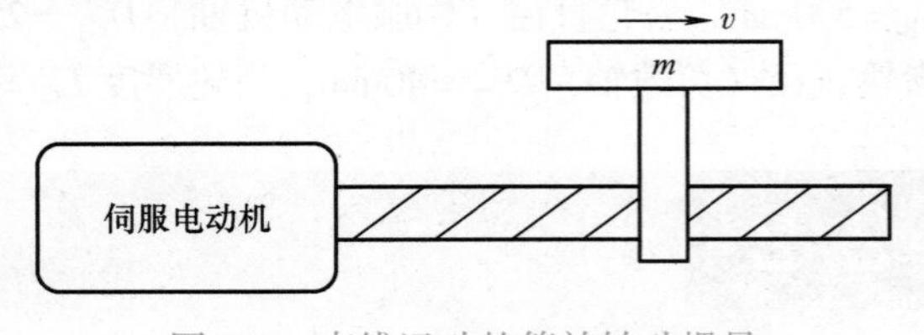

图 2-3　直线运动的等效转动惯量

直线运动工作台的动能为

$$E=\frac{1}{2}mv^2 \tag{2-5}$$

假设将此能量转换成电动机轴旋转运动的能量，根据能量守恒定理得

$$E=\frac{1}{2}mv^2=\frac{1}{2}[J]_{\mathrm{m}}\omega^2=\frac{1}{2}[J]_{\mathrm{m}}\left(\frac{2\pi n}{60}\right)^2 \tag{2-6}$$

所以

$$[J]_{\mathrm{m}}=\frac{900mv^2}{\pi^2n^2} \tag{2-7}$$

推广到一般情况，设有 k 个直线运动的物体，由一个轴驱动，各物体的质量分别为 m_1、m_2、…、m_k，各物体的速度分别为 v_1、v_2、…、v_k，控制的转速为 n_1，则对控制轴的等效转动惯量为

$$[J]_1=\frac{900}{\pi^2}\left[m_1\left(\frac{v_1}{n_1}\right)^2+m_2\left(\frac{v_2}{n_1}\right)^2+\cdots+m_k\left(\frac{v_k}{n_1}\right)^2\right] \tag{2-8}$$

2. 惯量匹配原则

负载惯量 J_{L} 的大小对电动机的灵敏度、系统精度和动态性能有明显的影响，在一个伺服系统中，负载惯量 J_{L} 和电动机的惯量 J_{m} 必须合理匹配，根据不同的电动机类型，匹配条件有所不同。

（1）对于采用惯量较小的伺服电动机的伺服系统 通常推荐

$$\frac{J_L}{J_m} \leqslant 4 \tag{2-9}$$

小惯量伺服电动机的惯量 $J_m \approx 5 \times 10^{-3} kg \cdot m^2$，其特点是转矩 – 惯量比大、机械时间常数小、加速能力强，所以其动态性能好、响应快。但是，使用小惯量伺服电动机时容易发生对电源频率的响应共振，当存在间隙、死区时容易造成振荡和蠕动，因此提出了“惯量匹配原则”，并在数控机床伺服进给系统采用大惯量电动机。

（2）对于采用大惯量的伺服电动机的伺服系统 通常推荐

$$0.25 \leqslant \frac{J_L}{J_m} \leqslant 4 \tag{2-10}$$

大惯量伺服电动机的惯量 $J_m \approx 0.1 \sim 0.6 kg \cdot m^2$，大惯量调速伺服电动机的特点是惯量大、转矩大，且能在低速下提供额定转矩，常常不需要传动装置而与滚珠丝杠等直接相连，受惯性负载的影响小，调速范围大；热时间常数有的长达 100min，比小惯量电动机的热时间常数 2 ~ 3min 长得多，并允许长时间的过载。其转矩 – 惯量比高于普通电动机而低于小惯量电动机，其快速性在使用上已经足够。因此，采用这种电动机能获得优良的低速范围的速度刚度和动态性能，因而在现代数控机床中应用较广。

2.2.2 伺服电动机转矩匹配

在选择伺服电动机时，要根据电动机的负载大小确定伺服电动机的转矩，即使电动机的额定转矩与被驱动的机械系统负载相匹配。若选择转矩偏小的电动机则可能在工作中出现带不动的现象，或电动机发热严重，导致电动机寿命减小。反之，电动机转矩过大，则浪费了电动机的“能力”，且相应提高了成本。在进行转矩匹配时，对于不同种类的伺服电动机匹配方法也不同。

伺服电动机的转矩、速度匹配

在机械运动与控制中，根据转矩的性质将其分为驱动转矩 T_m、负载转矩 T_L、摩擦力矩 T_f 和动态转矩 T_a（惯性转矩），它们之间的关系是

$$T_m = T_L + T_a + T_f \tag{2-11}$$

在伺服系统的设计中，转矩的匹配都是对特定轴（一般都是电动机轴）的，对特定轴的转矩称为等效转矩。如果力矩直接作用在控制轴上，就没有必要将其换算成等效力矩，否则，必须换算成等效力矩。

1. 等效负载转矩 T_L 的计算

负载转矩根据其特征可分为工作负载（由工艺条件决定）和制动转矩，它们一般为专业机械设计提供依据。在这里只讨论负载转矩换算成等效负载转矩的方法。如图 2-4 所示，轴 2 作用有负载转矩，将此转矩换算成对控制轴 1 的等效负载转矩。

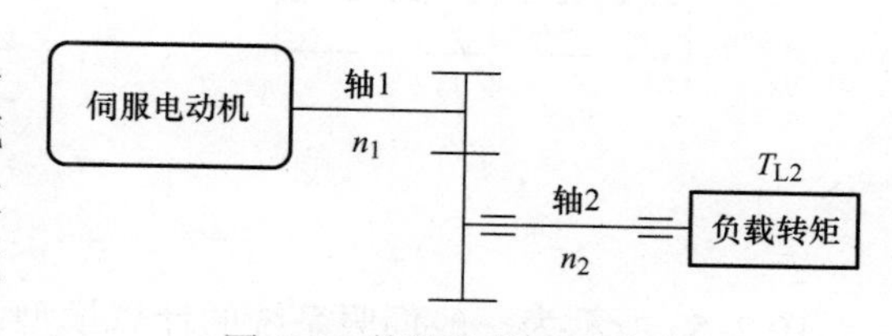

图 2-4 等效负载转矩计算

根据能量守恒定理，单位时间内，轴 2 负载转矩所做的功与轴 1 等效负载转矩所做的功相等，所以

$$E = T\varphi = T_{L2}\frac{2\pi n_2}{60} = [T_{L2}]_1 \frac{2\pi n_1}{60} \tag{2-12}$$

$$[T_{L2}]_1 = T_{L2}\frac{n_2}{n_1} \tag{2-13}$$

有些机械装置中有负载作用的轴不止一个，这时等效负载转矩的求法如下：设 T_{Lj} 为任意轴 j 上的负载转矩，$[T_L]_i$ 为对控制轴 i 上的等效转矩，n_j 和 n_i 分别为任意轴 j 和控制轴 i 的转速，k 为负载轴的个数，则

$$[T_L]_i = T_{L1}\frac{n_1}{n_i} + T_{L2}\frac{n_2}{n_i} + \cdots + T_{Lk}\frac{n_k}{n_i} \tag{2-14}$$

2. 等效摩擦力矩 T_f 的计算

理论上等效摩擦力矩可以做比较精确的计算，但由于摩擦力矩的计算比较复杂（摩擦力矩与摩擦因数有关，而且在不同的条件下，摩擦因数不为常值，表现出一定的非线性，往往是估算出来的），所以在实践中等效摩擦力矩常根据机械效率做近似的估算，其基本理论依据是机械装置大部分所损失的功率都是因为克服摩擦力做功。估算的方法是：在控制精度要求不高，或者调整部分有裕度时，可根据类似机构的数据估算机械效率 η，由此机械效率推算等效摩擦力矩。

$$\eta = \frac{[T_L]_i}{T_i} = \frac{T_i - [T_f]_i}{T_i} \tag{2-15}$$

$$[T_f]_i = [T_L]_i\left(\frac{1}{\eta} - 1\right) \tag{2-16}$$

3. 等效惯性转矩 T_a 的计算

电动机在变速时，需要一定的加速力矩，加速力矩的计算与电动机的加速形式有关：

$$[T_a] = J_L\frac{d\omega}{dt} \tag{2-17}$$

4. 伺服电动机的转矩匹配原则

常见的变转矩、加减速控制的两种计算模型如图 2-5 所示。

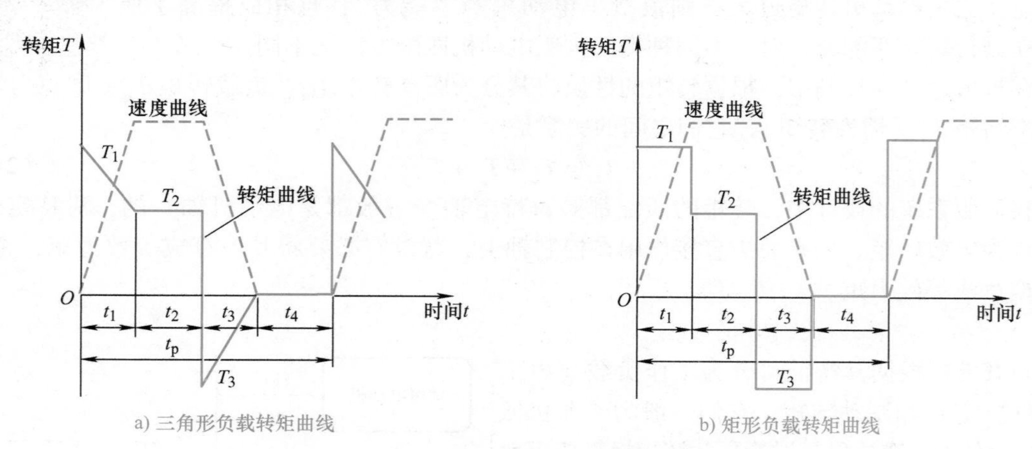

图 2-5　变转矩加减速控制计算模型

图 2-5a 所示为一般伺服系统的计算模型。根据电动机发热条件的等效原则，三角形负载转矩曲线在加减速时的连续实际负载转矩由下式近似计算：

$$T_{rms} = \sqrt{\frac{1}{t_p}\int_0^{t_p} T^2 dt} \approx \sqrt{\frac{T_1^2 t_1 + 3T_2^2 t_2 + T_3^2 t_3}{3t_p}} \tag{2-18}$$

式中，t_p 为一个负载的工作周期，即 $t_p = t_1 + t_2 + t_3 + t_4$。

图 2-5b 所示为常见的矩形负载转矩曲线在加减速时的计算模型，其连续实际负载转矩由下式计算：

$$T_{\mathrm{rms}}=\sqrt{\frac{T_1^2t_1+3T_2^2t_2+T_3^2t_3}{t_1+t_2+t_3+t_4}} \tag{2-19}$$

式（2-18）和式（2-19）只有在 t_p 比温度上升时的热时间常数 t_{th} 小得多（$t_p \leqslant t_{th}/4$）且 $t_p=t_g$ 时才能成立，其中 t_g 为冷却时的热时间常数，通常这些条件均能满足。所以，选择伺服电动机的额定转矩 T_R 时，应使 $T_R>T_{rms}$。

2.2.3 伺服电动机速度匹配

电动机转速越高，传动比就会越大，这对于减小伺服电动机的等效转动惯量，提高电动机的负载能力有利。因此，在实际应用中，电动机常工作在高转速、低转矩状态。但是，一般机电系统的机械装置工作在低转速、高转矩状态，所以在伺服电动机与机械装置之间需要匹配减速器，在某种程度上讲，伺服电动机与机械负载的速度匹配就是减速器的设计问题。

减速器的减速比不可过大也不能太小。减速比太小，对于减小伺服电动机的等效转动惯量，有效提高电动机的负载能力不利；减速比过大，则减速器的齿隙、弹性变形、传动误差等势必影响系统的性能，精密减速器的制造成本也较高。

因此应根据系统的实际情况，在对负载分析的基础上合理地选择减速器的减速比。有关减速器的设计可参考有关资料。

2.3 项目实施

1. 根据项目引入选择合适的伺服电动机

伺服电动机的选型

图 2-6 所示为已知进给系统的结构示意图，电动机的选型步骤如下：

（1）伺服电动机转速

$$n_0=\frac{v_0}{P_B}\frac{1}{1/n}=\frac{30000}{16}\times\frac{8}{5}\mathrm{r/min}=3000\mathrm{r/min}$$

（2）加减速时间常数

$$t_{psa}=t_{psd}=t_0-\frac{L}{v_0/60}-t_s=0.05\mathrm{s}$$

式中，t_s 为停止整定时间，此处估计为 0.15s。

（3）运行模式　电动机的速度规划曲线如图 2-7 所示。

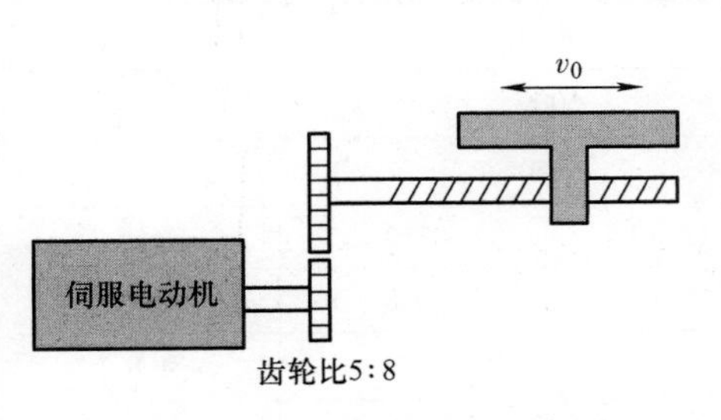

图 2-6　进给系统的结构示意图

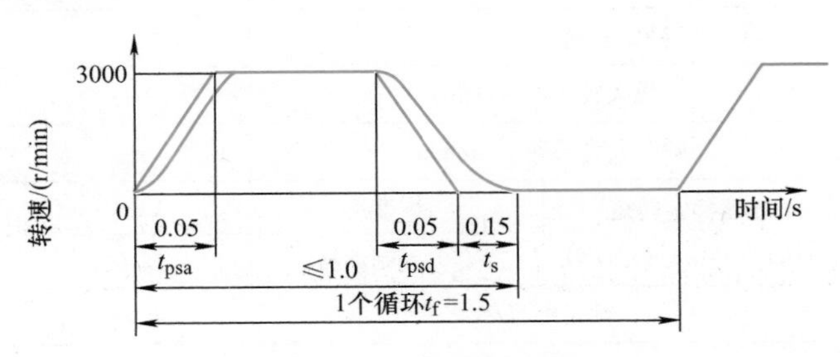

图 2-7　速度规划曲线

（4）负载转矩（伺服电动机轴换算）　伺服电动机每转的移动量

$$\Delta S=P_B\frac{1}{n}=10\mathrm{mm}$$

负载转矩

$$T_{\mathrm{L}}=\frac{\mu mg\Delta S}{2\times10^{3}\pi\eta}=0.23\mathrm{N}\cdot\mathrm{m}$$

（5）负载转动惯量（伺服电动机轴换算）

1）移动部件的转动惯量

$$J_{\mathrm{L1}}=m\left(\frac{\Delta S\times10^{-3}}{2\pi}\right)^{2}=1.52\times10^{-4}\mathrm{kg}\cdot\mathrm{m}^{2}$$

2）滚珠丝杠的转动惯量

$$J_{\mathrm{L2}}=\frac{\pi\rho L_{\mathrm{B}}}{32}D_{\mathrm{B}}^{4}\left(\frac{1}{n}\right)^{2}=0.24\times10^{-4}\mathrm{kg}\cdot\mathrm{m}^{2}$$

式中，ρ 为铁的密度，$\rho=7.8\times10^{3}\mathrm{kg/m^{3}}$。

3）齿轮（伺服电动机轴）的转动惯量

$$J_{\mathrm{L3}}=\frac{\pi\rho L_{\mathrm{G}}}{32}D_{\mathrm{G1}}^{4}=0.03\times10^{-4}\mathrm{kg}\cdot\mathrm{m}^{2}$$

4）齿轮（负载轴）的转动惯量

$$J_{\mathrm{L4}}=\frac{\pi\rho L_{\mathrm{G}}}{32}D_{\mathrm{G2}}^{4}\left(\frac{1}{n}\right)^{2}=0.08\times10^{-4}\mathrm{kg}\cdot\mathrm{m}^{2}$$

总负载转动惯量（伺服电动机轴换算）

$$J_{\mathrm{L}}=J_{\mathrm{L1}}+J_{\mathrm{L2}}+J_{\mathrm{L3}}+J_{\mathrm{L4}}=1.87\times10^{-4}\mathrm{kg}\cdot\mathrm{m}^{2}$$

（6）伺服电动机的临时选择　选择条件如下：

负载转矩 $<$ 伺服电动机的额定转矩

总负载转动惯量 $<J_{\mathrm{R}}\times$ 伺服电动机的转动惯量

式中，J_{R} 为推荐负载转动惯量比。

根据上述条件临时选择伺服电动机 HG-KN23J-S100，其参数见表 2-1，其中额定转矩为 0.64N·m，最大转矩为 1.9N·m，转动惯量为 $0.24\times10^{-4}\mathrm{kg}\cdot\mathrm{m}^{2}$。

表 2-1　HG-KN 系列电动机的参数

项目		HG-KN 系列伺服电动机（低惯性·小容量）			
		13（B）J-S100	23（B）J-S100	43（B）J-S100	73（B）J-S100
连续特性①	额定输出功率/kW	0.1	0.2	0.4	0.75
	额定转矩/N·m	0.32	0.64	1.3	2.4
最大转矩/N·m		0.95	1.9	3.8	7.2
额定转速①/（r/min）		3000			
最大转速/（r/min）		5000			
瞬时允许转速/（r/min）		5750			
连续额定转矩时的功率比/（kW/s）	标准	12.9	18.0	43.2	44.5
	有电磁制动器	12.0	16.4	40.8	41.0
额定电流/A		0.8	1.3	2.6	4.8
最大电流/A		2.4	3.9	7.8	14
惯量 J/（$10^{-4}\mathrm{kg}\cdot\mathrm{m}^{2}$）	标准	0.0783	0.225	0.375	1.28
	有电磁制动器	0.0843	0.247	0.397	1.39
推荐负载惯量比		15 倍以下			

（续）

<table>
<tr><th colspan="3" rowspan="2">项目</th><th colspan="4">HG-KN 系列伺服电动机（低惯性·小容量）</th></tr>
<tr><th>13（B）J-S100</th><th>23（B）J-S100</th><th>43（B）J-S100</th><th>73（B）J-S100</th></tr>
<tr><td colspan="3">速度、位置检测器</td><td colspan="4">增量 17 倍编码器
（伺服电动机每转的分辨率：131072 脉冲/r）</td></tr>
<tr><td colspan="3">油封</td><td colspan="4">有</td></tr>
<tr><td colspan="3">耐热等级</td><td colspan="4">130（B）</td></tr>
<tr><td colspan="3">结构</td><td colspan="4">全闭环自冷（防护等级：IP65②）</td></tr>
<tr><td rowspan="7">环境条件</td><td rowspan="2">环境温度</td><td>运行</td><td colspan="4">0～40℃（无冻结）</td></tr>
<tr><td>保管</td><td colspan="4">-15～70℃（无冻结）</td></tr>
<tr><td rowspan="2">环境湿度</td><td>运行</td><td colspan="4">80% RH 以下（无凝露）</td></tr>
<tr><td>保管</td><td colspan="4">90% RH 以下（无凝露）</td></tr>
<tr><td colspan="2">周围环境</td><td colspan="4">室内（无阳光直射）
无腐蚀性气体、可燃性气体、油雾、尘埃等</td></tr>
<tr><td colspan="2">海拔</td><td colspan="4">海拔 1000m 以下</td></tr>
<tr><td colspan="2">耐振动</td><td colspan="4">X、Y 方向：49m/s²</td></tr>
<tr><td colspan="3">振动等级</td><td colspan="4">V10③</td></tr>
<tr><td rowspan="3">轴的允许负载</td><td colspan="2">L/mm</td><td>25</td><td colspan="2">30</td><td>40</td></tr>
<tr><td colspan="2">径向/N</td><td>88</td><td colspan="2">245</td><td>392</td></tr>
<tr><td colspan="2">轴向/N</td><td>59</td><td colspan="2">98</td><td>147</td></tr>
<tr><td rowspan="2">质量/kg</td><td colspan="2">标准</td><td>0.57</td><td>0.98</td><td>1.5</td><td>3.0</td></tr>
<tr><td colspan="2">有电磁制动器</td><td>0.77</td><td>1.4</td><td>1.9</td><td>4.0</td></tr>
</table>

①电源电压下降时，无法保证输出及额定转速。

②轴贯通部除外。IP 表示对人体、固体异物及水的浸入的防护等级。

③V10 表示伺服电动机单体的幅度在 10μm 以下。

（7）加减速转矩

1）加速时所需转矩

$$T_{\mathrm{Ma}}=\frac{(J_{\mathrm{L}}/\eta+J_{\mathrm{m}})n_0}{9.55\times10^4 t_{\mathrm{psa}}}+T_{\mathrm{L}}=1.84\mathrm{N\cdot m}$$

式中，J_{m}为伺服电动机的转动惯量。

2）减速时所需转矩

$$T_{\mathrm{Md}}=-\frac{(J_{\mathrm{L}}\eta+J_{\mathrm{m}})n_0}{9.55\times10^4 t_{\mathrm{psd}}}+T_{\mathrm{L}}=-0.85\mathrm{N\cdot m}$$

注意：加速时和减速时所需转矩应小于伺服电动机的最大转矩。

（8）连续实际负载转矩

$$T_{\mathrm{rms}}=\sqrt{\frac{T_{\mathrm{Ma}}^2 t_{\mathrm{psa}}+T_{\mathrm{L}}^2 t_{\mathrm{c}}+T_{\mathrm{Md}}^2 t_{\mathrm{psd}}}{t_{\mathrm{f}}}}=0.4\mathrm{N\cdot m}$$

$$t_c = t_0 - t_s - t_{psa} - t_{psd} = 0.75\text{s}$$

注意：连续实际负载转矩应小于伺服电动机的额定转矩。

(9) 运行转矩曲线　电动机的运行转矩曲线如图 2-8 所示。

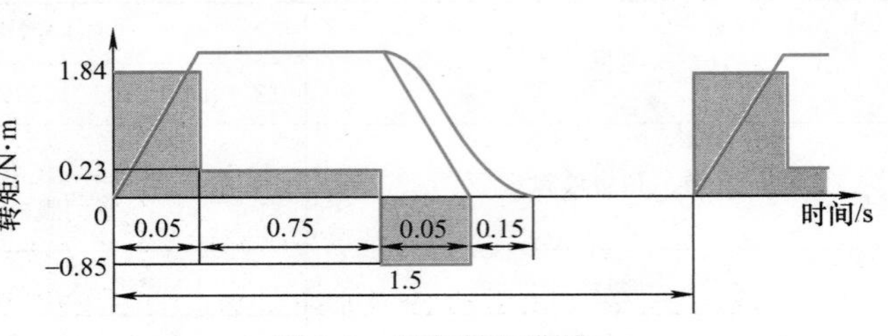

图 2-8　运行转矩曲线

综上所述，伺服电动机 HG-KN23J-S100 满足要求。

2. 伺服电动机负载匹配实验

利用多自由度运动控制系统开发平台中的伺服电动机调试模块进行伺服电动机负载调试实验，调试平台如图 2-9 所示。利用 ServoStudio 调试软件，查看伺服电动机在同一参数下，不同负载时，伺服电动机速度响应曲线。

伺服电动机的负载匹配

1）假设伺服电动机为位置控制模式，在不加负载的情况下电动机运行速度响应曲线非常好，如图 2-10 所示。

图 2-9　伺服电动机调试平台

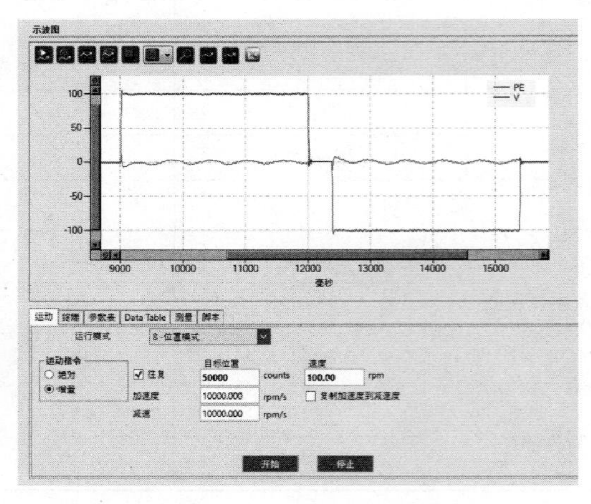

图 2-10　ServoStudio 电动机测试曲线（一）

2）在驱动器位置环控制器参数为空载稳定的情况下，如果给电动机加一块惯量盘，运行结果如图 2-11 所示，电动机运行有剧烈抖动，并伴随啸叫。可以通过自整定和位置环调试的方法来调整伺服电动机动态性能，调整结果如图 2-12 所示。

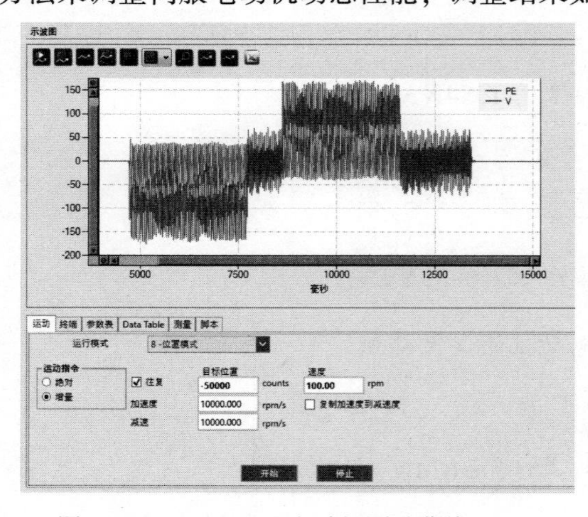

图 2-11　ServoStudio 电动机测试曲线（二）

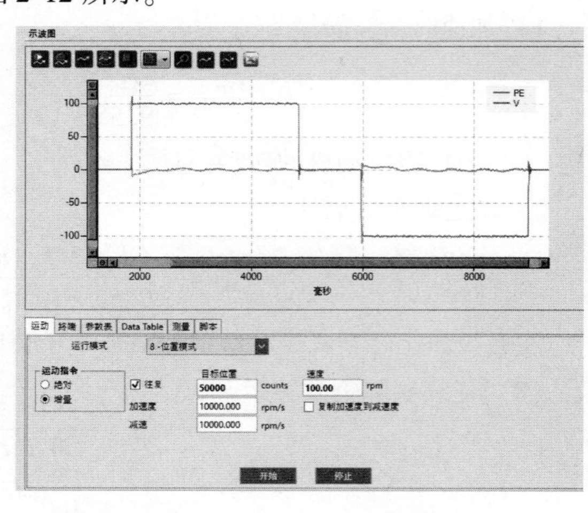

图 2-12　ServoStudio 电动机测试曲线（三）

3）在驱动器位置环控制器参数为一块惯量盘稳定的情况下，如果给伺服电动机加上两块或者三块惯量盘，运行结果如图 2-13 所示，电动机整体运行性能变化不大，电动机起停振动比较大，有异常响声，稳态振动也稍微增大。

4）在驱动器位置环控制器参数为一块惯量盘稳定的情况下，如果给伺服电动机加上四块惯量盘，运行结果如图 2-14 所示，电动机运行振动剧烈，起停啸叫严重，停止时间加长。可以通过自整定和位置环调试的方法来调整伺服电动机动态性能，调整结果如图 2-15 所示。

5）如果不断给伺服电动机增加惯量盘，肯定会出现无论怎么自整定和调整位置环控制器参数，伺服电动机都不能正常工作的情况，只能考虑更换伺服电动机。

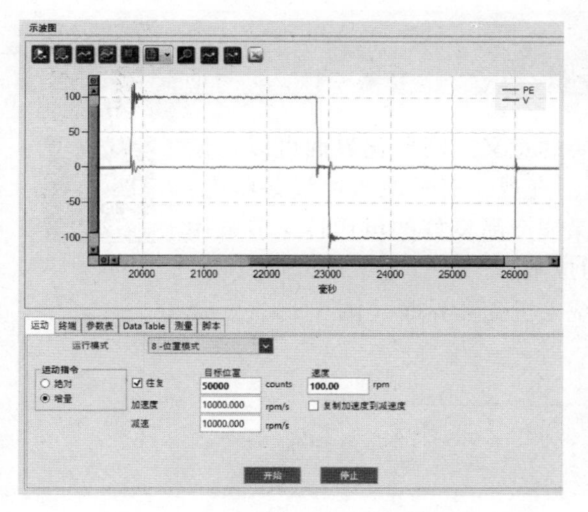

图 2-13　ServoStudio 电动机测试曲线（四）

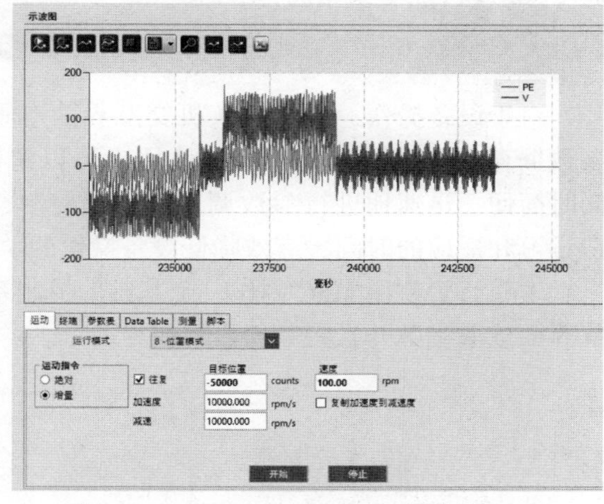

图 2-14　ServoStudio 电动机测试曲线（五）

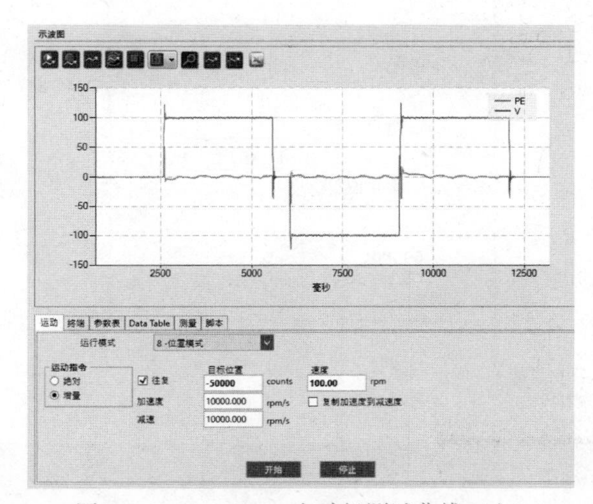

图 2-15　ServoStudio 电动机测试曲线（六）

项目 3

MFC界面制作

3.1 项目引入

对于设备操作，图形化人机交互界面有重要的意义。图形化界面可以将设备数据直观地显示在界面上，使用户可以清晰、直观、实时地监控设备状态，同时简便、迅速地进行参数调整和功能控制，保证产品良好的可用性，节省用户学习和适应的时间，有效降低设备操作的学习成本。

MFC 的常用控件介绍

本项目为使用 MFC 制作一个基础的控制系统人机交互界面（图 3-1），实现从界面读取参数并且将数据显示在界面上。

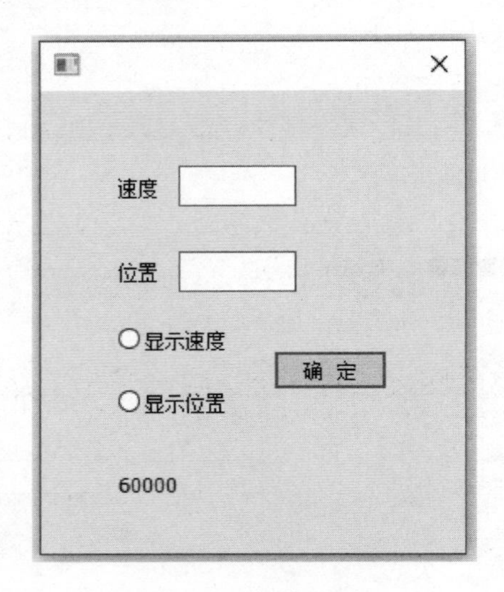

图 3-1　制作界面

3.2 相关知识

3.2.1 MFC 简介

MFC 是 Microsoft Foundation Classes（微软基础类库）的简称，是微软公司提供的一个类库，以 C + +类的形式封装了 Windows API，并包含了应用程序框架，可以有效地减少应用程序开发人员的工作量。由于标准 C + +没有图形库，本书中针对使用 C + +快速开发有可视化界面的简单 Windows 桌面程序，选择使用 MFC。

在应用程序开发时，常把各个功能模块划分为表示层（UI）、业务逻辑层（BLL）和数据访问层（DAL）的三层架构。对于大型程序的软件项目，表示层的制作常使用QT、WPF、Electron等专业的界面制作工具，业务逻辑层常使用C++、C#语言编写。而在小型程序开发中，由于需求简单且无后续扩展要求，因此MFC可作为快速开发工具使用。

3.2.2 C++界面控件介绍

1. 按钮控件

按钮控件主要包括命令按钮（Button）、单选按钮（Radio Button）和复选框（Check Box），如图3-2所示。命令按钮是用来响应用户的鼠标单击操作，并进行相应的处理，它可以显示文本也可以嵌入位图。单选按钮使用时，一般是多个组成一组，组中每个单选按钮的选中状态具有互斥关系，即同组的单选按钮只能有一个被选中。

图3-2 主要按钮控件

命令按钮是最熟悉也是最常用的一种按钮控件，而单选按钮和复选框都是比较特殊的按钮控件。单选按钮有选中和未选中两种状态，为选中状态时单选按钮中心会出现一个实心点，以标识选中状态。一般的复选框也是有选中和未选中两种状态，选中时复选框内会增加一个“√”，而三态复选框（设置了BS_3STATE风格）有选中、未选中和不确定三种状态，不确定状态时复选框内出现一个灰色“√”。

按钮控件会向父窗口发送通知消息，最常用的通知消息包括BN_CLICKED和BN_DOUBLECLICKED，如图3-3所示。用户在按钮上单击时会向父窗口发送BN_CLICKED消息，双击时发送BN_DOUBLECLICKED消息。

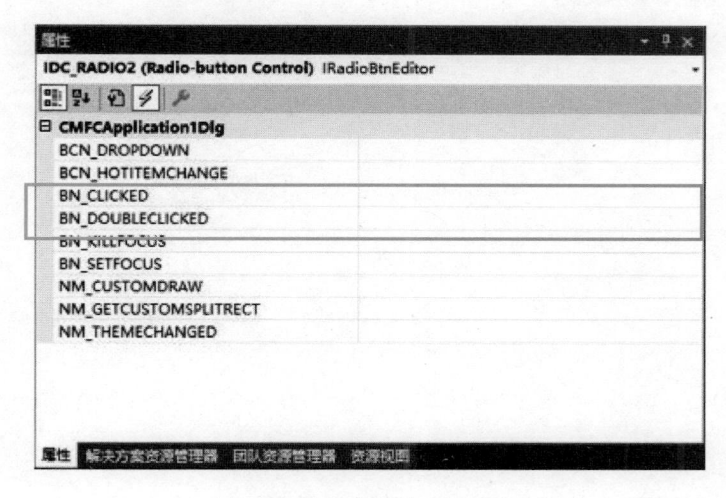

图3-3 按钮控件的常用消息

2. 静态文本框控件

静态文本框控件即Static Text，在工具箱中的Static Text上按下鼠标左键不放开，并拖到主窗口界面，模板上会出现一个虚线框，找到合适的位置松开鼠标左键即可放下控件。

用鼠标左键选中控件后周围出现虚线框，如图 3-4 所示，然后光标移到虚线框上几个黑点的位置会变成双向箭头的形状，此时可以按下鼠标左键并拖动来改变控件大小了。通过改变新添加的静态文本框控件的大小，可更好地显示标题。

接下来可以修改静态文本框的文字。右击静态文本框，在右键菜单中选择“属性”，属性面板就会显示出来。在面板上修改 Caption 属性为“设置速度”，ID 修改为 IDC_Vel_STATIC，此时文本框如图 3-5 所示。

3. 编辑框控件

编辑框控件即 Edit Control，添加编辑框的过程与静态文本框类似，在 Toolbox 中选中 Edit Control 控件并拖到对话框模板上，如图 3-6 所示。在编辑框上右击，在右键菜单中选择“Properties”显示出属性（Properties）面板，可修改其 ID。

图 3-4　静态文本框控件

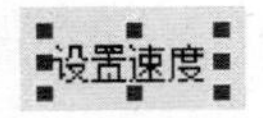

图 3-5　“设置速度”文本框

图 3-6　编辑框控件

3.3 项目实施

1）打开 Visual Studio2019，选择“创建新项目”，如图 3-7 所示。

人机交互界面的基础制作

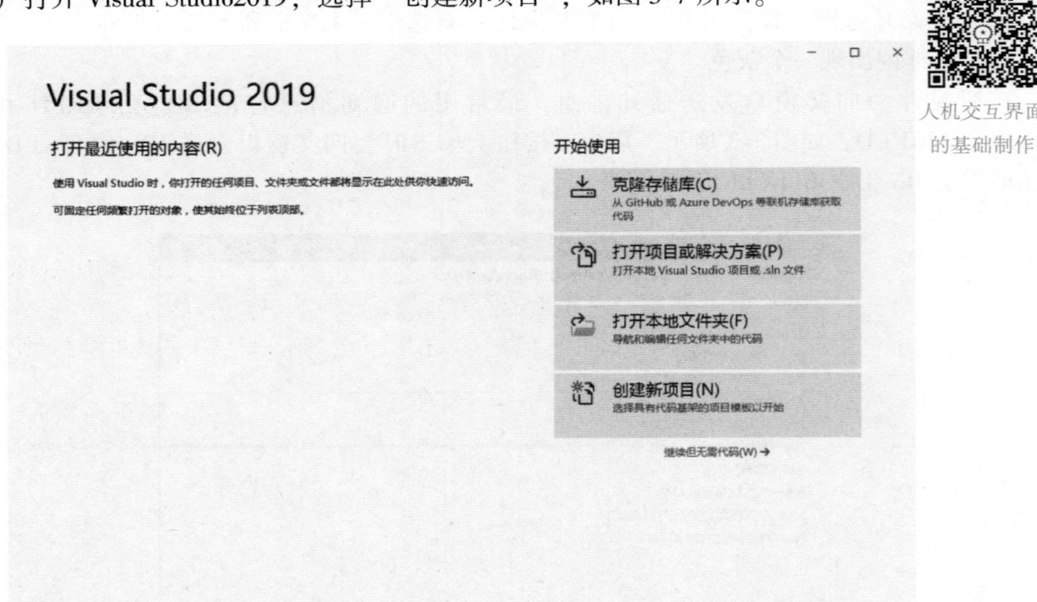

图 3-7　创建新项目

2）选择“MFC 应用”，单击“下一步”按钮，如图 3-8 所示。

3）在“项目名称”中命名项目，此处以项目名称 interface 为例。命名完成后单击“创建”按钮，如图 3-9 所示。

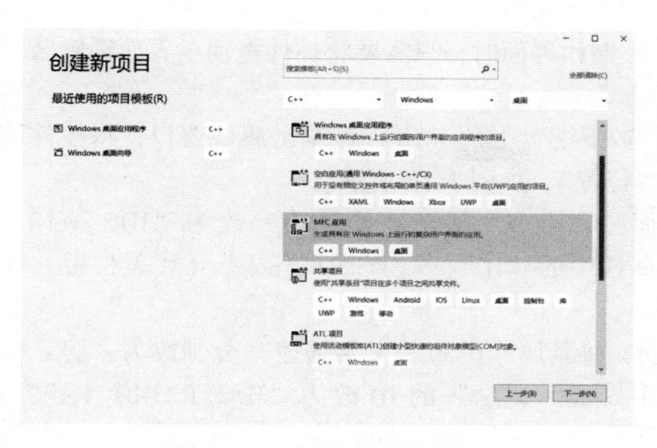

图 3-8　选择“MFC 应用”

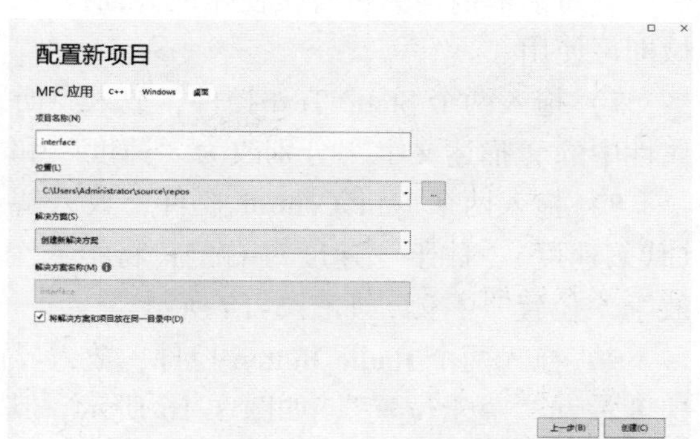

图 3-9　项目命名

4）将“应用程序类型”改为“基于对话框”，单击“完成”按钮，如图 3-10 所示。

5）在菜单栏中选择“视图”→“其他窗口”→“资源视图”，单击后出现以下对话框，如图 3-11 所示。

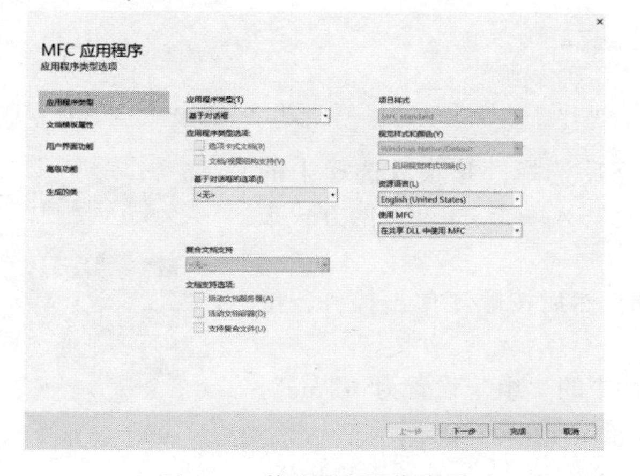

图 3-10　修改应用程序类型

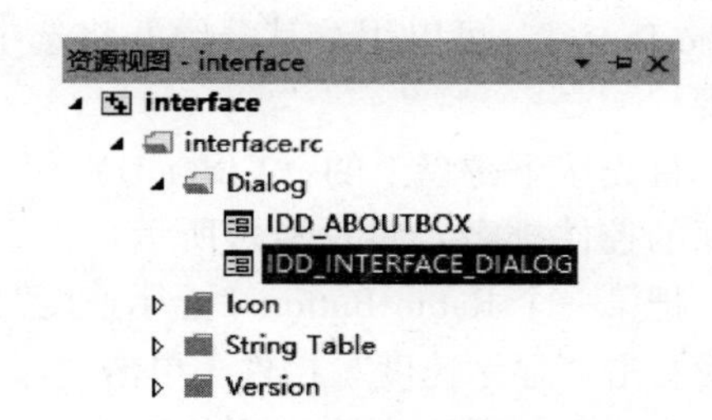

图 3-11　资源视图

在“资源视图”中选择“interface. rc”→“Dialog”→“IDD_INTERFACE_DIALOG”，双击后出现编辑界面，如图 3-12 所示，可先将现有界面上的按钮和文字框删除。

6）在菜单栏中选择“视图”→“工具箱”，单击后出现以下对话框，如图 3-13 所示。

图 3-12　编辑界面

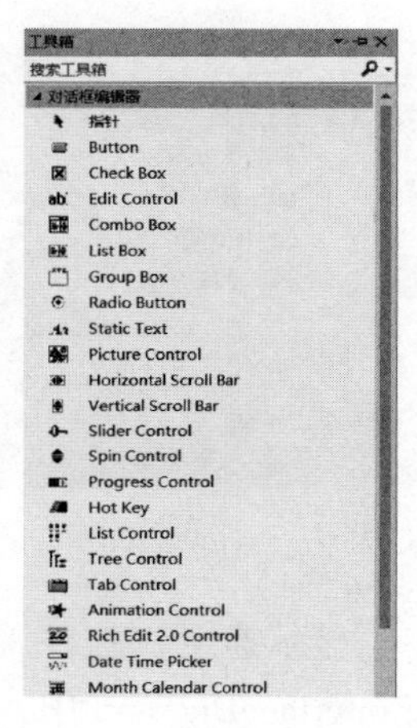

图 3-13　界面控件工具箱

此对话框内均为可直接使用的界面控件，在制作界面时，只需要将控件拖动至界面编辑区域即可使用。

7）拖入两个 Static Text 控件，放入界面，按下键盘上的〈F4〉键调出属性窗口，将控件属性中的“描述文字”分别改为“速度”和“位置”，如图 3-14 所示。

8）拖入两个 Edit Control 控件，放入界面，将第一个属性中的“ID”改为“IDC_vel”（代表速度），放于“速度”右侧；将第二个属性中的“ID”改为“IDC_pos”（代表位置），放于“位置”右侧，如图 3-15 所示。

9）拖入两个 Radio Button 控件，放入界面，将其属性中的“文字描述”分别改为“显示速度”和“显示位置”，如图 3-16 所示，其中“显示速度”的 ID 改为“IDC_RADIO_vel”，“显示位置”的 ID 改为“IDC_RADIO_pos”。

图 3-14　Static Text 控件

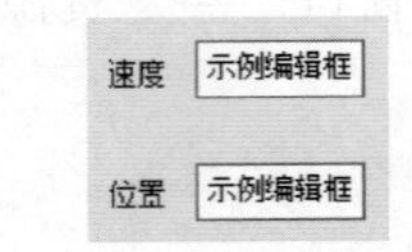

图 3-15　增加 Edit Control 控件

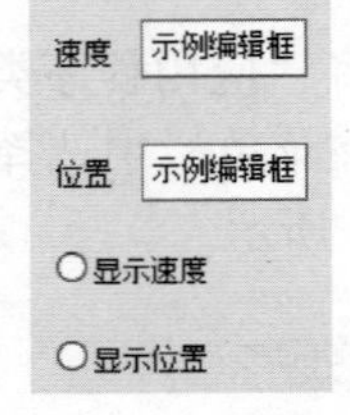

图 3-16　增加 Radio Button 控件

将界面上的 Radio Button 以组来进行互斥选择，并获取选择中的 Radio Button，可以用给其分组并将选中信息写入一个 int 变量的方式来实现。

首先按下键盘上的〈Ctrl + D〉组合键，然后按顺序单击控件，给界面的控件排序，如图 3-17所示。

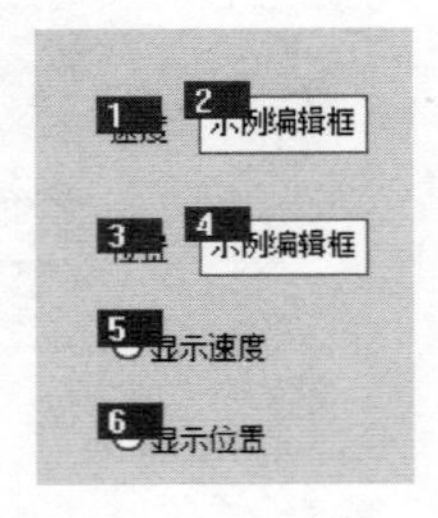

图 3-17　控件排序

把第一个 Radio Button“显示速度”属性中的“组”设置为“True”。然后右击“显示速度”控件，单击“添加变量”，如图 3-18 所示。

在弹出的界面中将类别修改为“值”，名称填入“m_radioValue”，变量类型改为“int”，单击“完成”按钮，如图 3-19 所示。

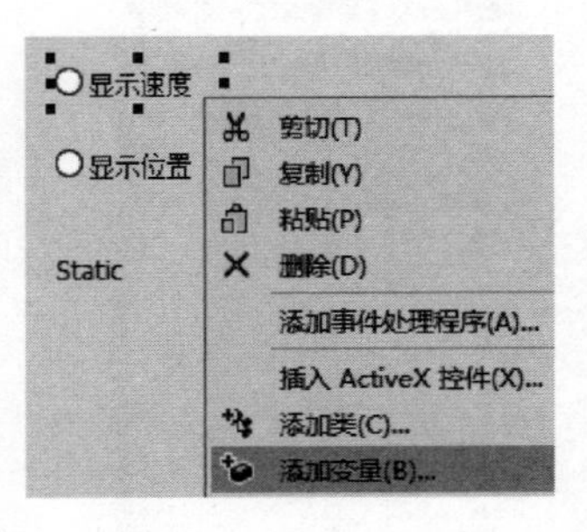

图 3-18　“显示速度”控件添加变量

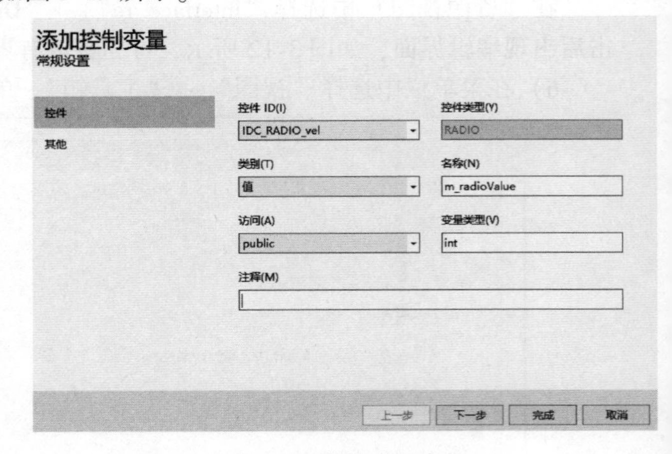

图 3-19　修改变量参数

在“显示速度”控件属性的“事件”中，添加 BN_CLICKED 事件函数，如图 3-20 所示。在 interfaceDlg. cpp 中，找到生成的代码。

图 3-20 添加BN_ CLICKED 事件函数

```
ON_BN_CLICKED(IDC_RADIO_vel,&CinterfaceDlg::OnBnClickedRadiovel)
```

此时为“显示位置”的控件也绑定此事件，添加如下代码。

```
BEGIN_MESSAGE_MAP(CinterfaceDlg,CDialogEx)
    ON_WM_SYSCOMMAND()
    ON_WM_PAINT()
    ON_WM_QUERYDRAGICON()
    ON_BN_CLICKED(IDC_RADIO_vel,&CinterfaceDlg::OnBnClickedRadiovel)
    ON_BN_CLICKED(IDC_RADIO_pos,&CinterfaceDlg::OnBnClickedRadiovel)
END_MESSAGE_MAP()
```

在单击事件 voidCinterfaceDlg::OnBnClickedRadiovel（）函数中添加如下代码：

```
voidCinterfaceDlg::OnBnClickedRadiovel()
{
    //TODO:在此添加控件通知处理程序代码
    UpdateData(TRUE);//更新界面参数至变量
}
```

这样从界面上选取的轴运动参数就写入 m_radioValue变量中，值0 和1 分别对应“显示速度”和“显示位置”。

10）拖入一个 Button 控件，将其属性“描述文字”改为“确定”，将其“ID”改为“IDC_BUTTON1”。再拖入一个 Static Text 控件，将其属性“ID”改为“IDC_show”，如图 3-21 所示。

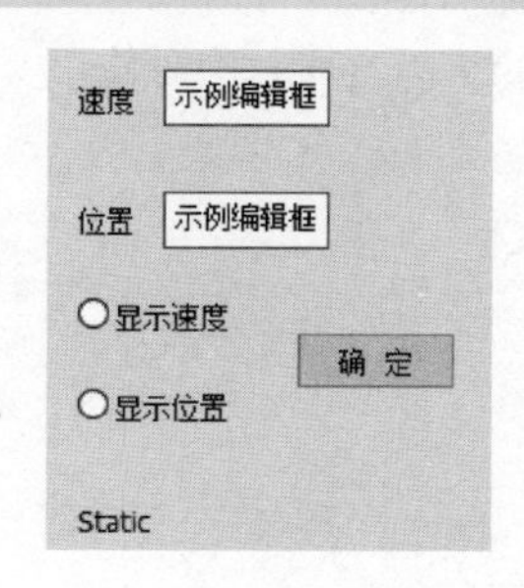

图 3-21 添加 Button 控件和 Static Text 控件

双击“确定”按钮，添加按钮事件。

```
voidCinterfaceDlg::OnBnClickedButton1()
{
    //TODO:在此添加控件通知处理程序代码
    CString str;                                          //内容存放变量

    if (m_radioValue ==0)                                 //选择显示速度
    {
        GetDlgItem(IDC_vel) ->GetWindowTextW(str);        //获取速度框内容
    }
```

```
        if (m_radioValue == 1)                              //选择显示位置
        {
            GetDlgItem(IDC_pos) -> GetWindowTextW(str);     //获取位置框内容
        }

        GetDlgItem(IDC_show) -> SetWindowText(str);         //将内容显示在界面上
    }
```

编译后，在界面上的对话框内输入不同参数，单击按钮后可根据选项显示不同内容。

项目 4 供料系统与流水线输送

4.1 项目引入

本项目中的输入/输出（Input/Output，I/O）是针对控制系统而言的，输入指从仪表进入控制系统的测量参数，输出指从控制系统输出到执行机构的参量，一个参量称为一个点。

硬件介绍和进制计数法

工业控制系统中，比较常见的 I/O 信号有模拟量输入（AI）、模拟量输出（AO）、数字量输入（DI）、数字量输出（DO）、高速计数器（HSC）等。其中，输入信号来源于传感器，输出信号接入到控制元器件。

4.2 相关知识

4.2.1 硬件介绍

1. 供料系统

供料系统的示意图和实物图分别如图 4-1 和图 4-2 所示。

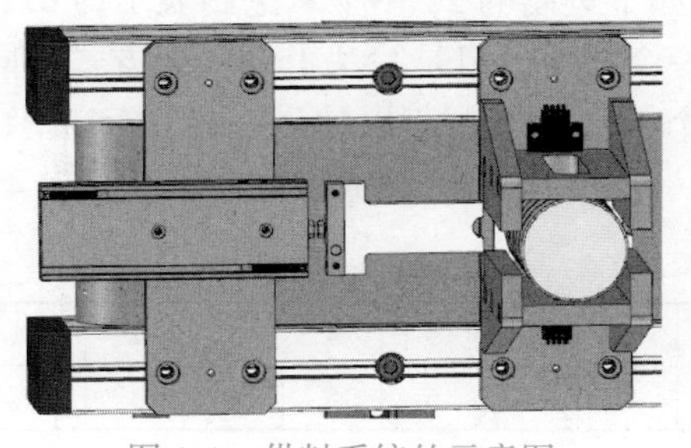

图 4-1　供料系统的示意图

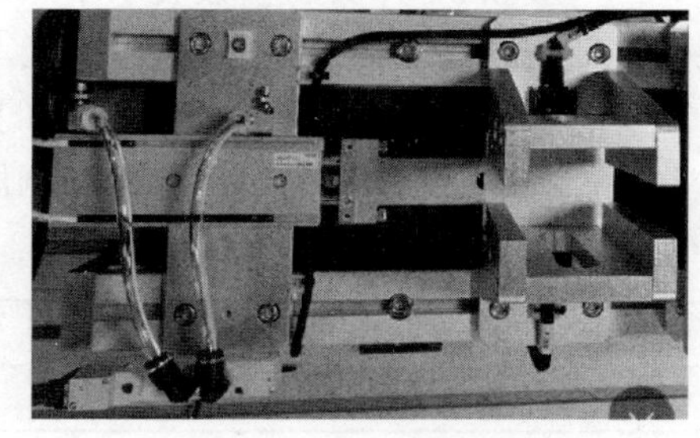

图 4-2　供料系统的实物图

供料系统的输入由数字量的磁性传感器和光电传感器组成，磁性传感器用于检测气缸位置，光电传感器用于检测料仓中是否有物料。输出由数字量控制的电磁阀组成，电磁阀可控制气缸的推出与收回，实现向流水线推出物料的功能。

电气接线部分详见初级教材。

2. 温度传感器

温度传感器是指能感受温度并将其转换成可用输出信号的传感器，它能将温度这一物理量转换成电信号，其三维结构如图 4-3 所示。

图 4-3　温度传感器的三维结构

电气接线部分详见初级教材。

3. 流水线调速（模拟量）

流水线的工作示意图如图4-4所示，使用异步电动机加变频器的流水线输送系统，控制器使用模拟量输出给变频器一个电压，可以控制异步电动机的运行速度。

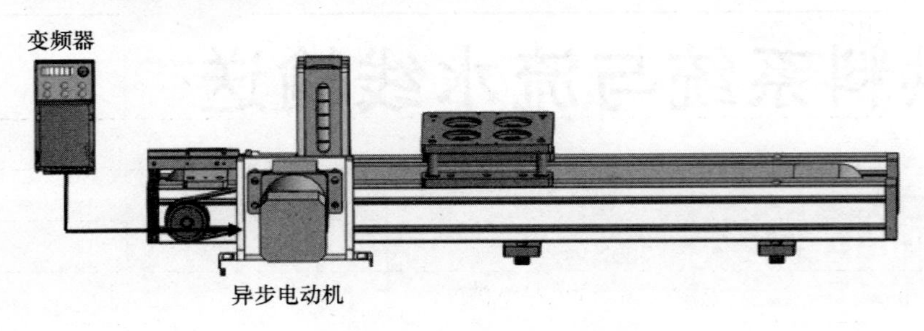

图4-4 流水线的工作示意图

电气接线部分详见初级教材。

4.2.2 C++知识点

在编程中常用数制有二进制、八进制、十进制和十六进制。

二进制由两个数码0、1组成，逢二进一，在计算机领域中采用的是二进制计数，但是二进制在日常使用中既不方便阅读，书写也比较麻烦，所以常将二进制转换为其他进制形式。

八进制是由数码0、1、2、3、4、5、6、7组成，并且每个数码正好对应三位二进制数，所以八进制能很好地反映二进制，一般以0开头的整数代表八进制数，如十进制的20用八进制表示为024。

十进制是在人类自发采用的进位制中使用最为普遍的一种，十进制的基数为10，数码由0~9组成，逢十进一。

十六进制由数字0~9加上字母A~F（它们分别表示十进制数10~15），十六进制数是逢十六进一，一般以0x开头的整数表示十六进制数，如十进制的20用十六进制表示为0x14。

一个数字无论是二进制还是十六进制，都是同一个数字，只是写法上的表现方式不同。在使用控制卡的数字量I/O时，由于需要同时读取多个I/O状态，所以使用一个数字表示16路输入或16路输出，这个数字转换为二进制后，每位（bit）代表一路输入或输出，见表4-1。

表4-1 二进制位与I/O的对应表

bit	15	14	13	12	11	10	9	8	7	6	5	4	3	2	1	0
对应I/O	16	15	14	13	12	11	10	9	8	7	6	5	4	3	2	1

例如进行数字量信号输出时，信号触发输出的bit设置为1，不触发输出的bit设置为0，此时若需要有两个数字量输出信号，分别接在Do4和Do7，当它们同时触发且其他输出信号都不触发时，二进制的表现见表4-2。

表4-2 Do输出在二进制的表现

bit	15	14	13	12	11	10	9	8	7	6	5	4	3	2	1	0
Do	16	15	14	13	12	11	10	9	8	7	6	5	4	3	2	1
读取值	0	0	0	0	0	0	0	0	0	1	0	0	1	0	0	0

由此可得一个1001000的二进制数字，转换为十进制为72，十六进制为0x48。将此数字

填入输出指令的参数中，即可同时输出两个数字量信号。同理，读取数字量输入也为读取到一个数值，将其转换为二进制，即可得知对应 bit 的输入信号是否触发。

4.2.3 指令列表

输入/输出运动控制指令介绍

I/O 输入/输出需要使用的指令及说明见表 4-3。

表 4-3 I/O 输入/输出需要使用的相关指令及说明

指令	说明
GT_GetDi	读取数字 I/O 输入状态
GT_SetDo	设置数字 I/O 输出状态
GT_SetDoBit	按位设置数字 I/O 输出状态
GT_SetDac	设置 DAC 输出电压
GT_GetAdc	读取模拟量输入的电压值
GT_GetAdcValue	读取模拟量输入的数字转换值

1. GT_GetDi 指令

读取数字 I/O 输入状态指令 GT_GetDi 说明见表 4-4。

表 4-4 GT_GetDi 指令说明

指令原型	short GT_GetDi（short diType，long * pValue）
指令说明	读取数字 I/O 输入状态
指令类型	立即指令，调用后立即生效
指令参数	该指令共有两个参数： 1）diType，指定数字 I/O 类型： MC_LIMIT_POSITIVE（该宏定义为 0）：正限位 MC_LIMIT_NEGATIVE（该宏定义为 1）：负限位 MC_ALARM（该宏定义为 2）：驱动报警 MC_HOME（该宏定义为 3）：原点开关 MC_GPI（该宏定义为 4）：通用输入 MC_ARRIVE（该宏定义为 5）：电动机到位信号 MC_MPG（该宏定义为 6）：手轮 MPG 轴选和倍率信号（24V 电平输入） 2）pValue，数字 I/O 输入状态，按位指示 I/O 输入电平（根据配置工具 di 的 reverse 值不同而不同）。当 reverse =0 时，1 表示高电平，0 表示低电平。当 reverse =1 时，1 表示低电平，0 表示高电平
指令返回值	请参照指令返回值列表

2. GT_SetDo 指令

设置数字 I/O 输出状态指令 GT_SetDo 说明见表 4-5。

表 4-5 GT_SetDo 指令说明

指令原型	short GT_SetDo（short doType，long value）
指令说明	设置数字 I/O 输出状态。若 do 输出信号点有挂接轴，则对应的输出信号点不能直接输出。默认驱动器使能与轴挂接，所以用户不能调用该指令设置驱动器使能输出的电平
指令类型	立即指令，调用后立即生效

（续）

指令参数	该指令共有两个参数： 1）doType，指定数字 I/O 类型： MC_ENABLE（该宏定义为 10）：驱动器使能 MC_CLEAR（该宏定义为 11）：报警清除 MC_GPO（该宏定义为 12）：通用输出 2）value，按位指示数字 I/O 输出电平。默认情况下，1 表示高电平，0 表示低电平
指令返回值	请参照指令返回值列表

3. GT_SetDoBit 指令

按位设置数字 I/O 输出状态指令 GT_SetDoBit 说明见表 4-6。

表 4-6 GT_SetDoBit 指令说明

指令原型	short GT_SetDoBit（short doType，short doIndex，short value）
指令说明	按位设置数字 I/O 输出状态
指令类型	立即指令，调用后立即生效。
指令参数	该指令共有 3 个参数： 1）doType，指定数字 I/O 类型 MC_ENABLE（该宏定义为 10）：驱动器使能 MC_CLEAR（该宏定义为 11）：报警清除 MC_GPO（该宏定义为 12）：通用输出 2）doIndex，输出 I/O 的索引。取值范围： doType = MC_ENABLE 时：[1，8] doType = MC_CLEAR 时：[1，8] doType = MC_GPO 时：[1，16] 3）value，设置数字 I/O 输出电平。默认情况下，1 表示高电平，0 表示低电平
指令返回值	请参照指令返回值列表

4. GT_SetDac 指令

设置 DAC 输出电压指令 GT_SetDac 说明见表 4-7。

表 4-7 GT_SetDac 指令说明

指令原型	short GT_SetDac（short dac，short * pValue，short count）
指令说明	设置 DAC 输出电压。当闭环模式下，DA 输出通道与轴挂接时，用户不能调用该指令直接输出电压
指令类型	立即指令，调用后立即生效
指令参数	该指令共有 3 个参数： 1）dac，起始轴号 2）pValue，输出电压。8 路轴控接口，-32768 对应 -10V，32767 对应 +10V。4 路非轴接口，0 对应 0V，32767 对应 +10V 3）count，设置的通道数，默认为 1。一次最多可以设置 8 路 DAC 输出
指令返回值	请参照指令返回值列表

5. GT_GetAdc 指令

读取模拟量输入的电压值指令 GT_GetAdc 说明见表 4-8。

表 4-8 GT_GetAdc 指令说明

指令原型	short GT_GetAdc (short adc, double *pValue, short count = 1, unsigned long *pClock = NULL)
指令说明	读取模拟量输入的电压值
指令类型	立即指令，调用后立即生效
指令参数	该指令共有 4 个参数： 1）adc，起始通道号，取值范围：[1, 8] 2）pValue，读取的输入电压值，单位为 V 3）count，读取的通道数，默认为 1。一次最多可以读取 8 路 ADC 输入电压值 4）pClock，读取控制器时钟，默认值为 NULL，即不用读取控制器时钟
指令返回值	请参照指令返回值列表

6. GT_GetAdcValue 指令

读取模拟量输入的数字转换值指令 GT_GetAdcValue 说明见表 4-9。

表 4-9 GT_GetAdcValue 指令说明

指令原型	short GT_GetAdcValue (short adc, short *pValue, short count = 1, unsigned long *pClock = NULL)
指令说明	读取模拟量输入的数字转换值
指令类型	立即指令，调用后立即生效
指令参数	该指令共有 4 个参数： 1）adc，起始通道号 2）pValue，读取的输入电压数值，取值范围：[-26214, 26214]，单位为 bit；对应的电压值为 [-10, 10]，单位为 V 3）count，读取的通道数，默认为 1。一次最多可以读取 8 路 ADC 输入电压值 4）pClock，读取控制器时钟，默认值为 NULL，即不用读取控制器时钟
指令返回值	请参照指令返回值列表

4.3 项目实施

1）读取温度传感器参数。

```
//指令返回值
    short sRtn;
//电压值
  double dGetVoltageValue[4];
//读取温度传感器
  sRtn = GT_GetAdc (1, &dGetVoltageValue [0], 1);
```

数字量和模拟量的输入输出编程操作

2）读取料仓内是否存在物料，如果有则气缸推出。

```
//指令返回值
  short sRtn;
//输入信号
long lGpiValue;
//读取数字量输入
sRtn = GT_GetDi (MC_GPI, &lGpiValue);
//判断料仓是否有物料
if ( ~lGpiValue& (1 << 2) && ~lGpiValue& (1 << 3))
   {
   //有物料则气缸推出
   sRtn = GT_SetDoBit (MC_GPO, 11, 0);
  }
```

3）控制流水线运动。

```
//指令返回值
short sRtn;
//电压值
short sSetValue;
   //设置流水线的输出电压为1V
   sSetValue = (short) 32767 * 1/10;
   //写入输出值
   sRtn = GT_SetDac (5, &sSetValue, 1);
   //起动电动机
sRtn = GT_SetDoBit (MC_GPO, 9, 0);
```

项目5 按钮控制丝杠模组运动

5.1 项目引入

在单轴运动中，调整位置是常用的运动方式之一。手动模式下，操作者发送信号让轴运动，并通过肉眼观察轴的运动情况，发送信号停止时轴停止运动。此时，轴的目标位置为未知信息。使用Jog运动模式不需要输入目标位置，就可以方便地调整位置。

Jog运动及其硬件介绍

创建图5-1所示的Jog运动界面，项目要求如下：

1）通过界面按钮实现运动控制卡初始化、状态清除、位置清零、电动机轴伺服使能与关闭的功能。

2）通过界面可以改变电动机轴号、电动机的运动速度、加速度和减速度以及平滑系数。

3）按住“正向”按钮，电动机轴正向运动，松开按钮，电动机轴停止运动；按住“负向”按钮，电动机轴负向运动，松开按钮，电动机轴停止运动。

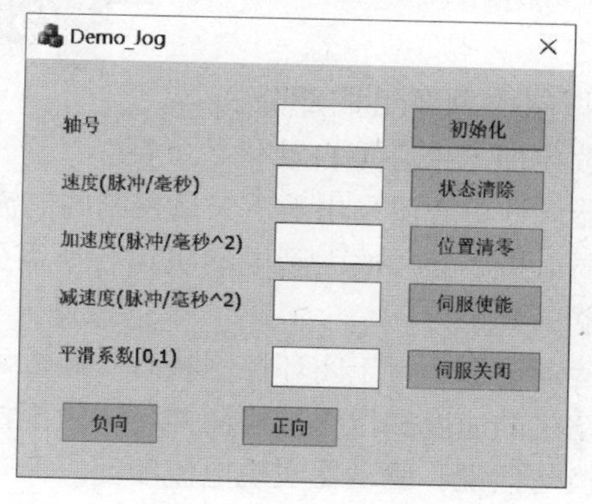

图5-1 Jog运动界面

5.2 相关知识

5.2.1 Jog运动介绍

Jog模式的基本含义是“单步运动”或“点动”，常用来控制轴以时断时续的方式运动，而不是一直连续地运动。当按下Jog按钮时，对应的轴就会以设定好的速度连续转动，一旦用户松开按钮，轴就会立即停止转动。

加、减速控制是运动控制系统插补器的重要功能，是运动控制系统开发的关键技术之一。

常见的加、减速控制方式有直线加减速（T 曲线加减速）、三角函数加减速、指数加减速、S 曲线加减速等。其中，在运动控制器中应用最广泛的为直线加减速和 S 曲线加减速。直线加减速（T 曲线加减速）运动速度曲线如图 5-2 所示，当前指令进给速度v_{i+1}大于前一指令进给速度v_i时，处于加速阶段。瞬时速度计算公式如下：

$$v_{i+1} = v_i + aT$$

式中，a 为加速度；T 为插补周期。此时系统以新的瞬时速度v_{i+1}进行插补计算，得到该周期的进给量，并对各坐标轴进行分配。这是一个迭代过程，该过程一直进行到v_{i+1}为稳定速度为止。

同理，处于减速阶段时$v_{i+1} = v_i - aT$。此时系统以新的瞬时速度进行插补计算，这个过程一直进行到新的稳定速度为零为止。

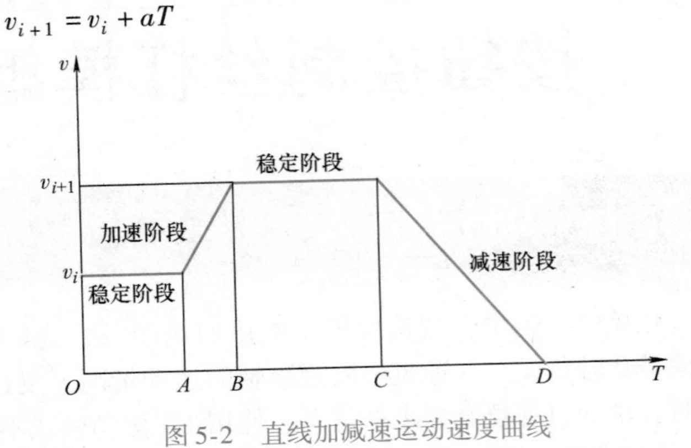

图 5-2　直线加减速运动速度曲线

5.2.2　硬件介绍

1. 运动平台介绍

单轴电动机调试模块主要由安川 Σ-7 系列交流伺服电动机、单轴模组、光栅尺、铝标尺、指针和底板等结构组成，如图 5-3 所示。

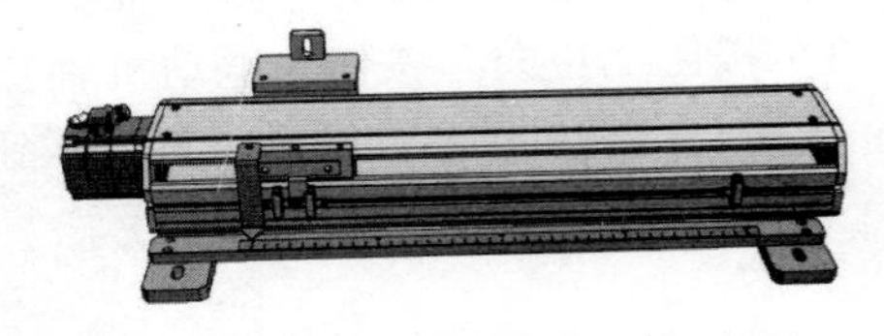

图 5-3　单轴运动控制模块示意图

2. 伺服驱动器介绍

伺服驱动器是现代运动控制的重要组成部分，被广泛应用于工业机器人及数控加工中心等自动化设备中。当前交流伺服驱动器设计中普遍采用基于矢量控制的电流、速度、位置三闭环控制算法。驱动器将控制器产生的弱电指令信号放大到电动机运行所需要的高电压/大电流等级，因此，驱动器也称为功率放大器。

在运动控制系统中，各运动轴都运行于闭环控制状态。通常每个坐标上有三个闭环，即电流环、速度环和位置环，电动机的速度和位置被检测并反馈送至控制器，而检测到的电动机电流信号被反馈送至驱动器。换句话说，驱动器实现电流闭环。

3. 光栅尺介绍

光栅尺也被称为光栅尺位移传感器，是利用光栅的光学原理工作的测量反馈装置。光栅尺经常应用于数控机床的闭环伺服系统中，可用于直线位移或者角位移的检测。其测量输出的信号为数字脉冲，具有检测范围大、检测精度高、响应速度快的特点。在数控机床中常用于对刀具和工件的坐标进行检测，以观察和跟踪走刀误差，从而起到一个补偿刀具运动误差的作用。光栅尺按照制造方法和光学原理的不同，分为透射光栅和反射光栅。光栅尺由标尺光栅和光栅读数头两部分组成。

4. 硬件接线

硬件平台的接线包括伺服驱动器与伺服电动机、编码器的接线，光栅尺与端子板的接线，分别见表 5-1、表 5-2 和表 5-3。

表 5-1　伺服驱动器与伺服电动机的接线

模块	引脚	信号	模块	引脚	信号
伺服驱动器 U、V、W 接口	1	U	伺服电动机	1	U1
	2	V		2	V1
	3	W		3	W1
	4	PE		4	PE

表 5-2　伺服驱动器与编码器的接线

模块	引脚	信号	模块	引脚	信号
伺服驱动器 C2 接口	5	PS	编码器	5	PS
	6	PS -		6	PS -
	1	+5V		1	+5V
	2	0V		2	0V
	4	FG		4	FG

表 5-3　光栅尺与端子板的接线

模块	引脚	信号	模块	引脚	信号
光栅尺	1	5V	端子板	7	5V
	2	0V		20	0V
	3	A +		17	A +
	7	A -		4	A -
	4	B +		18	B +
	8	B -		5	B -
	5	R +		19	Z +
	6	R -		6	Z -
	外壳			外壳	

5.2.3　C++知识点

C++数据类型及转换

1. 字符串

字符串（string）是由数字、字母、下划线组成的一串字符，是用来表示文本的数据类型。

标准库类型 string 表示可变长的字符序列，使用 string 类型必须首先包含 string 头文件：#include <string>。

定义和初始化 string 对象的方式有多种，如下：

```
string s1;                    //默认初始化,s1 是一个空字符串
string s2 = s1;               //s2 是 s1 的副本
string s3 = "hiya";           //s3 的内容是 hiya
string s4(10,'c');            //s4 的内容是 cccccccccc
```

可以通过默认的方式初始化一个字符串对象，这样就会得到一个空的字符串，也就是说，

该字符串对象中没有任何字符。如果提供了一个字符串字面值，则该字面值中除了最后那个空字符外，其他所有的字符都会被复制到新建的字符串对象中。如果提供的是一个数字和一个字符，则字符串对象的内容是给定字符连续重复若干次后得到的序列。

下面的例子中，定义一个 CString 变量，将从界面上获取的参数存入这个变量中。

```
//位置清零
void CDemoJogDlg::zeropos()
{
    //TODO:在此添加控件通知处理程序代码
    short sRtn;                                  //定义返回值变量
    short axis;                                  //定义轴号变量
    CString strVal;                              //定义一个 CString 类型的变量,用来存放从界面编
                                                 //辑框中获取的数据
    GetDlgItemText(IDC_EDIT_axis, strVal);       //获取界面轴号
}
```

CString 是 MFC 中最常见的类之一，用于封装字符串数据结构。使用 CString 的好处是不用担心用来存放格式化后数据的缓冲区是否足够大，这些工作由 CString 类完成。

2. 类型转换

对象的类型定义了对象能包含的数据和能参与的运算，其中一种运算被大多数类型支持，就是将对象从一种给定的类型转换为另一种相关类型。当在程序的某处使用了一种算术类型的值而其实所需要的是另一种类型的值时，需要对其进行类型转换。

在上面一段程序中，增加指令，将从界面获取的参数进行类型转换，以使得变量类型符合运动控制指令的输入参数类型要求，然后使用运动控制指令将当前轴位置清零。

```
//位置清零
void CDemoJogDlg::zeropos()
{
    //TODO:在此添加控件通知处理程序代码
    short sRtn;                                  //定义返回值变量
    short axis;                                  //定义轴号变量
    CString strVal;                              //定义一个 CString 类型的变量,用来存放从界面编
                                                 //辑框中获取的数据
    GetDlgItemText(IDC_EDIT_axis, strVal);       //获取界面轴号
    axis = _ttoi(strVal);                        //将 CString 类型转换为整型
    sRtn = GT_ZeroPos(axis);                     //当前轴清零
}
```

由 GetDlgItemText（IDC_EDIT_axis，strVal）语句从界面控件中读取的数据为 CString 类型，但是变量 axis 为 short 类型，所以需要对 strVal 进行数据类型转换。_ttoi（）函数将变量由 CString 转换为整型。

在对数据进行类型转换时要注意类型所能表示的值的范围，当赋给一个超出它表示范围的值时，结果是无法预测的，程序可能继续工作、可能崩溃，也可能生成垃圾数据。

3. 指针

指针（pointer）是"指向（point to）"另外一种类型的复合类型，指针实现了对其他对象的间接访问。不过指针本身就是一个对象，允许对指针赋值和复制，而且在指针的生命周期内

它可以先后指向几个不同的对象；另外，指针无须在定义时赋初值，在块作用域内定义的指针如果没有被初始化，也将拥有一个不确定的值。

定义指针的方法是：

数据类型 * 变量名；

如果在一条语句中定义了几个指针变量，每个变量前面都必须有 * 。

例如：

```
int  *p1, *p2;          //p1 和 p2 都是指向 int 型对象的指针
double dp, *p3;         //p3 是指向 double 型对象的指针,dp 是 double 型对象
```

指针存放某个对象的地址，要想获取该地址，需要使用取地址符 &，并且指针的类型要和它指向的对象严格匹配。

例如：

```
int ival = 42;
double dval;
int  *p = &ival;        //p 存放变量 ival 的地址,或者说 p 是指向变量 ival 的指针
int  *pi = &dval;       //错误:试图把 double 类型对象地址赋给 int 型指针
```

如果指针指向了一个对象，则允许使用解引用符 * 来访问该对象。

例如：

```
int ival = 42;
int  *p = &ival;
 *p = 0;                //由 * 得到指针 p 所指向的对象
```

4. char 类型

char 是字符类型，一个 char 的空间应确保可以存放机器基本字符集中任意字符对应的数字值，也就是说，一个 char 的大小和一个机器字节一样为 8 位，取值范围为 -128 ~ 127。

例如：

```
//初始化程序
void CDemoJogDlg::init()
{
    //TODO:在此添加控件通知处理程序代码
    short sRtn;                                  //指令返回值变量
    sRtn = GT_Open ();                           //启动运动控制器
    sRtn = GT_Reset ();                          //复位运动控制器
    sRtn = GT_LoadConfig ("gts800.cfg");         //配置运动控制器
    sRtn = GT_ClrSts (1, 4);                     //清除异常
}
```

例如配置运动控制器的指令根据双引号(“”) 中的字符串读取对应文件名的文件，并将其下载至运动控制器中。

5.2.4 程序流程图

按钮控制丝杠模组运动的 Jog 运动程序的流程图如图 5-4 所示。

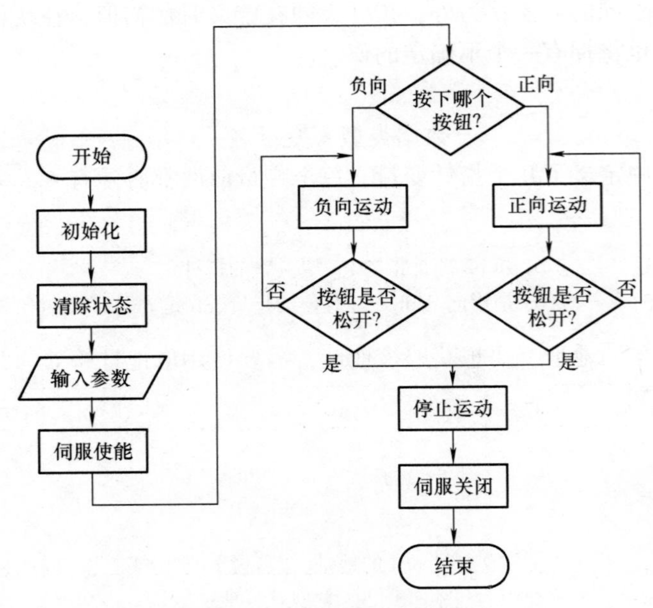

图 5-4　Jog 运动程序的流程图

5.2.5　指令列表

1. 运动控制器指令

运动控制器指令返回值定义见表 5-4。

表 5-4　运动控制器指令返回值定义

返回值	定义	处理方法
0	指令执行成功	无
1	指令执行错误	检查当前指令，应满足执行条件
2	license 不支持	如果需要此功能，请与生产厂商联系
7	指令参数错误	检查当前指令输入参数的取值
8	不支持该指令	DSP 固件不支持该指令对应的功能
-1 ~ -5	主机和运动控制器通信失败	1）正确安装运动控制器驱动程序 2）检查运动控制器，应插接牢靠 3）更换主机 4）更换控制器 5）运动控制器的金手指应干净
-6	打开运动控制器失败	1）正确安装运动控制器驱动程序 2）调用两次 GT_Open 指令 3）其他程序已经打开运动控制器，或进程中还驻留着打开运动控制器的程序
-7	运动控制器没有响应	更换运动控制器
-8	多线程资源忙	指令在线程里执行超时才返回，有可能是 PCI 通信异常，导致指令无法及时返回

2. Jog 运动指令

Jog 运动控制指令介绍

Jog 运动需要使用的指令及说明见表 5-5。

表 5-5　Jog 运动相关的指令及说明

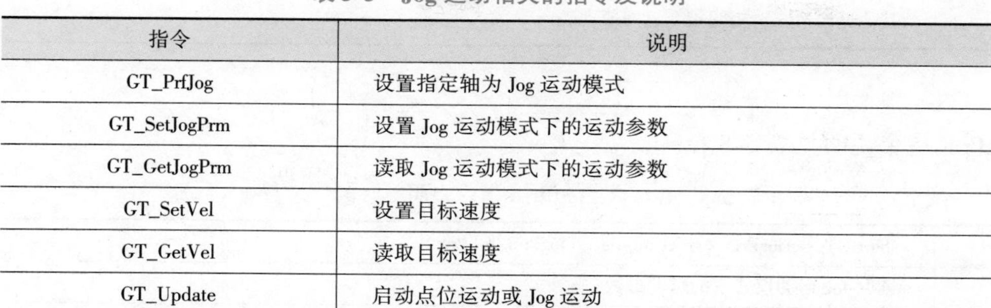

指令	说明
GT_PrfJog	设置指定轴为 Jog 运动模式
GT_SetJogPrm	设置 Jog 运动模式下的运动参数
GT_GetJogPrm	读取 Jog 运动模式下的运动参数
GT_SetVel	设置目标速度
GT_GetVel	读取目标速度
GT_Update	启动点位运动或 Jog 运动

3. GT_PrfJog 指令

GT_PrfJog 指令说明见表 5-6。

表 5-6　GT_PrfJog 指令说明

指令原型	short GT_PrfJog（short profile）
指令说明	设置指定轴为 Jog 运动模式
指令类型	立即指令，调用后立即生效
指令参数	该指令有一个参数： profile，规划轴号，正整数
指令返回值	返回值为 1：若当前轴在规划运动，请调用 GT_Stop 停止运动再调用该指令 其他返回值：请查阅指令返回值列表

4. GT_SetJogPrm 指令

GT_SetJogPrm 指令说明见表 5-7。

表 5-7　GT_SetJogPrm 指令说明

指令原型	short GT_SetJogPrm（short profile，TJogPrm ＊pPrm）
指令说明	设置 Jog 运动模式下的运动参数
指令类型	立即指令，调用后立即生效
指令参数	该指令共有两个参数： 1）profile，规划轴号，正整数 2）pPrm，设置 Jog 模式运动参数。该参数为一个结构体，包含三个参数，详细的参数定义及说明如下： typedef struct JogPrm { double acc; double dec; double smooth; } TJogPrm; acc：点位运动的加速度，正数，单位为脉冲/ms² dec：点位运动的减速度，正数，单位为脉冲/ms²。未设置减速度时，默认减速度和加速度相同 smooth：平滑系数。取值范围：[0，1)。平滑系数的数值越大，加减速过程越平稳

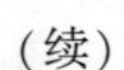

（续）

指令返回值	返回值为1：若当前轴在规划运动，请调用 GT_Stop 停止运动再调用该指令；请检查当前轴是否为 Jog 模式，若不是，请先调用 GT_PrfJog 将当前轴设置为 Jog 模式 其他返回值：请查阅指令返回值列表

5. GT_GetJogPrm 指令

GT_GetJogPrm 指令说明见表 5-8。

表 5-8 GT_GetJogPrm 指令说明

指令原型	short GT_GetJogPrm（short profile，TJogPrm *pPrm）
指令说明	读取 Jog 运动模式下的运动参数
指令类型	立即指令，调用后立即生效
指令参数	该指令共有两个参数： 1）profile，规划轴号，正整数 2）pPrm，设置 Jog 模式运动参数。该参数为一个结构体，包含三个参数，详细的参数定义及说明如下： typedef struct JogPrm { double acc; double dec; double smooth; } TJogPrm; acc：点位运动的加速度，正数，单位为脉冲/ms^2 dec：点位运动的减速度，正数，单位为脉冲/ms^2。未设置减速度时，默认减速度和加速度相同 smooth：平滑系数。取值范围：[0，1)。平滑系数的数值越大，加减速过程越平稳
指令返回值	返回值为1：若当前轴在规划运动，请调用 GT_Stop 停止运动再调用该指令；请检查当前轴是否为 Jog 模式，若不是，请先调用 GT_PrfJog 将当前轴设置为 Jog 模式 其他返回值：请查阅指令返回值列表

6. GT_SetVel 指令

GT_SetVel 指令说明见表 5-9。

表 5-9 GT_SetVel 指令说明

指令原型	short GT_SetVel（short profile，double vel）
指令说明	设置目标速度
指令类型	立即指令，调用后立即生效
指令参数	该指令共有两个参数： 1）profile，规划轴号，正整数 2）vel，设置目标速度，单位为脉冲/ms
指令返回值	若返回值为1：请检查当前轴是否为 Trap 模式，若不是，请先调用 GT_PrfTrap 将当前轴设置为 Trap 模式 其他返回值：请查阅指令返回值列表

7. GT_GetVel 指令

GT_GetVel 指令说明见表 5-10。

表 5-10　GT_GetVel 指令说明

指令原型	short GT_GetVel（short profile，double *pVel）
指令说明	读取目标速度
指令类型	立即指令，调用后立即生效
指令参数	该指令共有两个参数： 1）profile，规划轴号，正整数 2）pVel，读取目标速度，单位为脉冲/ms
指令返回值	返回值为 1：请检查当前轴是否为 Jog 模式，若不是，请先调用 GT_PrfJog 将当前轴设置为 Jog 模式 其他返回值：请查阅指令返回值列表

8. GT_Update 指令

GT_Update 指令说明见表 5-11。

表 5-11　GT_Update 指令说明

指令原型	short GT_Update（long mask）
指令说明	启动点位运动或 Jog 运动
指令类型	立即指令，调用后立即生效
指令参数	该指令有一个参数： mask，按位指示需要启动点位运动或 Jog 运动的轴号。当 bit 为 1 时表示启动对应的轴 对于 4 轴控制器： bit: 3, 2, 1, 0 对应轴: 4 轴, 3 轴, 2 轴, 1 轴 对于 8 轴控制器： bit: 7, 6, 5, 4, 3, 2, 1, 0 对应轴: 8 轴, 7 轴, 6 轴, 5 轴, 4 轴, 3 轴, 2 轴, 1 轴
指令返回值	请查阅指令返回值列表

对于 4 轴控制器：

bit	3	2	1	0
对应轴	4 轴	3 轴	2 轴	1 轴

对于 8 轴控制器：

bit	7	6	5	4	3	2	1	0
对应轴	8 轴	7 轴	6 轴	5 轴	4 轴	3 轴	2 轴	1 轴

5.3 项目实施

1. 硬件连接

确保将运动控制卡、个人计算机、端子板、驱动器、单轴模组正确连接。

Jog 运动编程

2. 配置驱动器

驱动器参数设定值见表 5-12，驱动器软件使用操作参见初级教材项目 4 的任务 4.2。

表 5-12　驱动器参数设定值

No.	名称	设定值
Pn000.0	旋转方向选择	0：以 CCW 方向为正转方向
Pn000.1	控制方式选择	1：位置控制（脉冲序列控制）
Pn200.0	指令脉冲形态	0：符号＋脉冲，正逻辑
Pn20E	电子齿轮比（分子）	16777216
Pn210	电子齿轮比（分母）	10000
Pn212	编码器分频脉冲数	2500

3. 配置运动控制器

使用 MCT2008 对运动控制器进行配置，并保存配置文件，MCT2008 软件使用及参数配置操作参见初级教材项目 4 的任务 4.2。

在“控制器配置”界面的“控制”选项卡中，单击“写入控制器状态”，即可对配置信息进行保存，生成配置文件（＊.cfg），如图 5-5 所示，将其保存为“GTS800.cfg”文件。

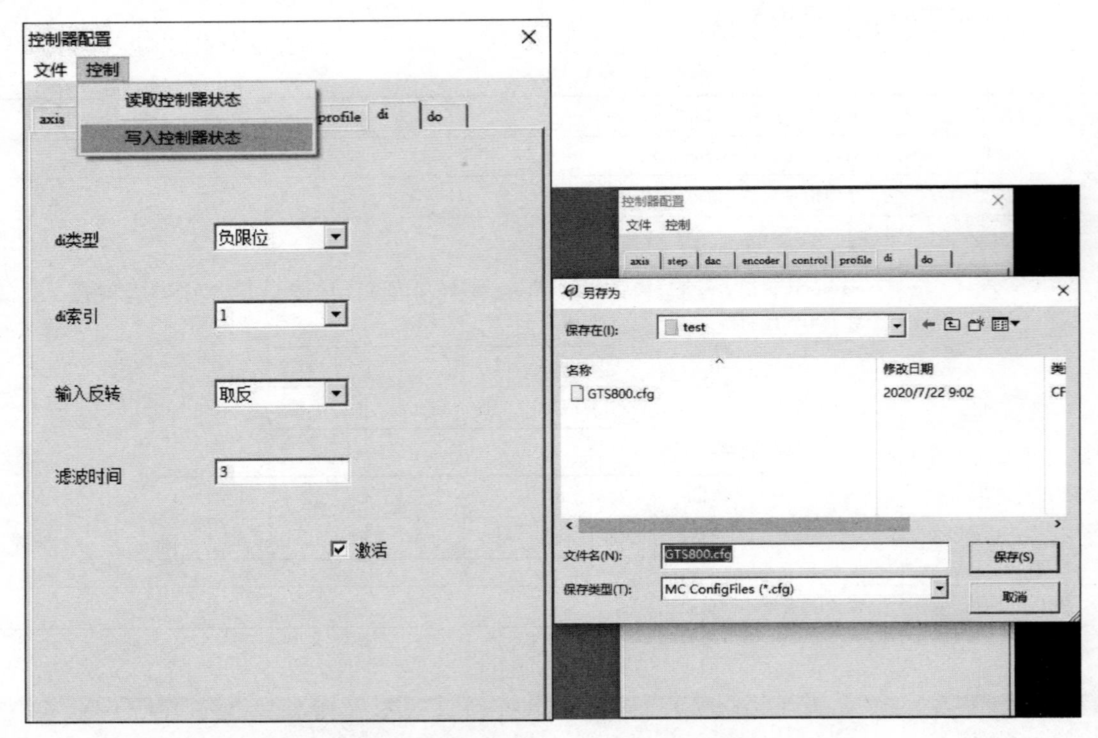

图 5-5　控制器配置参数写入和配置文件生成图示

4. 新建 MFC 项目

在 Visual Studio 中新建项目工程。

1）启动 Visual Studio。

2）选择“创建新项目”，打开创建新项目界面，如图 5-6 所示。选择“MFC 应用”，单击“下一步”按钮。

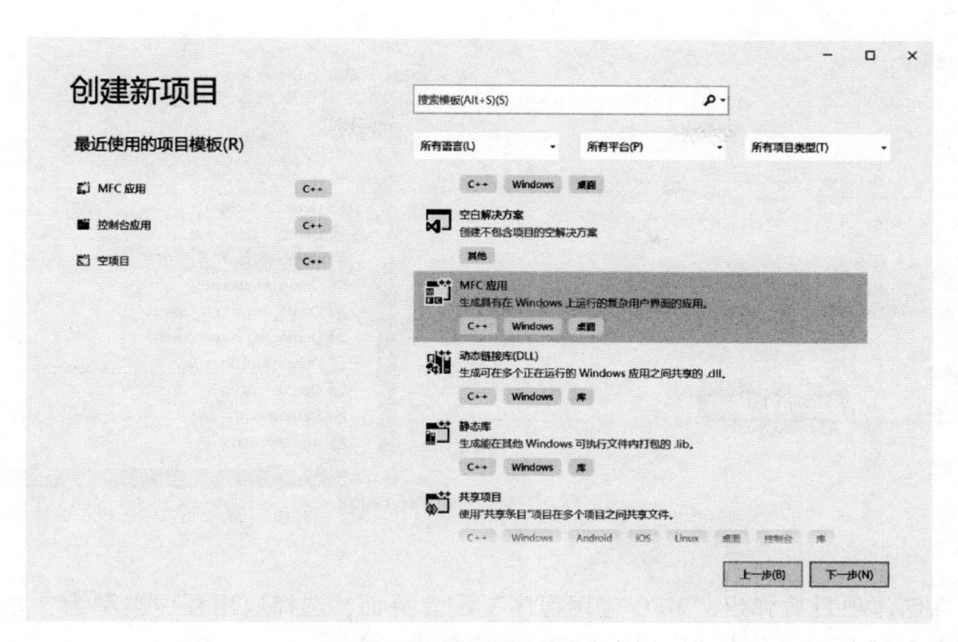

图 5-6 创建新项目界面

3）在“项目名称”文本框中输入 Demo_Jog，在“位置”下拉列表中可选择创建项目存放的位置，“解决方案名称”可保持默认，“将解决方案和项目放在同一目录中”复选框勾选与否都可以，单击“创建”按钮，如图 5-7 所示。

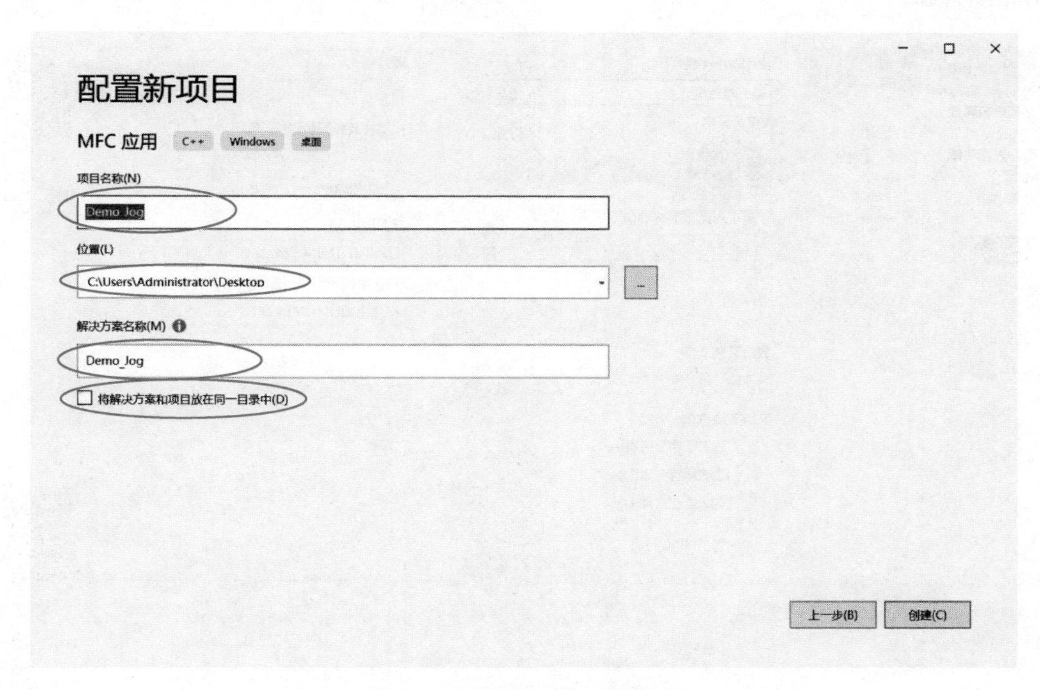

图 5-7 配置 MFC 应用新项目

说明：“将解决方案和项目放在同一目录中”复选框勾选与否的区别在于：如果不勾选，在创建解决方案文件时，在项目文件下会多创建一层文件夹，如图 5-8 所示；如果勾选，则解决方案文件和项目文件放在同一层目录下，如图 5-9 所示。

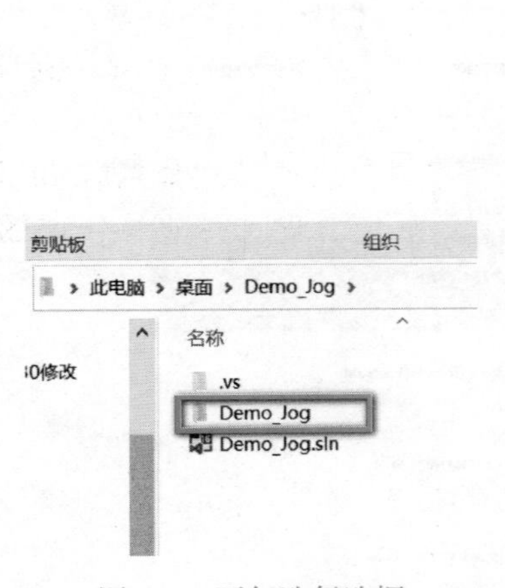

图 5-8　不勾选复选框

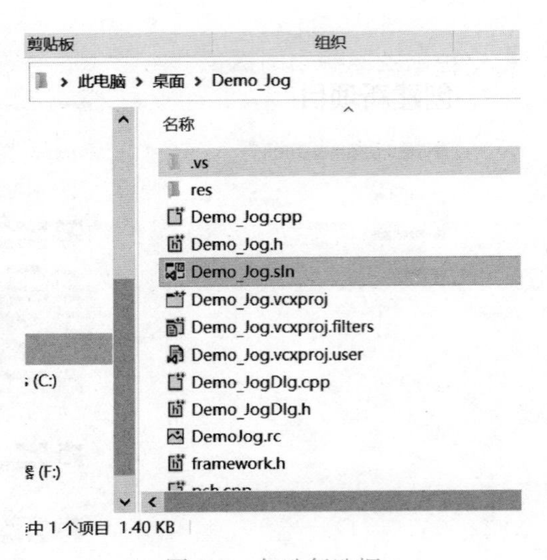

图 5-9　勾选复选框

4）在创建项目后弹出“MFC 应用程序”配置界面，选择应用程序类型为“基于对话框”，如图 5-10 所示，单击“完成”按钮，项目创建完成。

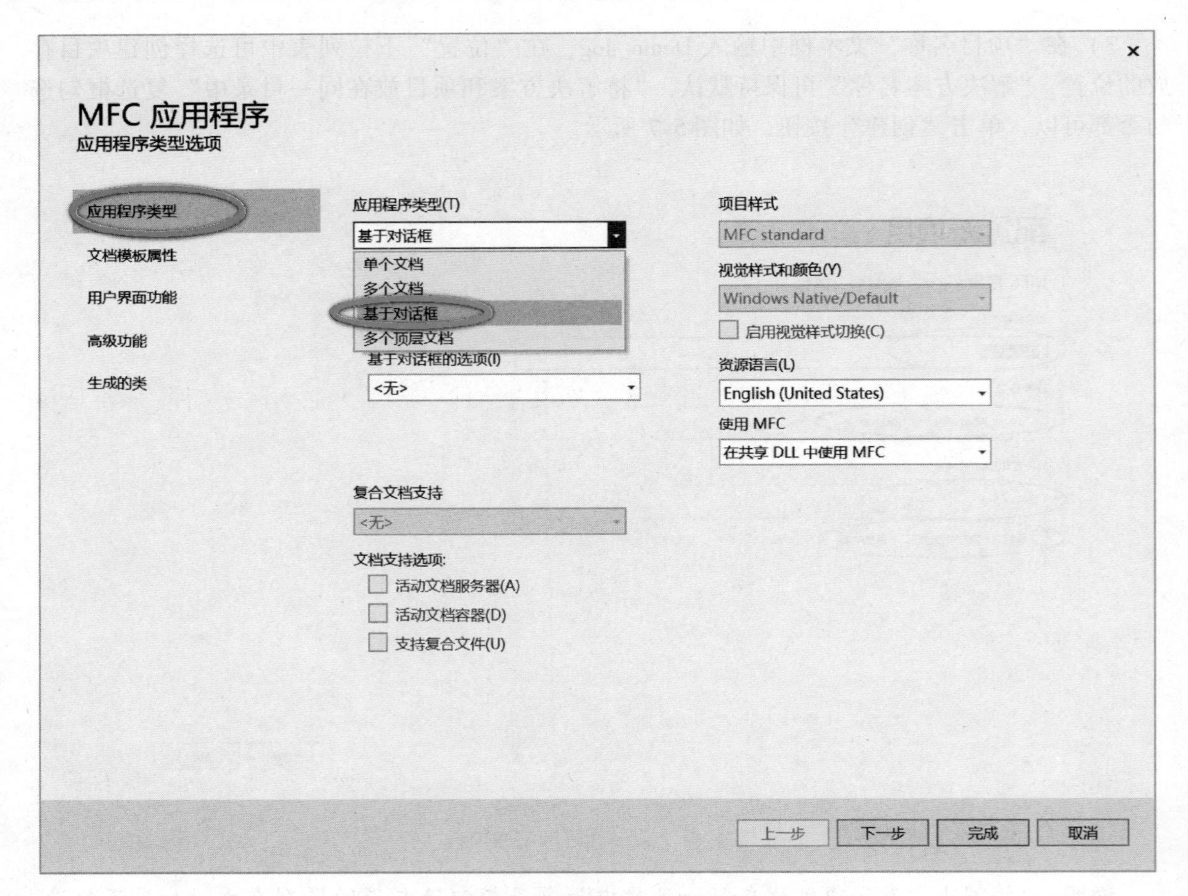

图 5-10　设置 MFC 应用程序

5. 调用库及配置文件

1）将工程中需要使用的动态链接库、头文件以及控制器配置文件复制到项目的源文件目录下。

2）添加动态链接库文件（.dll）、静态链接库文件（.lib）和头文件（.h）到项目文件夹。

3）项目创建后，Visual Studio 自动在指定位置生成许多文件。将产品配套光盘 dll 文件夹中的动态链接库、头文件、lib 文件以及控制器配置文件复制到工程文件夹中，如图 5-11 所示。

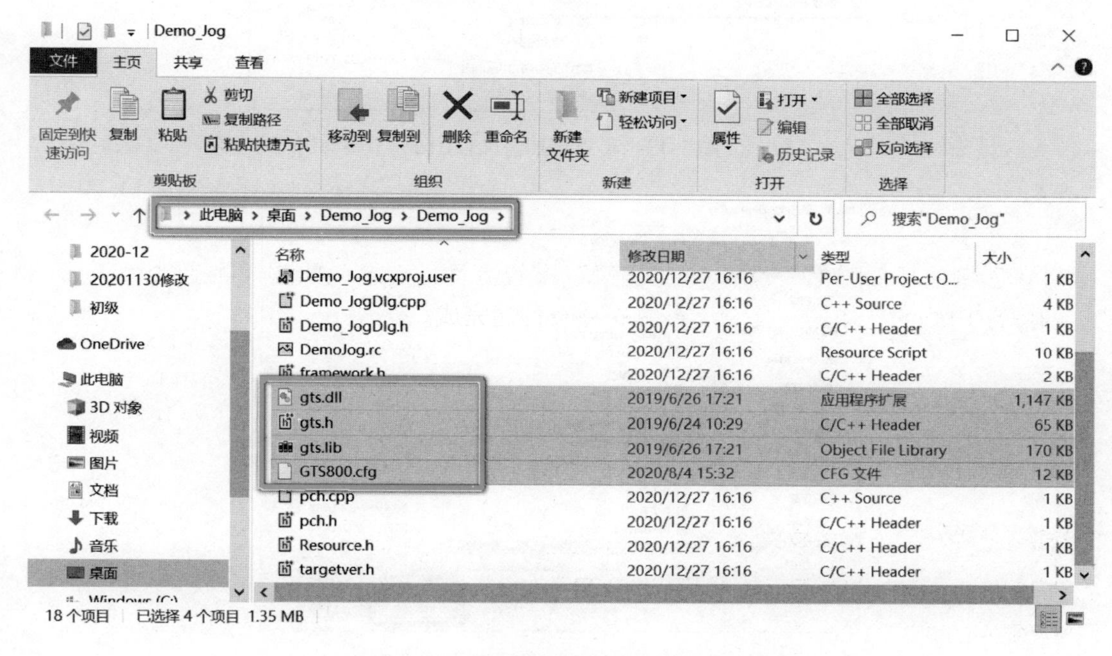

图 5-11　复制所需文件到工程文件夹

注意所创建的程序是 32 位还是 64 位，库文件及头文件应选择正确版本的文件。x64 是 64 位的程序，x86 是 32 位的程序，如图 5-12 所示。

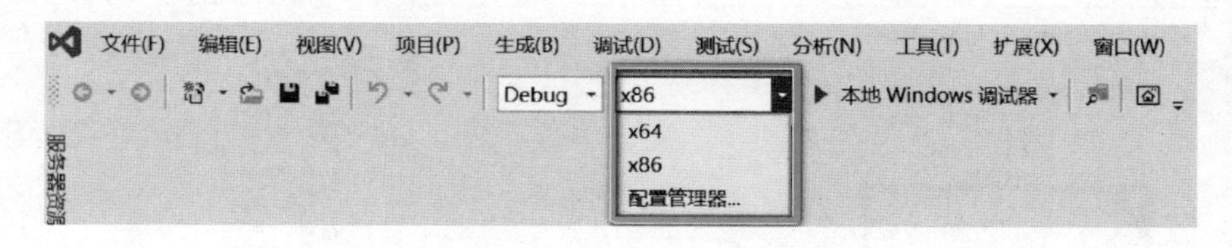

图 5-12　32 位、64 位程序设置

6. 在程序中添加头文件

如图 5-13 所示，在“Demo_Jog”项目中右击“头文件”，选择“添加”→“现有项”。找到项目文件夹中的“gts.h”，单击“添加”按钮，如图 5-14 所示。

7. 在程序中添加头文件和静态链接库文件的声明

如图 5-15 所示，在应用程序中加入函数库头文件的声明，例如：#include “gts.h”。同时，在应用程序中添加包含静态链接库文件的声明，如：#pragma comment（lib,"gts.lib"）。至此，用户就可以在 Visual C++ 中调用运动控制器函数库中的任意函数编写运动控制程序。

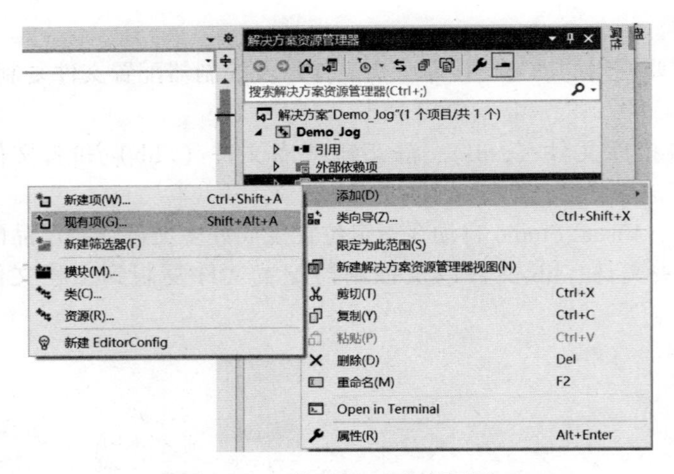

图 5-13　项目添加头文件图示

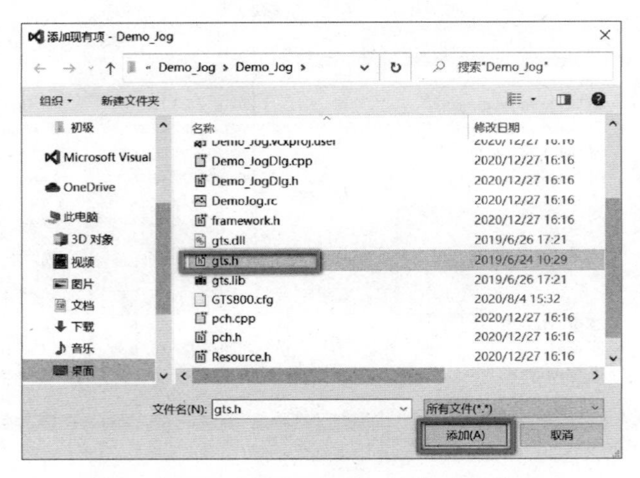

图 5-14　项目文件夹下选择、添加头文件图示

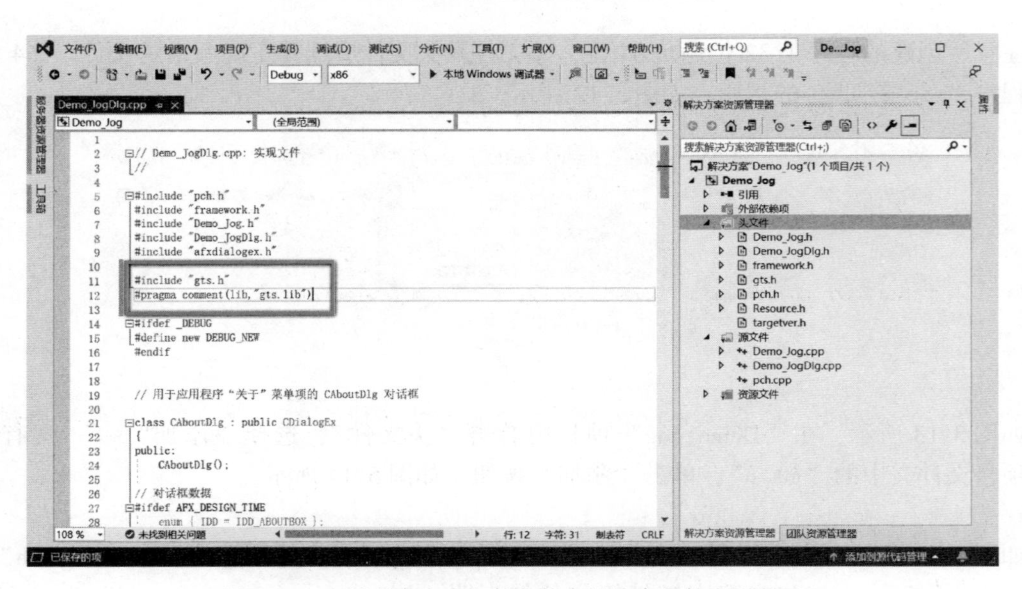

图 5-15　应用程序中头文件和静态链接库文件声明图示

8. 设计界面

根据需要设计程序界面，并修改控件属性，例如，本例中需要修改 StaticText 控件的描述文字、EditControl 控件的 ID、Button 控件的 ID 和描述文字。

如果不确定后续会使用到哪些控件，也可以在需要用到某个控件时往界面上添加，同样对其属性进行修改即可。Jog 运动界面设计如图 5-16 所示。

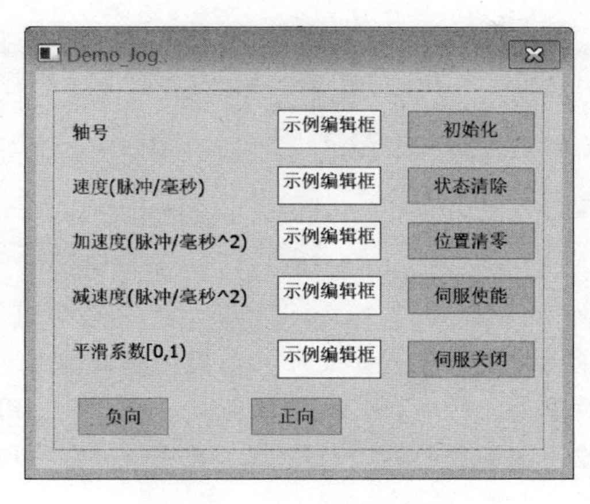

图 5-16 Jog 运动界面设计

9. 代码实现

1）初始化程序。在界面设计窗口中右击“初始化”按钮，打开属性对话框，选择“控件事件”（闪电标志的按钮），要处理的是 BN_CLICKED 消息，单击其右侧空白列表项，会出现一个带下箭头的按钮，单击此按钮会出现“OnBnClickedAddButton”选项，选中这个选项就会自动添加 BN_CLICKED 处理函数，也可以将处理函数命名为 init，按回车键，进入该按钮的代码编辑界面，在此处实现运动控制卡的初始化功能，包括打开运动控制器、复位运动控制器、加载运动控制器的配置文件和清除电动机轴的轴状态。

```
//初始化程序
void CDemoJogDlg::init()
{
    //TODO:在此添加控件通知处理程序代码
    short sRtn;                                        //指令返回值变量

    sRtn = GT_Open ();                                 //启动运动控制器
    sRtn = GT_Reset ();                                //复位运动控制器
    sRtn = GT_LoadConfig ( "gts800. cfg");             //配置运动控制器
    sRtn = GT_ClrSts (1, 4);                           //清除 1 至 4 轴异常
}
```

2）状态清除程序。修改“状态清除”按钮的处理函数名称，进入该按钮的代码编辑界面，在此处实现运动控制卡的状态清除功能。

```
//状态清除
void CDemoJogDlg::stsclr()
{
    //TODO:在此添加控件通知处理程序代码
```

```
    short sRtn;                              //返回值变量
    sRtn = GT_ClrSts (1, 4);                 //将1至4轴驱动器报警、限位信号清除
}
```

3）位置清零程序。修改“位置清零”按钮的处理函数名称，进入该代码编辑界面，在此处实现运动轴位置清零功能。

```
void CDemoJogDlg::zeropos()
{
    //TODO:在此添加控件通知处理程序代码
    short sRtn;
    short axis = getAxis();                  //获取轴号
    sRtn = GT_ZeroPos (axis);                //将当前轴位置清零
}
```

说明：由于在后面会多次用到轴号，如果每次都写一遍获取轴号、数据类型转换的代码，会很繁琐，代码会存在大量重复，所以在这里单独定义一个函数，用来获取轴号及数据类型转换，然后将转换后的数据作为该函数的返回值输出，这样每次需要用到轴号的时候只需要去调用该函数就可以了。

在代码编辑界面，也就是 Demo_JogDlg. cpp 源文件中添加一个子函数 short CDemoJogDlg::getAxis（）的定义，在 Demo_JogDlg. h 头文件中添加该函数声明。

```
short CDemoJogDlg::getAxis()
{
    //从界面获取轴号,并转换为 short 类型
    CString strVal;                          //定义一个 CString 类型的变量,用来存放从界面
                                             //编辑框中获取的数据
    GetDlgItemText(IDC_EDIT_Axis, strVal);   //获取界面轴号
    short axis = _ttoi (strVal);             //将 CString 类型变量转换为整型，存放在定义为
                                             //轴号的变量中
    return axis;
}
```

快速添加声明的方法：在 . cpp 源文件中定义好函数以后，由于没有声明，Visual Studio 会用波浪线标注用户自己定义的函数，将光标放在波浪线上，这时会出现图 5-17 中①左边的符号，单击下拉小三角按钮，会弹出提示对话框，单击“创建‘getAxis’的声明（在 Demo-JogDlg. h 中）”选项，就可以在 . h 头文件中快速创建声明，如图 5-17 所示。

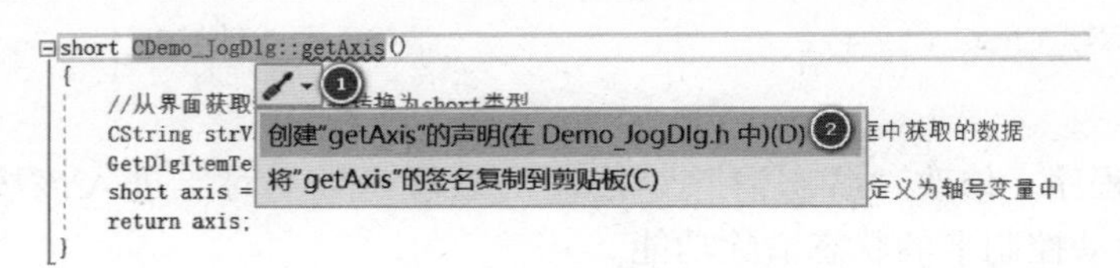

图 5-17　快速创建函数声明

4）伺服使能程序。修改“伺服使能”按钮的处理函数名称，进入该按钮的代码编辑界面，在此处实现运动控制卡的使能功能。

```
//伺服使能
void CDemoJogDlg::servoenble()
{
    //TODO:在此添加控件通知处理程序代码
    short sRtn;
    short axis = getAxis();                    //获取轴号
    sRtn = GT_AxisOn (axis);                   //伺服使能
}
```

5）伺服关闭程序。修改“伺服关闭”按钮的处理函数名称，进入该按钮的代码编辑界面，在此处实现运动控制卡关闭伺服功能。

```
void CDemoJogDlg::servodisenlbe()
{
    //TODO:在此添加控件通知处理程序代码
    short sRtn;
    short axis = getAxis();                                   //获取轴号
    sRtn = GT_Stop (1 < < (axis - 1), 1 < < (axis - 1));      //停止当前轴运动
    sRtn = GT_AxisOff (axis);                                 //当前轴伺服关闭
}
```

6）Jog 运动程序。在代码编辑界面添加一个 Jog 运动的函数，在此函数中实现 Jog 运动的运动模式、运动参数设置，并启动 Jog 运动，将此函数在与当前文件同名的 .h 头文件中声明。

```
//Jog 运动
void CDemoJogDlg::JogMotion(doubledirection)
{
    short sRtn;                                   //返回值变量
    CString strVal;                               //定义一个 CString 类型的变量,用来存放从界面编
                                                  //辑框中获取的数据
    TJogPrm jog;                                  //定义一个结构体变量,用来存放 Jog 运动模式的运
                                                  //动参数
    short axis = getAxis();                       //获取轴号
    sRtn = GT_ZeroPos (axis);                     //将当前轴位置清零
    sRtn = GT_PrfJog (axis);                      //将 axis 轴设置为 Jog 模式
    sRtn = GT_GetJogPrm (axis, &jog);             //读取 Jog 运动参数
    GetDlgItemText (IDC_EDIT_acc, strVal);        //获取界面输入的加速度
    jog. acc = _ttof (strVal);                    //将 CString 类型变量 strVal 转换为实型，并传给结
                                                  //构体变量成员
    GetDlgItemText (IDC_EDIT_dec, strVal);        //获取界面输入的减速度
    jog. dec = _ttof (strVal);                    //将 CString 类型变量 strVal 转换为实型，并传给结
                                                  //构体变量成员
    GetDlgItemText (IDC_EDIT_smooth, strVal);     //获取界面输入的平滑系数
    jog. smooth = _ttof (strVal);                 //将 CString 类型变量 strVal 转换为实型，并传给结
                                                  //构体变量成员
```

```
    sRtn = GT_SetJogPrm (axis, &jog); //设置 Jog 运动参数，将运动参数写入运动控制器
    GetDlgItemText (IDC_EDIT_speed, strVal); //获取界面输入的速度
    double Vel = _ttof (strVal) * direction; //将 CString 类型变量 strVal 转换为实型，再乘以方
                                             //向系数，并存放在速度变量中
    sRtn = GT_SetVel (axis, Vel); //设置 axis 轴的目标速度
    sRtn = GT_Update (1 << (axis - 1)); //启动 axis 轴的运动
}
```

7）检测鼠标按键按下程序。在代码编辑界面添加一个函数，在此函数中判断鼠标左键是否按下。当“负向”按钮按下时，调用 Jog 运动函数，让电动机向负方向运动；当“正向”按钮按下时，调用 Jog 运动函数，让电动机向正方向运动；当松开按钮时，停止运动。

```
BOOL CDemoJogDlg::PreTranslateMessage(MSG * pMsg)
{
    if(pMsg->message == WM_LBUTTONDOWN)                              //拦截鼠标左键按下消息
    {
        if (pMsg->hwnd == GetDlgItem (IDC_BUT_Neg)->m_hWnd)         //当按下的位置为“负向”
                                                                     //按钮时
        {                                                            //负向运动
            JogMotion (-1);                                          //调用 Jog 运动子函数，方
                                                                     //向为负方向
        }
        else if (pMsg->hwnd == GetDlgItem (IDC_BUT_Pos)->m_hWnd)    //当按下的位置为“正向”
                                                                     //按钮时
        {                                                            //正向运动
            JogMotion (1);                                           //调用 Jog 运动子函数，方
                                                                     //向为正方向
        }
    }
    else if (pMsg->message == WM_LBUTTONUP)                          //当鼠标左键松开时
    {
        if ( (pMsg->hwnd == GetDlgItem (IDC_BUT_Neg)->m_hWnd) ||
            (pMsg->hwnd == GetDlgItem (IDC_BUT_Pos)->m_hWnd))       //当“负向”按钮或者“正
                                                                     //向”按钮松开时
        {
            short sRtn;                                              //返回值变量
            short axis = getAxis ();                                 //获取轴号
            sRtn = GT_Stop (1 << (axis - 1), 1 << (axis - 1));       //停止当前轴运动
        }
    }
    returnCDialog::PreTranslateMessage (pMsg);                       //一定要有，其他消息系统
                                                                     //默认处理
}
```

10. 程序调试

检查代码无误后，生成解决方案，对代码进行调试，如图 5-18 所示。

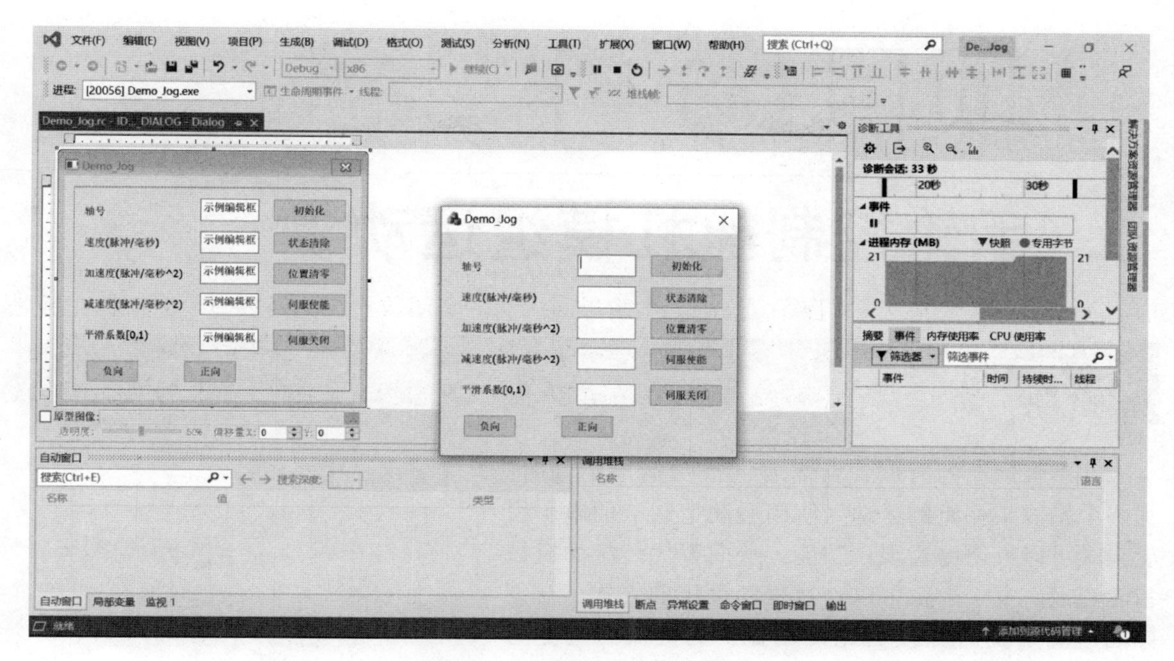

图 5-18　Jog 运动程序调试界面

如图 5-19 所示，在界面编辑框中依次填入轴号、速度、加速度、减速度以及平滑系数等参数，然后依次单击“初始化”“状态清除”“位置清零”“伺服使能”按钮，按下“正向”按钮观察轴运动状态，按下“负向”按钮观察轴运动状态。

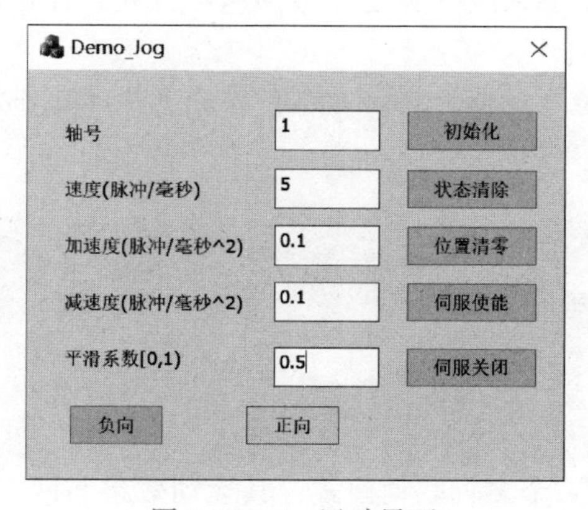

图 5-19　Jog 运动界面

项目 6

手轮控制丝杠模组运动

6.1 项目引入

在多轴运动的时候，常需要一个轴运动的同时，另一个轴以某一比例运动。使用运动控制卡的电子齿轮模式可以方便地实现该功能，从而替代传统的机械齿轮连接。电子齿轮可以通过程序设定的方式，在不同的情况下随时更改齿轮传动比，比机械方式更为灵活。

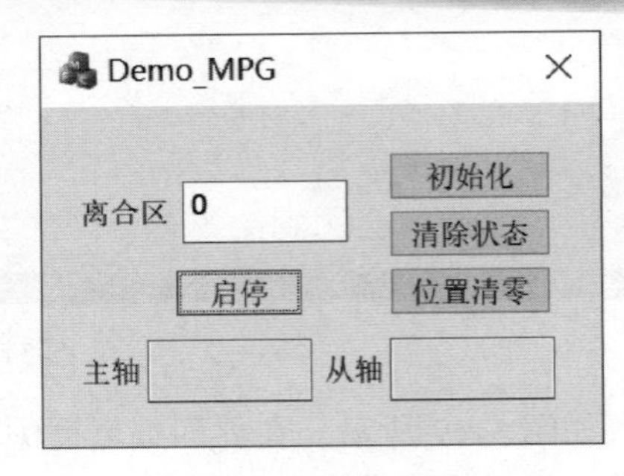

图 6-1　手轮界面

如图 6-1 所示，本项目要实现以下几个功能：

1）通过界面可以对运动控制器初始化、清除状态、位置清零，启动和停止手轮。

2）通过手轮的拨档和倍率来改变运动轴号和速度，并且让运动轴跟随手轮编码器运动。

3）能够从界面输入离合区位移，同时可以在界面上显示主轴和从轴位移脉冲数。

电子齿轮运动及其硬件介绍

6.2 相关知识

6.2.1　电子齿轮运动介绍

电子齿轮模式实际上是一个多轴联动模式，其运动效果与两个机械齿轮的啮合运动类似。电子齿轮能够将两轴或多轴联系起来，实现精确的同步运动，从而替代传统的机械齿轮连接。

把被跟随的轴叫主轴，把跟随的轴叫从轴。电子齿轮模式下，1 个主轴能够驱动多个从轴，从轴可以跟随主轴的规划位置、编码器位置。

主轴速度与从轴速度的比例称为传动比。电子齿轮模式能够灵活地设置传动比，节省机械系统的安装时间。当主轴速度变化时，从轴会根据设定好的传动比自动改变速度。电子齿轮模式也能够在运动过程中修改传动比。

当改变传动比时，可以设置离合区，以实现平滑变速，如图 6-2 所示，阴影区域为离合区。离合区位移是指从轴平滑变速过程中主轴运动的位移。

注意： 不要计算成从轴变速时走过的位移。

电子齿轮模式速度曲线如图 6-2 所示。

主轴匀速运动，从轴为电子齿轮模式。在离合区1从轴速度从0逐渐增大，直到到达传动比4:3。当改变传动比至2:1时，在离合区2从轴速度逐渐变化直到满足新的传动比。离合区越大，从轴传动比的变化过程越平稳。当主轴速度变化时，从轴速度也随着变化，保持固定的传动比。

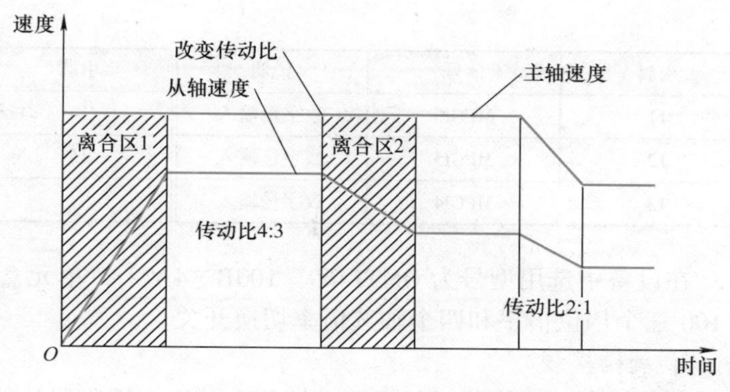

图6-2　电子齿轮模式速度曲线

6.2.2　硬件介绍

1. 运动平台介绍

如图6-3所示，X、Y、Z轴模组模块主要由松下A6、安川Σ-7、多摩川三种交流伺服电动机、拖链、单轴模组、吸盘夹爪组件、激光笔、支架和底架等结构组成。

在该实验中会用到流水线模块中二次定位的步进电动机部分。

2. 手轮专用信号接口介绍

手轮也称为手动脉冲发生器、手轮、手摇脉冲发生器等，用于数控机床、印刷机械等的零位补正和信号分割。当手轮旋转时，编码器产生与手轮运动相对应的信号。手轮通过数控系统选定坐标并对坐标进行定位。

手轮输入接口引脚如图6-4所示。

图6-3　X、Y、Z轴模组模块示意图

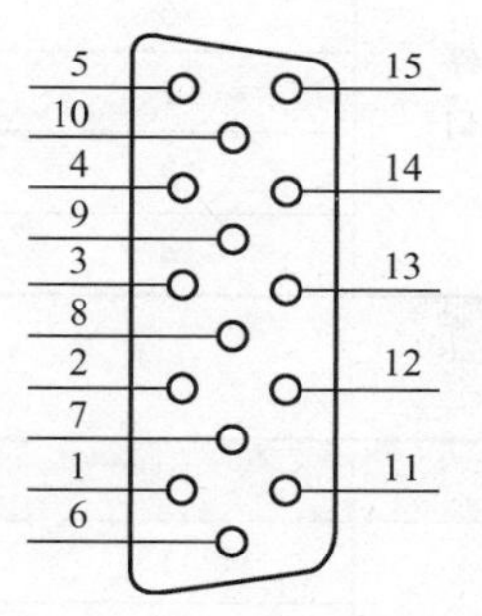

图6-4　手轮输入接口引脚

端子板CN20接口是手轮（简称MPG）接口，有1路辅助编码器输入［接收A相和B相差分输入（5V电平）］，7路数字量I/O输入（默认24V电平，低电平输入有效）。端子板CN20的引脚、信号及说明见表6-1。

表6-1　端子板CN20的引脚、信号及说明

引脚	信号	说明	引脚	信号	说明
1	OGND	24V电源地	6	OVCC	24V电源
2	MPGI2	数字量输入	7	MPGI3	数字量输入
3	MPGI0	数字量输入	8	MPGI1	数字量输入
4	MPGB+	编码器输入B正向	9	MPGB-	编码器输入B负向
5	GND	5V电源地	10	MPGA-	编码器输入A负向

（续）

引脚	信号	说明	引脚	信号	说明
11	MPGI6	数字量输入	14	MPGA +	编码器输入 A 正向
12	MPGI5	数字量输入	15	+5V	5V 电源
13	MPGI4	数字量输入			

在设备中选用型号为 OMT1469－100B－4A 手持单元盒外挂式电子手轮，具有×1、×10、×100 三个档位倍率和四个轴选倍率切换开关。

3. 硬件接线

硬件平台的接线包括伺服驱动器与电动机、编码器的接线，手轮与端子板的接线，分别见表 6-2、表 6-3 和表 6-4。

表 6-2　伺服驱动器与伺服电动机的接线

模块	引脚	信号	模块	引脚	信号
伺服驱动器 XB 接口	1	U	伺服电动机	1	U1
	2	V		2	V1
	3	W		3	W1
	4	PE		4	PE

表 6-3　伺服驱动器与编码器的接线

模块	引脚	信号	模块	引脚	信号
伺服驱动器 X6/C2 接口	5	PS	编码器	5	PS
	6	PS－		6	PS－
	1	+5V		1	+5V
	2	0V		2	0V
	4	FG		4	FG

表 6-4　手轮与端子板的接线

模块	引脚	信号	模块	引脚	信号
手轮	1	OGND	端子板 MPG 接口	1	OGND
	2	选择 *Z* 轴		2	MPGI2
	3	选择 *X* 轴		3	MPGI0
	4	B +		4	MPGB +
	5	5V GND		5	GND
	6	OVCC		6	OVCC
	7	选择 *A* 轴		7	MPGI3
	8	选择 *Y* 轴		8	MPGI1
	9	B－		9	MPGB－
	10	A－		10	MPGA－
	11	×100		11	MPGI6
	12	×10		12	MPGI5

（续）

模块	引脚	信号	模块	引脚	信号
手轮	13	选择 B 轴	端子板 MPG 接口	13	MPGI4
	14	A +		14	MPGA +
	15	+5V		15	+5V

6.2.3 C++知识点

控制流程语句

1. switch 语句

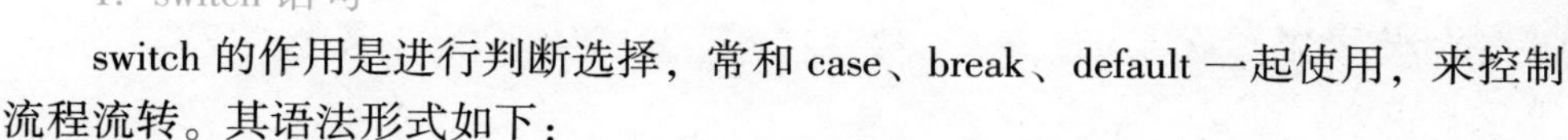

switch 的作用是进行判断选择，常和 case、break、default 一起使用，来控制流程流转。其语法形式如下：

```
switch(变量表达式)
{
case 常量 1:语句;break;
case 常量 2:语句;break;
case 常量 3:语句;break;
…
case 常量 n:语句;break;
default:语句;break;
}
```

当变量表达式的值与其中一个 case 语句中的常量相等时，就执行此 case 语句后面的语句，并依次下去执行后面所有 case 语句中的语句，除非遇到 break，语句跳出 switch 语句为止。如果变量表达式的量与所有 case，语句的常量都不相符，则执行 default 语句中的语句。

switch（）的参数类型不能为实型，只能是整型，包括 int、char 等；case 标签必须是常量表达式，而且 case 标签必须是唯一性表达式，不允许两个 case 具有相同的值。

例如：

```
……
switch(diValue& 0x0f)                                          //获取轴号
{
case 0x0e:                                                     //0000 1110:14
    slaveAxis = 1;                                             //选中 1 轴
    sRtn = GT_Stop(1 < <(2 -1),1 < < (2 -1));                  //将 2 轴停止运动
    break;                                                     //结束语句段,跳出 switch 语句
case 0x0d:                                                     //0000 1101:13
    slaveAxis = 2;                                             //选中 2 轴
    sRtn = GT_Stop((1 < <(1 -1))|(1 < <(3 -1)), (1 < <(1 -1))|(1 < <(3 -1)));
                                                               //将 1、3 轴停止运动
    break;                                                     //结束语句段,跳出 switch 语句
case 0x0b:                                                     //0000 1011:11
    slaveAxis = 3;                                             //选中 3 轴
    sRtn = GT_Stop((1 < <(2 -1))|(1 < <(4 -1)),(1 < <(2 -1))|(1 < <(4 -1)));
                                                               //将 2、4 轴停止运动
```

```
        break;                                         //结束语句段,跳出 switch 语句
    case 0x07:                                         //0000 0111:7
        slaveAxis = 4;                                 //选中 4 轴
        sRtn = GT_Stop(1 < <(3 - 1),1 < <(3 - 1));     //将 3 轴停止运动
        break;                                         //结束语句段,跳出 switch 语句
    default:                                           //将 1 到 4 轴伺服关闭
        sRtn = GT_AxisOff(1);
        sRtn = GT_AxisOff(2);
        sRtn = GT_AxisOff(3);
        sRtn = GT_AxisOff(4);
        }
    ……
```

获取手轮选择的轴和倍率，要将从手轮专用接口读取的 DI 信号值写入 diValue 变量，再通过分析 diValue 变量得出。先将得到的 diValue 值进行处理，分析选择轴的部分。diValue 值的后四位分别代表了 1 ~ 4 轴，值为 0 的为当前选中的轴，1 为未选中的轴。当 diValue & 0x0f 的值与某一 case 语句后的值相等时，执行该语句后面的语句块；手轮有四轴和三档倍率，所以 diValue 值需要七位二进制数表示，比如轴号为 1 轴，倍率为 ×1 时，diValue 值为 1101110（二进制），见表 6-5，只取轴选时，将 diValue 和 0x0f（00001111）进行按位与运算，则只保留低四位有效，即得到 0x0e（0000 1110），此时程序执行 case 0x0e：后面的语句，选中 *X* 轴。

表 6-5　1 轴的 diValue 值

DI 信号	×100	×10	×1	4 轴	*Z* 轴	*Y* 轴	*X* 轴
状态	1	1	0	1	1	1	0

2. while 循环

当不确定到底要迭代多少次时，使用 while 循环比较合适，只要条件为真，while 语句就重复地执行循环体，它的语法形式如下：

```
while(条件表达式)
循环体
```

在 while 结构中，只要条件表达式的求值结果为真就一直执行循环体内容。条件表达式不能为空，如果条件表达式第一次求值就为假，则循环体一次都不执行。

while 的条件部分可以是一个表达式或者是一个带初始化的变量声明，一般来说，应该由条件本身或者是循环体设法改变表达式的值，否则循环可能无法终止。

例如：

```
voidCDemoMPGDlg::mpgGetPosDi()
{//读取编码器位置以及手轮轴选和倍率
    short sRtn;                          //返回值变量
    double mpgPos;                       //手轮编码器位置变量
    long DiValue;                        //轴选和倍率 I/O 变量
    CString strVal;                      //CString 类型字符串变量

    while (flag)                         //当条件为真时,执行循环体
```

```
        {
            sRtn = GT_GetEncPos(11, &mpgPos, 1);          //读取辅助编码器的位置
            strVal. Format(_T("%f"), mpgPos);             //将读取到的编码器数值从 double
                                                          //类型转换为 CString 类型
            SetDlgItemText(IDC_Mas_Pos, strVal);          //将 strVal 变量的值用 ID 为 IDC_Mas_Pos 的
                                                          //Edit Control 控件显示
            sRtn = GT_GetDi(MC_MPG, &DiValue);            //轴选和倍率
            mpgSelectAxis(DiValue);                       //调用判断轴选和倍率函数
            sRtn = GT_ClrSts(1, 4);                       //清除 1 到 4 轴异常报警,主要作用是清除
                                                          //限位信号
        ……
        }
    }
```

while (flag) 中 flag 为布尔型变量，当条件为真时（即 flag 值为 TRUE 时），重复执行循环体，当条件为假时（即 flag 值为 FALSE 时），不执行循环体。这段代码的循环体是读取手轮编码器位置并显示在界面上以及检测手轮的轴选和倍率，再根据轴选和倍率判断执行相应的语句，从而控制对应的电动机轴及其运动速度。

3. 函数原型和函数调用

函数的声明和调用

函数的名字在使用之前必须声明，并且函数只能定义一次，但是可以声明多次。函数的声明和定义非常相似，唯一的区别是函数声明无需函数体，用一个分号替代即可。

函数声明不包含函数体，所以也无需形参的名字，不过写上形参的名字更方便阅读。函数声明也称为函数原型。一般建议函数在头文件中声明而在源文件中定义。

函数调用完成两项工作：一是用实参初始化函数对应的形参，二是将控制权转移给被调用函数。此时，主调函数的执行被暂时中断，被调函数开始执行。

例如：

```
void CDemoMPGDlg::mpgGearMotion(short SlaveAxis, long SlaveEvn)
    {
        //从轴运动控制程序
        short sRtn;                                          //返回值变量
        long masterEvn = 1;                                  //主轴传动比系数
        double slaPos;                                       //从轴位置变量
        CStringstrVal;                                       //CString 类型字符串变量
        sRtn = GT_PrfGear(SlaveAxis);                        //设置从轴运动模式为电子齿轮模式
        sRtn = GT_SetGearMaster(SlaveAxis, masterAxis, GEAR_MASTER_ENCODER);
                                                             //设置从轴跟随主轴编码器
        sRtn = GT_SetGearRatio(SlaveAxis, masterEvn, SlaveEvn, slope);
                                                             //设置从轴的传动比和离合区
        sRtn = GT_GearStart(1 < < (SlaveAxis - 1));          //启动从轴
        sRtn = GT_GetEncPos(SlaveAxis, &slaPos, 1);          //读取从轴编码器的位置
        strVal. Format(_T("%f"), slaPos);                    //格式转换,将 slaPos 变量从 short 类型转
                                                             //换为 CString 类型
```

```
        SetDlgItemText(IDC_Sla_Pos, strVal);          //将 strVal 变量值用 ID 为 IDC_Sla_Pos 的
                                                      //Edit Control 控件显示
        UpdateWindow();                               //更新窗口
    }
```

函数的定义语句为：

```
    void CDemoMPGDlg::mpgGearMotion(short SlaveAxis, long SlaveEvn);
```

该函数的定义写在 Demo_ MPGDlg. cpp 源文件中，声明写在 Demo_ MPGDlg. h 头文件中。函数的三要素，即返回类型、函数名、形参类型，描述了函数的接口，说明了调用该函数所需的全部信息。

调用该函数的语句为：

```
    mpgGearMotion(slaveAxis, slaveEvn);               //调用执行动作函数
```

当调用 mpgGearMotion（slaveAxis，slaveEvn）函数时，程序从主调函数进入 void mpgGearMotion（short SlaveAxis，long SlaveEvn）函数中，直到被调函数执行完成，程序进程重新回到主调函数中。

4. 函数参数和按值传递

函数的参数分为形参和实参，函数定义时圆括号中为形参，函数调用时圆括号内为实参，实参是形参的初始值。第一个实参初始化第一个形参，第二个实参初始化第二个形参，以此类推。

实参的类型必须与对应的形参类型匹配，并且函数有几个形参，就必须提供相同数量的实参，因为函数的调用规定实参数量应与形参数量一致，所以形参一定会被初始化。

函数的形参列表可以为空，但是不能省略，如果要定义一个不带形参的函数，最常用的办法是书写一个空的形参列表。

例如：

```
    void f1();
    void f1(void);
```

形参列表中的形参通常用逗号隔开，其中每个形参都是含有一个声明符的声明，即使两个形参的类型一样，也必须把两个类型都写出来：

```
    int f3(int v1, v2);          //错误
    int f4(int v1, int v2);      //正确
```

当实参的值被复制给形参时，形参和实参是两个相互独立的对象，称这样的实参被值传递。

例如：

```
    void CDemoMPGDlg::mpgGearMotion(short SlaveAxis, long SlaveEvn)
    SlaveAxis 和 SlaveEvn 便是形参,当调用这个函数时,如下段程序所示。
        if (slaveAxis)                                 //当从轴轴号不为 0 时执行 if 语句
        {
            sRtn = GT_AxisOn(slaveAxis);               //使能选中轴
            mpgGearMotion(slaveAxis, slaveEvn);        //调用从轴运动控制程序
        }
```

mpgGearMotion（slaveAxis，slaveEvn）中的 slaveAxis 和 slaveEvn 是实参，在调用的过程中只是将 slaveAxis 和 slaveEvn 的数值分别复制给 SlaveAxis 和 SlaveEvn，在 mpgGearMotion（short SlaveAxis，long SlaveEvn）函数内部修改 SlaveAxis 和 SlaveEvn 的值并不会影响 slaveAxis和 slaveEvn 的值。

开始
初始化
位置清零
读取轴号
读取倍率
启动运动
停止运动
结束

图 6-5　手轮控制的程序流程图

6.2.4　程序流程图

手轮控制的程序流程图如图 6-5 所示。

6.2.5　指令列表

电子齿轮运动需要使用的指令及说明见表 6-6。

电子齿轮运动控制指令介绍

表 6-6　电子齿轮运动相关指令及说明

指令	说明
GT_ PrfGear	设置指定轴为电子齿轮运动模式
GT_ SetGearMaster	设置电子齿轮运动跟随主轴
GT_ GetGearMaster	读取电子齿轮运动跟随主轴
GT_ SetGearRatio	设置电子齿轮比
GT_ GetGearRatio	读取电子齿轮比
GT_ GearStart	启动电子齿轮运动

1. GT_PrfGear 指令

设置指定轴为电子齿轮运动模式的指令 GT_PrfGear 说明见表 6-7。

表 6-7　GT_PrfGear 指令说明

指令原型	short GT_PrfGear（short profile，short dir）
指令说明	设置指定轴为电子齿轮运动模式
指令类型	立即指令，调用后立即生效
指令参数	该指令共有两个参数： 1）profile，规划轴号，正整数 2）dir，设置跟随方式。0 表示双向跟随，1 表示正向跟随，－1 表示负向跟随
指令返回值	返回值为 1：若当前轴在规划运动，请调用 GT_Stop 停止运动再调用该指令。当前已经是电子齿轮模式，但再次设置的 dir 与当前的 dir 不一致 其他返回值：请查阅指令返回值列表

2. GT_SetGearMaster 指令

设置电子齿轮运动跟随主轴的指令 GT_SetGearMaster 说明见表 6-8。

表 6-8　GT_SetGearMaster 指令说明

指令原型	short GT_SetGearMaster（short profile，short masterIndex，short masterType，short masterItem）
指令说明	设置电子齿轮运动跟随主轴
指令类型	立即指令，调用后立即生效

（续）

指令参数	该指令共有 4 个参数： 1）profile，规划轴号，正整数 2）masterIndex，主轴索引，正整数，主轴索引不能与规划轴号相同，最好主轴索引小于规划轴号，如主轴索引为 1 轴，规划轴号为 2 轴 3）masterType，主轴类型，主轴类型有以下 3 种，分别是： GEAR_MASTER_PROFILE（该宏定义为 2）表示跟随规划轴（profile）的输出值。默认为该类型 GEAR_MASTER_ENCODER（该宏定义为 1）表示跟随编码器（encoder）的输出值 GEAR_MASTER_AXIS（该宏定义为 3）表示跟随轴（axis）的输出值 4）masterItem，轴类型，当 masterType = GEAR_MASTER_AXIS 时起作用。0 表示 axis 的规划位置输出值，默认为该值。1 表示 axis 的编码器位置输出值
指令返回值	返回值为 1：若当前轴在规划运动，请调用 GT_Stop 停止运动再调用该指令。请检查当前轴是否为电子齿轮模式，若不是，请先调用 GT_PrfGear 将当前轴设置为电子齿轮模式 其他返回值：请查阅指令返回值列表

3. GT_GetGearMaster 指令

读取电子齿轮运动跟随主轴的指令 GT_GetGearMaster 说明见表 6-9。

表 6-9　GT_GetGearMaster 指令说明

指令原型	short GT _ GetGearMaster （short profile，short * pMasterIndex，short * pMasterType，short * pMasterItem）
指令说明	读取电子齿轮运动跟随主轴
指令类型	立即指令，调用后立即生效
指令参数	该指令共有 4 个参数： 1）profile，规划轴号，正整数 2）pMasterIndex，读取主轴索引，正整数 3）pMasterType，读取主轴类型，共有以下 3 种类型，分别是： GEAR_MASTER_PROFILE（该宏定义为）表示跟随规划轴（profile）的输出值 GEAR_MASTER_ENCODER（该宏定义为）表示跟随编码器（encoder）的输出值 GEAR_MASTER_AXIS（该宏定义为）表示跟随轴（axis）的输出值 4）pMasterItem，读取输出位置类型。当 masterType = GEARMASTERAXIS 时起作用。0 表示axis的规划位置输出值，默认为该值。1 表示 axis 的编码器位置输出值
指令返回值	返回值为1：若当前轴在规划运动，请调用 GT_ Stop 停止运动再调用该指令。请检查当前轴是否为电子齿轮模式，若不是，请先调用 GT_ PrfGear 将当前轴设置为电子齿轮模式 其他返回值：请查阅指令返回值列表

4. GT_SetGearRatio 指令

设置电子齿轮比的指令 GT_SetGearRatio 说明见表 6-10。

表 6-10　GT_SetGearRatio 指令说明

指令原型	short GT_SetGearRatio（short profile，long masterEven，long slaveEven，long masterSlope）
指令说明	设置电子齿轮比
指令类型	立即指令，调用后立即生效

（续）

<table>
<tr><td>指令参数</td><td>该指令共有4个参数：
1）profile，规划轴号，正整数
2）masterEven，传动比系数，主轴位移，单位为脉冲
3）slaveEven，传动比系数，从轴位移，单位为脉冲
4）masterSlope，主轴离合区位移，单位为脉冲，取值范围：不能小于0或者等于1</td></tr>
<tr><td>指令返回值</td><td>返回值为1：请检查当前轴是否为Trap模式，若不是，请先调用GT_PrfGear将当前轴设置为Trap模式
其他返回值：请查阅指令返回值列表</td></tr>
</table>

5. GT_GetGearRatio指令

读取电子齿轮比的指令GT_GetGearRatio说明见表6-11。

表6-11　GT_GetGearRatio指令说明

<table>
<tr><td>指令原型</td><td>short GT_GetGearRatio（short profile，long * pMasterEven，long * pSlaveEven，long * pMasterSlope）</td></tr>
<tr><td>指令说明</td><td>读取电子齿轮比</td></tr>
<tr><td>指令类型</td><td>立即指令，调用后立即生效</td></tr>
<tr><td>指令参数</td><td>该指令共有4个参数：
1）profile，规划轴号，正整数
2）pMasterEven，读取传动比系数，主轴位移，单位为脉冲
3）pSlaveEven，读取传动比系数，从轴位移，单位为脉冲
4）pMasterSlope，读取主轴离合区位移，单位为脉冲</td></tr>
<tr><td>指令返回值</td><td>返回值为1：请检查当前轴是否为电子齿轮模式，若不是，请先调用GT_PrfGear将当前轴设置为电子齿轮模式
其他返回值：请查阅指令返回值列表</td></tr>
</table>

6. GT_GearStart指令

启动电子齿轮运动的指令GT_GearStart说明见表6-12。

表6-12　GT_GearStart指令说明

<table>
<tr><td>指令原型</td><td>short GT_GearStart（long mask）</td></tr>
<tr><td>指令说明</td><td>启动电子齿轮运动</td></tr>
<tr><td>指令类型</td><td>立即指令，调用后立即生效</td></tr>
<tr><td>指令参数</td><td>该指令有1个参数：
mask，按位指示需要启动点位运动或Jog运动的轴号。当bit为1时表示启动对应的轴
对于4轴控制器：<table><tr><td>bit</td><td>3</td><td>2</td><td>1</td><td>0</td></tr><tr><td>对应轴</td><td>4轴</td><td>3轴</td><td>2轴</td><td>1轴</td></tr></table>对于8轴控制器：<table><tr><td>bit</td><td>7</td><td>6</td><td>5</td><td>4</td><td>3</td><td>2</td><td>1</td><td>0</td></tr><tr><td>对应轴</td><td>8轴</td><td>7轴</td><td>6轴</td><td>5轴</td><td>4轴</td><td>3轴</td><td>2轴</td><td>1轴</td></tr></table></td></tr>
<tr><td>指令返回值</td><td>返回值为1：请检查当前轴是否为电子齿轮模式，若不是，请先调用GT_PrfGear将当前轴设置为电子齿轮模式。请检查主轴是否已设置。请检查传动比是否已设置
其他返回值：请查阅指令返回值列表</td></tr>
</table>

6.3 项目实施

1. 硬件连接

手脉轮电子齿轮运动编程

将运动控制卡、个人计算机、端子板、驱动器、单轴模组正确连接。

2. 配置驱动器和运动控制器

设置驱动器参数，对运动控制器进行配置，并保存配置文件，具体参考项目 5 和初级教材。

3. 新建 MFC 项目

在 Visual Studio 中新建项目工程，参考项目 5。

4. 调用库及配置文件

将工程中需要使用的动态链接库、头文件、库文件以及控制器配置文件复制到项目的源文件目录下，参考项目 5。

5. 添加库文件

在项目→属性→链接器→输入→附加依赖项中添加 gts. lib 库文件；添加库文件的另一种方法是，在程序中使用#pragma comment（lib，" gts. lib"）。参考项目 5。

6. 添加头文件

将代码中需要使用到的指令的头文件包含到程序中，参考项目 5。

7. 设计界面

根据需要设计程序界面（图 6-6），并修改控件属性，参考项目 5。

图 6-6 界面设计

8. 代码实现

1）进行宏定义，在 Demo_ MPGDlg. cpp 文件中对手轮的轴号进行宏定义，手轮外接在端子板上，轴号是固定的。宏定义是编译器对程序做的预处理，在 C 语言中是简单的文本搜索和替换，所以宏定义内容是写在包含头文件之后、函数之前的。同时，定义一个 BOOL 类型的全局变量，作为判断手轮功能启动和停止的标志位，初始化为 FALSE 状态，默认手轮功能是关闭状态。

```
#definemasterAxis   11        //宏定义手轮轴号作为主轴
BOOL flag = FALSE;             //定义全局变量,作为判断手轮启动和停止的标志位
```

2）手轮实验中，电动机轴伺服使能、伺服关闭通过手轮的拨档控制，所以不用通过按钮去实现使能和关闭功能，只需要初始化、状态清除和位置清零即可。

初始化、状态清除程序可以参考项目 5 中的代码实现部分。说明一下，在进行位置清零之前需要先将电动机轴停止运动；在项目 5 中，当鼠标左键松开时，电动机轴便停止运动，所以可以直接进行位置清零；但是本项目中，停止旋转手轮时，电动机轴只是速度为零，并没有调用停止运动指令，所以在进行位置清零前需要先调用停止运动指令。

位置清零按钮代码如下：

```
void CDemoMPGDlg::OnBnClickedButtonZeroPos()
{
    //TODO:在此添加控件通知处理程序代码
```

```
        short sRtn;                                   //返回值变量
        sRtn = GT_Stop(0x0f, 0x0f);                  //位置清零之前,电动机轴需要先停止运动,将1
                                                      //到4轴全部停止
        sRtn = GT_ZeroPos(1,4);                       //将1到4轴位置清零
    }
```

3）读取编码器位置以及手轮轴选和倍率，在 Demo_MPGDlg. cpp 文件中定义获取手轮编码器位置、轴选和倍率的函数，并在 Demo_MPGDlg. h 头文件中进行声明。该函数主要实现两个功能：一是读取手轮编码器脉冲位置，并将其显示在界面上；二是读取手轮轴选和倍率的 DI 信号，根据读取的 DI 数据，调用判断轴号和倍率的函数。

读取编码器位置、手轮轴选和倍率的函数代码如下：

```
void CDemoMPGDlg::mpgGetPosDi()
{//读取编码器位置以及手轮轴选和倍率
short sRtn;                                        //返回值变量
double mpgPos;                                     //手轮编码器位置变量
long DiValue;                                      //轴选和倍率I/O变量
CString strVal;                                    //CString类型字符串变量
while (flag)                                       //当条件为真时,执行循环体
{
    sRtn = GT_GetEncPos(11, &mpgPos, 1);          //读取辅助编码器的位置
    strVal. Format(_T("%f"), mpgPos);             //将读取到的编码器数值从double类型转换为
                                                   //CString类型
    SetDlgItemText(IDC_Mas_Pos, strVal);          //将strVal变量的值用ID为IDC_Mas_Pos的Edit
                                                   //Control控件显示
    sRtn = GT_GetDi(MC_MPG, &DiValue);            //轴选和倍率
    mpgSelectAxis(DiValue);                        //调用判断轴选和倍率的函数
    sRtn = GT_ClrSts(1, 4);                        //清除1到4轴异常报警,这里是清除限位触发
                                                   //标志
    MSG msg;                                       //MSG是Windows程序中的结构体。在Windows
                                                   //程序中,消息是由MSG结构体来表示的
    if(PeekMessage(&msg, (HWND)NULL, 0, 0, PM_REMOVE))
    {
        ::SendMessage(msg. hwnd, msg. message, msg. wParam, msg. lParam);
    }
}
}
```

其中，sRtn = GT_ClrSts（1，4）用于电动机轴触发限位信号后清除限位触发标志。

在单线程程序中，当 while 循环无法自动改变循环条件时，程序陷入死循环，此时界面便无法操作，为了解决这个问题，通过如下代码不断检测窗口消息、向窗口发送消息，并且经 PeekMessage 处理后，消息从队列里除掉。

```
MSG msg://MSG是Windows程序中的结构体。在Windows程序中,消息是由MSG结构体来表示的
if(PeekMessage(&msg,(HWND)NULL,0,0,PM_REMOVE))
```

```
    {
        ::SendMessage(msg.hwnd,msg.message,msg.wParam,msg.1Param);
    }
```

4）轴号选择以及倍率变换函数，在 Demo _ MPGDlg. cpp 源文件中定义 void CDemo _ MPGDlg:: mpgSelectAxis（long IGpiValue）函数，在此函数中通过传入手轮轴号以及倍率的值选择相应的电动机轴作为从轴、设置从轴比例，同时在切换当前从轴时关闭上一次选中的轴号；同样该函数需要在 Demo_MPGDlg. h 头文件中进行声明。其代码如下：

```
void CDemoMPGDlg::mpgSelectAxis(long diValue)
{//判断轴选和倍率
    short sRtn;                                     //返回值变量
    short slaveAxis = 0;                            //从轴轴号
    long slaveEvn = 1;                              //从轴传动比系数必须初始化否则切换倍
                                                    //率时会中断
    switch (diValue& 0x0f)                          //获取轴号
    {
    case 0x0e:                                      //0000 1110:14
        slaveAxis = 1;                              //选中 1 轴
        sRtn = GT_Stop(1 < <(2 -1), 1 < <(2 -1));//将 2 轴停止运动
        break;                                      //结束语句段,跳出 switch 语句
    case 0x0d:                                      //0000 1101:13
        slaveAxis = 2;                              //选中 2 轴
        sRtn = GT_Stop((1 < <(1 -1)) | (1 < <(3 -1)), (1 < <(1 -1))|(1 < <(3 -1)));
                                                    //将 1、3 轴停止运动
        break;                                      //结束语句段,跳出 switch 语句
    case 0x0b:                                      //0000 1011:11
        slaveAxis = 3;                              //选中 3 轴
        sRtn = GT_Stop((1 < <(2 -1))| (1 < <(4 -1)), (1 < <(2 -1)) | (1 < <(4 -1)));
                                                    //将 2、4 轴停止运动
        break;                                      //结束语句段,跳出 switch 语句
    case 0x07:                                      //0000 0111:7
        slaveAxis = 4;                              //选中 4 轴
        sRtn = GT_Stop(1 < <(3 -1), 1 < <(3 -1));//将 3 轴停止运动
        break;                                      //结束语句段,跳出 switch 语句
    default:                                        //将 1 到 4 轴伺服关闭
        sRtn = GT_AxisOff(1);
        sRtn = GT_AxisOff(2);
        sRtn = GT_AxisOff(3);
        sRtn = GT_AxisOff(4);
    }
    switch (diValue& 0x70)                          //获取倍率
    {
    case 0x60:slaveEvn = 1; break;                  //110 0000:96,从轴传动比系数设为 1
    case 0x50:slaveEvn = 10; break;                 //101 0000:80,从轴传动比系数设为 10
```

```
        case 0x30:slaveEvn = 100; break;                    //011 0000:48,从轴传动比系数设为 100
        }
        if (slaveAxis)                                      //当从轴轴号不为 0 时执行 if 语句
        {
            sRtn = GT_AxisOn(slaveAxis);                    //使能选中轴
            mpgGearMotion(slaveAxis, slaveEvn);             //调用从轴运动控制程序
        }
    }
```

将读到的 DI 信号做处理，分别得到轴选和倍率，然后依次判断选中的轴号和倍率。

将 diValue 和 0x0f（0000 1111）进行按位与运算，则只保留低四位有效，将 diValue 和 0x70（0111 0000）进行按位与运算，得到 5 ~ 7 位的数据，根据这个设置倍率。

5）从轴运动程序，在 Demo_MPGDlg. cpp 源文件中，添加 void CDemoMPGDlg::mpgGearMotion（short SlaveAxis, long SlaveEvn）函数，实现从轴运动模式、跟随方式、传动比和离合区设置等操作，其中离合区参数从界面获取，将从轴编码器脉冲位置显示在界面上。同样需要在 Demo_MPGDlg. h 头文件中进行声明。从轴运动控制程序代码如下：

```
void CDemoMPGDlg::mpgGearMotion(short SlaveAxis, long SlaveEvn)
{//从轴运动控制程序
    short sRtn;                                             //返回值变量
    long masterEvn = 1;                                     //主轴传动比系数
    double slaPos;                                          //从轴位置变量
    CString strVal;                                         //CString 类型字符串变量
    sRtn = GT_PrfGear(SlaveAxis);                           //设置从轴运动模式为电子齿轮模式
    sRtn = GT_SetGearMaster(SlaveAxis, masterAxis, GEAR_MASTER_ENCODER);
                                                            //设置从轴跟随主轴编码器
    sRtn = GT_SetGearRatio(SlaveAxis, masterEvn, SlaveEvn, slope);
                                                            //设置从轴的传动比和离合区
    sRtn = GT_GearStart(1 << (SlaveAxis - 1));              //启动从轴
    sRtn = GT_GetEncPos(SlaveAxis, &slaPos, 1);             //读取从轴编码器的位置
    strVal.Format(_T("%f"), slaPos);                        //格式转换,将 slaPos 变量从 short 类型转换
                                                            //为 CString 类型
    SetDlgItemText(IDC_Sla_Pos, strVal);                    //将 strVal 变量值用 ID 为 IDC_Sla_Pos 的
                                                            //Edit Control 控件显示
    UpdateWindow();                                         //更新窗口
}
```

6）启停按钮程序，因为默认情况下，手轮启动和停止的标志位变量是 FALSE 状态，单击按钮，启动手轮功能，标志位变为 TRUE 状态，同时调用读取手轮编码器和 DI 信号的函数；再按一次按钮，标志位再变为 FALSE 状态，同时将所有电动机轴停止运动，伺服使能关闭。启停按钮程序代码如下：

```
void CDemoMPGDlg::OnBnClickedOnOff()
{//TODO:在此添加控件通知处理程序代码
    if (flag == TRUE)
```

```
    {//停用手轮
        short sRtn;                              //返回值变量
        flag = FALSE;                            //将标志位复位为 FALSE 状态
        sRtn = GT_Stop(0x0f, 0x0f);              //将 1 到 4 轴停止运动
        sRtn = GT_AxisOff(1);                    //1 轴伺服使能关闭
        sRtn = GT_AxisOff(2);                    //2 轴伺服使能关闭
        sRtn = GT_AxisOff(3);                    //3 轴伺服使能关闭
        sRtn = GT_AxisOff(4);                    //4 轴伺服使能关闭
    }
    else
    {//启用手轮
        flag = TRUE;                             //将标志位置位为 TRUE 状态
        mpgGetPosDi();                           //调用获取手轮编码器位置和 DI 信号的函数
    }
}
```

9. 程序调试

检查代码无误后，生成解决方案，对代码进行调试，调试界面如图 6-7 所示。

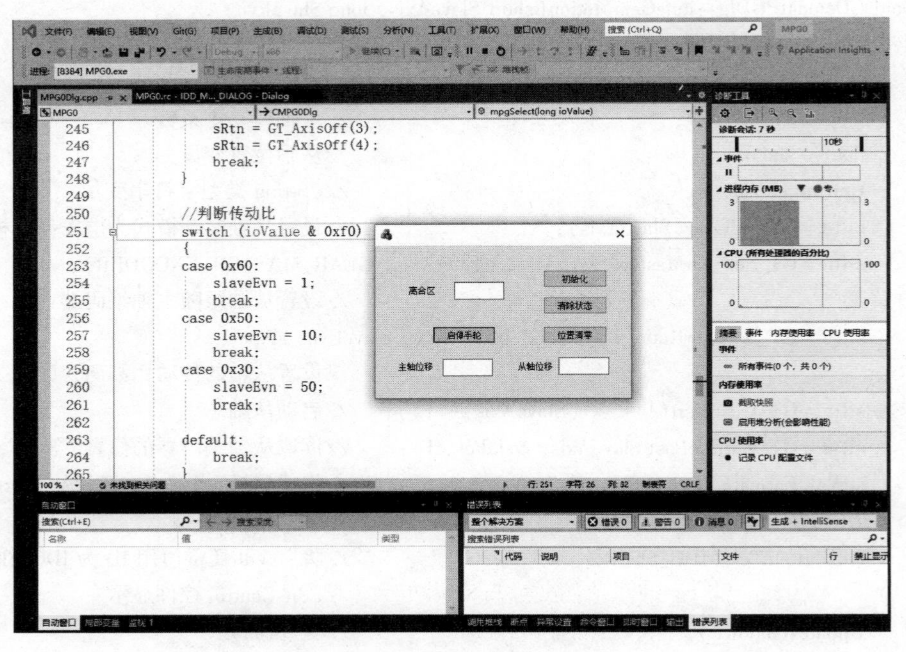

图 6-7　代码调试界面

运行程序，填写合适的离合区位移，使用手轮改变轴号和倍率，转动手轮编码器，观察轴运动状态，查看主轴、从轴的位移脉冲数，如图 6-8 所示。

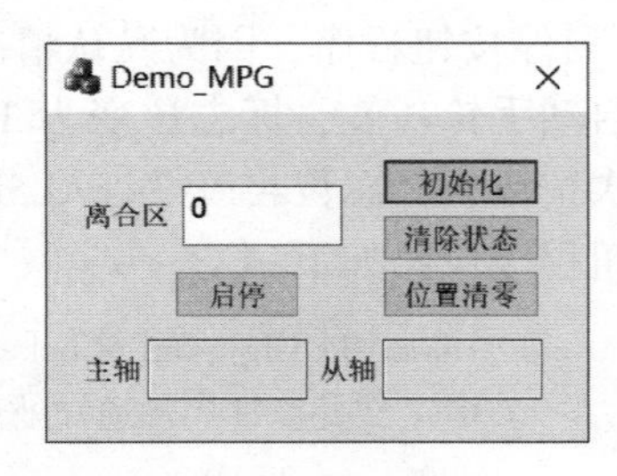

图 6-8　手轮界面

项目7 设备回零程序

7.1 项目引入

在使用增量式编码器的系统中，初次启动系统时，工作平台的位置是不确定的，此时需要通过寻找固定的标记点，从而让工作平台知道参考位置。运动控制卡的回零功能，通过设置参数并调用指令的方式，可以实现多种不同的工控界的回零。

回零运动和硬件介绍

设计一个单轴回零的程序及界面，如图 7-1 所示，需要具有以下功能：

图 7-1 单轴回零界面

1）通过界面按钮实现运动控制卡初始化、状态清除、电动机轴伺服使能与关闭。

2）包含 Jog 运动功能，通过界面选择轴号，设置运动速度，按住“正向”按钮，电动机轴正向运动，松开按钮，电动机轴停止运动；按住“负向”按钮，电动机轴负向运动，松开按钮，电动机轴停止运动。

3）选择轴号，单击“启动回零”按钮，电动机轴进行回零动作。

7.2 相关知识

7.2.1 回零运动介绍

回零一般有限位回零、Index 回零、Home 回零等几种方式，这几种方式也可进行灵活组合，例如 Index + Home 回零，能更加准确地找到同一个零点。

1. 限位回零方式

限位回零是指调用回零指令，电动机从所在位置以较高的速度往限位方向运动，如果碰到限位，则反方向运动，脱离限位后再以较低的速度往限位方向运动，触发限位后停止运动，此处即为零点。这种回零方式没有用到高速硬件捕获功能，适用于对回零精度要求不高或者不易于安装 Home 开关的场合。限位回零原理如图 7-2 所示。

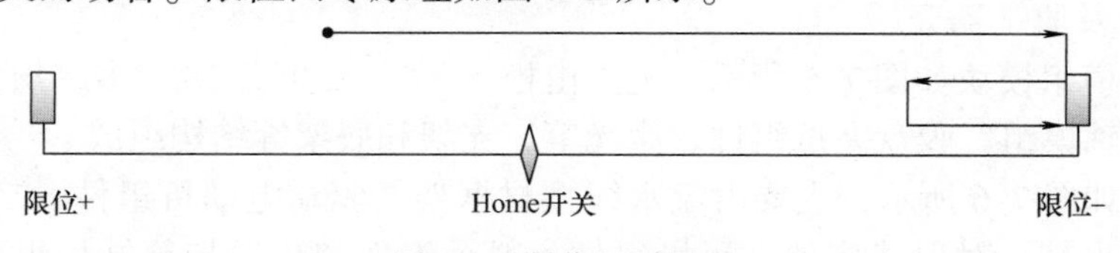

图 7-2 限位回零原理

2. Home 回零方式

Home 回零是指调用回零指令，电动机从所在位置以较高的速度运动并启动高速硬件捕获，在设定的搜索范围内寻找 Home 信号，当触发 Home 开关后，电动机会以较低的速度运动到捕获的位置处。Home 回零使用了高速硬件捕获即使用控制卡上的 Trigger 硬件捕获，运动控制卡能在触发 Home 信号的瞬间记录轴的当前位置信息。应该注意，不要让轴跑过零点开关位置时才启动 Home 捕获，这样自然会捕获失败。Home 回零原理如图 7-3 所示。

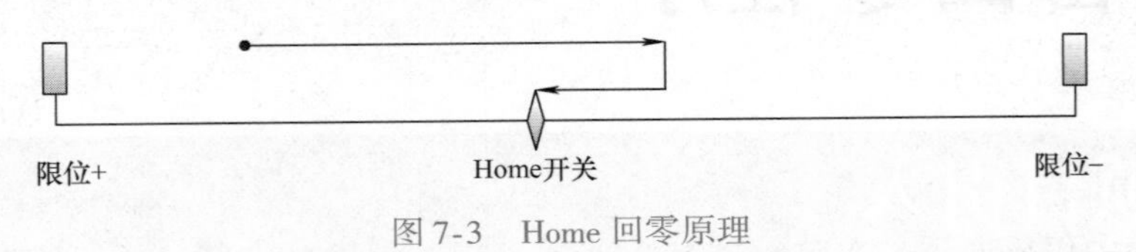

图 7-3　Home 回零原理

3. Index 回零方式

Index 回零是指调用回零指令，电动机从所在位置以较高的速度运动并启动高速硬件捕获，在设定的搜索范围内寻找 Home 信号，捕获到编码器的 Index 信号后，电动机再以较小的速度运动到 Index 处的位置停止。电动机的编码器会有一个 Index 信号脚位，也就是常说的零位信号，也称 Z 路信号，一般情况编码器转一圈这个信号只出现一次，用来记录脉冲数，常用于记录零点。Index 回零原理如图 7-4 所示。

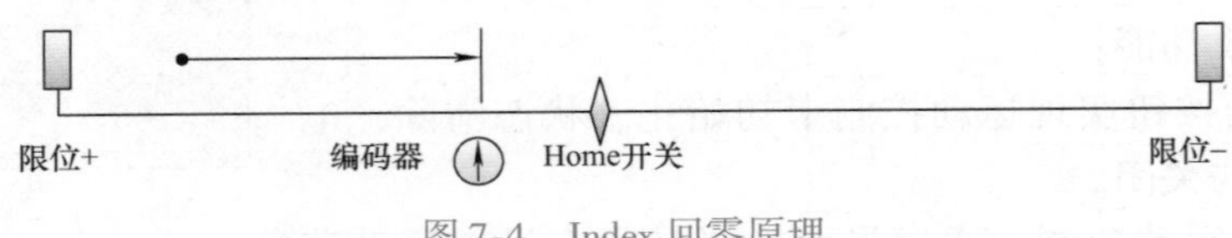

图 7-4　Index 回零原理

以上几种回零方式也可以相互配合，组合成新的回零方式，当然，不同的组合方式，回零的精度也会有所不同。几种回零方式中，Index 回零方式的精度是最高的，其次是 Home 回零方式，限位回零方式精度最低。每一种方式都包含正向和负向两种方法，正向指规划位置为正数的方向，负方向指规划位置为负数的方向。每一种回零方式，都可以通过设置偏移量使得最终电动机停止的位置离零点位置有一个偏移量；每种回零方式可能由于设定的搜索距离、电动机意外停止等因素而找不到零点，大部分异常情况都可以通过查看回零状态来进行辨识。

7.2.2　硬件介绍

1. 传感器介绍

由于 GTS 系列运动控制器限位信号、Home 信号和通用输入信号均为 NPN 型，因此本项目选用欧姆龙 EE－SPWL311 光电开关。光电开关是指以光源为介质，当光源受物体遮蔽而发生反射、辐射或遮光导致受光量变化时，应用光电效应来检测对象的有无、大小和明暗，从而向接点输出信号或取消输出信号的开关元件。EE－SPWL311 为发射器与接收器一体化的 U 形光电开关，U 形槽内有遮挡物时，接收器受光量变少，输出端产生电平转换。其为 NPN 输出型，与运动控制器匹配，输入电源为 DC 5～24V。

2. 运动平台及驱动器介绍

X、*Y*、*Z* 轴模组模块如图 7-5 所示，主要由松下 A6、安川 Σ－7、多摩川三种交流伺服电动机，拖链、单轴模组、吸盘夹爪组件、激光笔、支架和底架等结构组成。

流水线模块如图 7-6 所示，主要由流水线型材框架、驱动电动机组件、二次定位机械手、流水线底座、同步带、对射感应器、码垛组件、料仓组件和传送带等结构组成，是 *X*、*Y*、*Z*

轴模块进行样件抓取和激光笔绘图的准备工作平台。

图 7-5　*X*、*Y*、*Z* 轴模组模块示意图

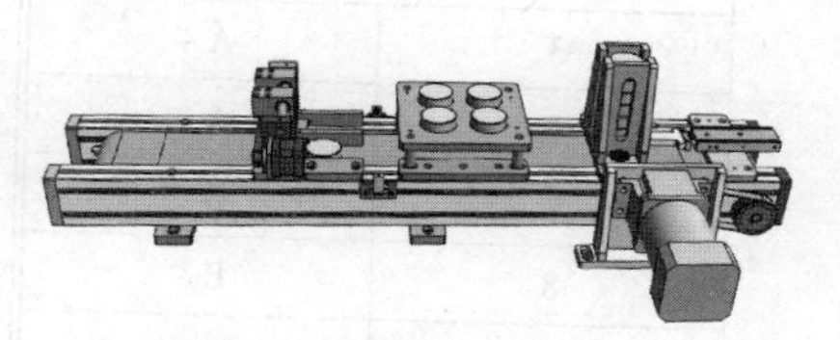
图 7-6　流水线模块示意图

在回零实验中仅仅用到二次定位机械手部分，需要对步进电动机进行回零。

3. 硬件接线

硬件平台接线包括 1 轴传感器与端子板的接线，伺服驱动器与伺服电动机、编码器的接线，光栅尺与端子板的接线，分表见表 7-1～表 7-4。

表 7-1　1 轴传感器与端子板的接线

模块	引脚	信号	模块	引脚	信号
Home 开关	1	+	端子板	1	OVCC
	2	–		3	OGND
	3	s		5	HOME0
正限位	1	+		1	OVCC
	2	–		3	OGND
	3	s		9	LIMT0 +
负限位	1	+		1	OVCC
	2	–		3	OGND
	3	s		10	LIMT0 –

表 7-2　伺服驱动器与伺服电动机的接线

模块	引脚	信号	模块	引脚	信号
伺服驱动器 U、V、W 接口	1	U	伺服电动机	1	U1
	2	V		2	V1
	3	W		3	W1
	4	PE		4	PE

表 7-3　伺服驱动器与编码器的接线

模块	引脚	信号	模块	引脚	信号
伺服驱动器 C2 接口	5	PS	编码器	5	PS
	6	PS –		6	PS –
	1	+5V		1	+5V
	2	0V		2	0V
	4	FG		4	FG

表 7-4　光栅尺与端子板的接线

模块	引脚	信号	模块	引脚	信号
光栅尺	1	5V	端子板	7	5V
	2	0V		20	0V
	3	A +		17	A +
	7	A −		4	A −
	4	B +		18	B +
	8	B −		5	B −
	5	R +		19	Z +
	6	R −		6	Z −
	外壳			外壳	

7.2.3　C + + 知识点

C + + 知识点及回零流程

1. if 语句

if 语句的作用：判断一个指定的条件是否为真，根据判断结果决定是否执行另外一条语句。if 语句包括两种形式：一种含有 else 分支，另一种没有。

if 语句的语法形式一如下：

```
if(条件)
    语句段
```

if else 语句形式二如下：

```
if(条件)
    语句段 1
else
    语句段 2
```

如果条件为真，执行语句段，当语句段执行完成后，程序继续执行 if 语句后面的其他语句。如果条件为假，跳过语句段，程序继续执行 if 语句后面的其他语句；对于 if else 语句来说，执行语句段 2。

例如：

```
if(gAxis < =3)
{
    if(gAxis = =3)
    {
        dir = -1;
    }
    //设置回零参数
    tHomePrm. mode =11;                  //采用 Home + 双限位模式
    tHomePrm. moveDir = -1 * dir;        //设置启动搜索零点时的运动方向为负方向
……
}
```

因为机械结构的缘故，1 轴和 2 轴负方向回零，3 轴需要正方向回零，所以，当 gAxis 等于3 时，将 dir 设为 -1，否则跳过。

2. 关系运算符

常用的关系运算符见表7-5，它用来比较运算对象的大小关系并返回布尔值，由于关系运算符的求值结果是布尔值，因此如果将几个关系运算符连写在一起容易发生错误。

表7-5　常用的关系运算符

运算符	功能	用法
<	小于	A < B
< =	小于或等于	A < = B
>	大于	A > B
> =	大于或等于	A > = B
= =	相等	A = = B
! =	不相等	A! = B

例如：

```
if(i<j<k)
```

if 语句的条件部分首先把 i、j 和第一个 < 组合在一起，其返回的布尔值再作为第二个 < 运算符的左侧运算对象，也就是说，k 比较的对象是第一次比较得到的那个或真或假的结果，若 k 大于 1 则结果始终为真。

再比如上面例子中的 gAxis = =3，表示 gAxis 与 3 相等。

3. 逻辑运算符

表7-6　逻辑运算符

运算符	功能	用法
!	逻辑非	! A
&&	逻辑与	A&&B
‖	逻辑或	A ‖ B

逻辑运算符见表7-6，它作用于任意能转换成布尔值的类型，返回值也为布尔值，值为 0 表示假，否则表示真。

逻辑非运算符（!）将运算对象的值取反后返回。对于逻辑与运算符（&&），当且仅当两个运算符对象都为真时结果为真；对于逻辑或运算符（‖），只要两个运算对象中的一个为真结果就为真。

对于逻辑与运算符来说，当且仅当左侧运算对象为真时才对右侧运算对象求值。

对于逻辑或运算符来说，当且仅当左侧运算对象为假时才对右侧运算对象求值。

例如，if（gAxis >0&&gAxis < =3）表示当 gAxis 大于 0 并且小于或等于 3 时条件成立，条件成立时执行 if 语句中的程序，当 gAxis 小于或等于 0 时直接判断结果为假，不会再对逻辑与运算符（&&）右侧对象进行求值。

4. do - while 循环语句

do - while 循环语句先执行循环体，再检查条件。不管条件的值如何，都至少执行一次循环。do - while 语句的语法形式如下所示：

```
do
    循环体
while(条件);
```

在 do 语句中，在判断条件之前先执行一次循环体，条件不能为空，如果条件的值为假，循环终止；否则，重复循环过程，条件中使用的变量必须定义在循环体之外。

例如：

```
do
{
    sRtn = GT_GetHomeStatus(gAxis, &tHomeSts);          //获取回零状态
} while (tHomeSts. run);                                 //等待搜索零点停止
```

首先执行一次获取零点状态的指令，然后判断是否正在回零，如果正在回零，则重复执行循环体中获取零点状态指令，如果已经停止运动，则结束循环。

7.2.4 程序流程图

设备回零的程序流程图如图 7-7 所示。

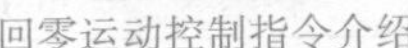

回零运动控制指令介绍

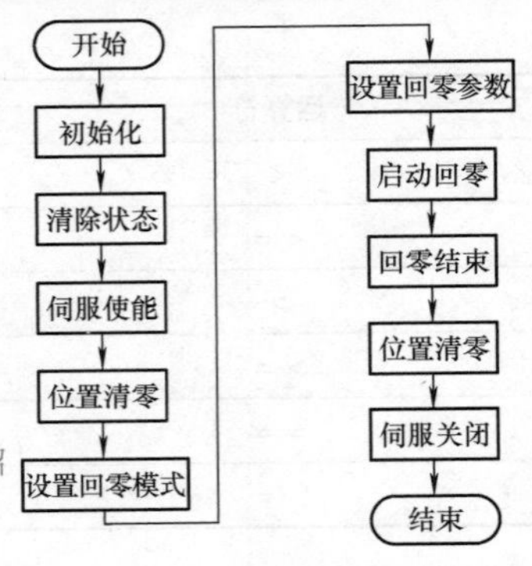

图 7-7 设备回零的程序流程图

7.2.5 指令列表

回零运动需要使用的指令及说明见表 7-7。

表 7-7 回零运动相关指令及说明

指令	说明
GT_GoHome	启动 Smart Home 实现各种方式回零
GT_GetHomePrm	读取设置到控制器的 Smart Home 回零参数
GT_GetHomeStatus	获取 Smart Home 回零的状态

1. GT_GoHome

启动 Smart Home 实现各种方式回零的指令 GT_GoHome 说明见表 7-8。

表 7-8 GT_GoHome 指令说明

指令原型	short GT_GoHome (short axis, THomePrm * pHomePrm)
指令说明	启动 Smart Home 实现各种方式回零
指令类型	立即指令，调用后立即生效

指令参数	该指令共有两个参数：
	1) axis，进行回零的轴号，对于 4 轴控制卡，取值范围为 [1, 4]，对于 8 轴控制卡，取值范围为 [1, 8]
	2) pHomePrm，设置 Smart Home 回零的参数，该参数为一结构体，详细参数定义及说明请参照结构体 THomePrm
	typedef struct
	{
	short mode; //回零模式
	short moveDir; //设置启动搜索零点时的运动方向（如果回零运动包含搜索 Limit，则为搜索 Limit 的运动方向）：-1 表示负方向，1 表示正方向
	short indexDir; //设置搜索 Index 的运动方向：-1 表示负方向，1 表示正方向，在限位 + Index 回零模式下 moveDir 与 indexDir 应该相异
	short edge; //设置捕获沿：0 表示下降沿，1 表示上升沿
	short triggerIndex; //默认与回零轴号一致，不需要设置
	short pad1 [3]; //保留，其中 pad1 [0] 表示捕获到 Home 后运动到最终位置（捕获位置 + homeOffset）所使用的速度，0 或其他值表示使用 velLow（默认），1 表示使用 velHigh

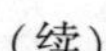

（续）

指令参数	double velHigh；//回零运动的高速速度（单位为脉冲/ms） double velLow；//回零运动的低速速度（单位为脉冲/ms） double acc；//回零运动的加速度（单位为脉冲/ms^2） double dec；//回零运动的减速度（单位为脉冲/ms^2） short smoothTime；//回零运动的平滑时间：取值［0，50］，单位为 ms，具体含义与 GTS 系列控制器点位运动相似 short pad2［3］；//pad2［1］表示在电动机启动回零时是否检测机械处于限位或零点位置，0 或其他值表示不检测（默认），1 表示检测。如果不启用检测，则当机械刚好处于限位或零点位置时将无法回零；如果启用检测，则当机械处于限位或零点时电动机会先按照 escapeStep 参数设置的回退距离进行回退，再根据具体回零模式进行回零，因此如果启用检测功能，那么 escapeStep 的值不能为 0，否则无法执行回退动作。对于压到限位或零点的电平判断：控制器默认高电平触发，即限位或零点处于高电平状态则控制器认为当前压在限位或零点上面，若用户的限位开关或零点开关不是此种模式接法，可以通过控制器配置里面的 Di 选择项选择限位或零点并设置其中的“输入反转”为“取反”。 long homeOffset；//最终停止的位置相对于零点的偏移量 long searchHomeDistance；//设定的搜索 Home 的搜索范围，0 表示搜索距离为 805306368 long searchIndexDistance；//设定的搜索 Index 的搜索范围，0 表示搜索距离为 805306368 long escapeStep；//采用“限位回零”方式时，反方向离开 long pad3［2］；//保留（不需要设置） ｝THomePrm； 回零模式宏定义： HOME_MODE_LIMIT　（10）：限位回零 HOME_MODE_LIMIT_HOME　（11）：限位 + Home 回零 HOME_MODE_LIMIT_INDEX　（12）：限位 + Index 回零 HOME_MODE_LIMIT_HOME_INDEX　（13）：限位 + Home + Index 回零 HOME_MODE_HOME　（20）：Home 回零 HOME_MODE_HOME_INDEX　（22）：Home + Index 回零 HOME_MODE_INDEX　（30）：Index 回零 HOME_MODE_FORCED_HOME　（40）：强制 Home 回零 HOME_MODE_FORCED_HOME_INDEX　（41）：强制 Home + Index 回零
指令返回值	请查阅指令返回值列表

2. GT_GetHomePrm

读取设置到控制器的 Smart Home 回零参数的指令 GT_GetHomePrm 说明见表 7-9。

表 7-9　GT_GetHomePrm 指令说明

指令原型	short GT_GetHomePrm（short axis，THomePrm * pHomePrm）
指令说明	读取设置到控制器的 Smart Home 回零参数
指令类型	立即指令，调用后立即生效
指令参数	该指令共有两个参数： 1）axis，进行回零的轴号，对于 4 轴控制卡，取值范围为［1，4］，对于 8 轴控制卡，取值范围为［1，8］ 2）pHomePrm，设置 Smart Home 回零的参数，该参数为一结构体，详细参数定义及说明请参照结构体 THomePrm
指令返回值	请查阅指令返回值列表

3. GT_GetHomeStatus

获取 SmartHome 回零的状态的指令 GT_GetHomeStatus 说明见表 7-10。

表 7-10 GT_GetHomeStatus 指令说明

<table>
<tr><td>指令原型</td><td>short GT_GetHomeStatus（short axis，THomeStatus * pHomeStatus）</td></tr>
<tr><td>指令说明</td><td>获取 Smart Home 回零的状态</td></tr>
<tr><td>指令类型</td><td>立即指令，调用后立即生效</td></tr>
<tr><td>指令参数</td><td>该指令共有两个参数：
1）axis，进行回零的轴号，对于 4 轴控制卡，取值范围为［1，4］，对于 8 轴控制卡，取值范围为［1，8］
2）pHomeStatus，获取 Smart Home 回零的状态参数，该参数为一结构体，详细参数定义及说明请参照结构体 THomeStatus
typedef struct
{
short run；//正在进行回零，0 表示已停止运动，1 表示正在回零
short stage；//回零运动的阶段
short error；//回零过程发生的错误
short pad1；//保留（无具体含义）
1ong capturePos；//捕获到 Home 或 Index 时刻的编码器位置
1ong targetPos；//需要运动到的目标位置（零点位置或者零点位置 + 偏移量），在搜索 Limit 时或者搜索 Home 或 Index 时，设置的搜索距离为 0，那么该值显示为 805306368
} THomeStatus

回零运动的阶段宏定义：
HOME_STAGE_IDLE （0）：未启动 Smart Home 回零
HOME_STAGE_START （1）：启动 Smart Home 回零
HOME_STAGE_ON_HOME_LIMTT_ESCAPE （2）：正在从零点或限位上回退
HOME_STAGE_SEARCH_LIMIT （10）：正在寻找限位
HOME_STAGE_SEARCH_LIMIT_STOP （11）：触发限位停止
HOME_STAGE_SEARCH_LIMIT_ESCAPE （13）：反方向运动脱离限位
HOME_STAGE_SEARCH_LIMIT_RETURN （15）：重新回到限位
HOME_STAGE_SEARCH_LIMIT_RETURN_STOP （16）：重新回到限位停止
HOME_STAGE_SEARCH_HOME （20）：正在搜索 Home
HOME_STAGE_SEARCH_HOME_STOP （22）：HOME_MODE_FORCED_HOME 和 HOME_MODE_FORCED_HOME_INDEX 模式下，搜索 Home 过程中遇到限位停止，准备反向搜索
HOME_STAGE_SEARCH_HOME_RETURN （25）：搜索到 Home 后运动到捕获的 Home 位置
HOME_STAGE_SEARCH_INDEX （30）：正在搜索 Index
HOME_STAGE_GO_HOME （80）：正在执行回零过程
HOME_STAGE_END （100）：回零结束

回零过程发生的错误宏定义：
HOME_ERROR_NONE （0）：未发生错误
HOME_ERROR_NOT_TRAP_MODE （1）：执行 Smart Home 回零的轴不是处于点位运动模式
HOME_ERROR_DISABLE （2）：执行 Smart Home 回零的轴未使能
HOME_ERROR_ALARM （3）：执行 Smart Home 回零的轴驱动报警
HOME_ERROR_STOP （4）：未完成回零，轴停止运动（例如搜索距离太短）
HOME_ERROR_STAGE （5）：回零阶段错误
HOME_ERROR_HOME_MODE （6）：模式错误（例如，轴已经启动 Smart Home，再重复调用回零指令，则报错）</td></tr>
</table>

（续）

指令参数	HOME_ERROR_SET_CAPTURE_HOME （7）：设置 Home 捕获模式失败 HOME_ERROR_NO_HOME （8）：未找到 Home HOME_ERROR_SET_CAPTURE_INDEX （9）：设置 Index 捕获模式失败 HOME _ERROR_NO_INDEX （10）：未找到 Index
指令返回值	请查阅指令返回值列表

7.3 项目实施

1. 硬件连接

将运动控制卡、个人计算机、端子板、驱动器、单轴模组正确连接。

单轴回零运动编程

2. 配置驱动器和运动控制器

设置驱动器参数，对运动控制器进行配置，并保存配置文件，参考项目5和初级教材。

3. 新建 MFC 项目

在 Visual Studio 中新建项目工程，参考项目5。

4. 调用库及配置文件

将工程中需要使用的动态链接库、头文件、库文件以及控制器配置文件复制到项目的源文件目录下，参考项目5。

5. 添加库文件

在项目→属性→链接器→输入→附加依赖项中添加 gts. lib 库文件；添加库文件的另一种方法是，在程序中使用#pragma comment（lib，" gts. lib"）。参考项目5。

6. 添加头文件

将代码中需要使用的指令的头文件包含到程序中，参考项目5。

7. 设计界面

根据需要设计程序界面（图7-8），并修改控件属性，参考项目5。

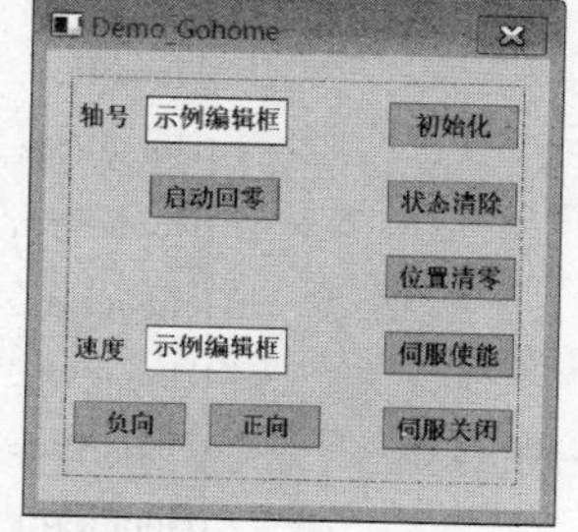

图7-8 回零界面设计

8. 代码实现

1）在本项目中，初始化、状态清除、位置清零、伺服使能、伺服关闭、Jog 运动、获取轴号这些函数的实现代码都与项目5是一样的，此处不再重复说明。可以参考项目5中的代码实现部分。

说明一点，回零实验中使用 Jog 运动是为了方便移动电动机轴，所以这里只开放了速度接口，其他运动参数在代码中写好。

2）启动回零程序。修改“启动回零”按钮的处理函数名称，进入该按钮的代码编辑界面，此函数只需要调用获取轴号函数和回零函数，代码如下：

```
void CDemo_GohomeDlg::GoHomeAxis()
    {
        //TODO:在此添加控件通知处理程序代码
        short axis = GetAxis();
        axisHomeMotion(axis);
    }
```

3）回零程序。在代码编辑界面添加一个回零函数，在此函数中实现回零运动的回零方式、回零参数设置，将此函数在与当前文件同名的 . h 头文件（Demo_GohomeDlg. h）中声明，代码如下：

```
void CDemo_GohomeDlg::axisHomeMotion(short gAxis)
{
    short sRtn;                                      //返回值变量
    short dir = 1;                                   //回零方向
    THomeStatus tHomeSts;                            //回零状态结构体变量
    sRtn = GT_AxisOn(gAxis);                         //当前轴使能
    sRtn = GT_ZeroPos(gAxis);                        //回零前,先把规划位置和实际位置清零,防止
                                                     //规划位置和实际位置不一致造成回零不准确
    THomePrm tHomePrm;                               //回零参数结构体变量
    sRtn = GT_GetHomePrm(gAxis, &tHomePrm);          //读取控制器中 Smart Home 回零参数
    if(gAxis > 0 &&gAxis < = 3)                      //1 到 3 轴时回零参数设置
    {
        if(gAxis = = 3)                              //3 轴回零时,回零方向取反
        {
            dir = -1;
        }
        //设置回零参数
        tHomePrm.mode = 11;                          //采用 Home + 双限位模式
        tHomePrm.moveDir = -1 * dir;                 //设置启动搜索零点时的运动方向为负方向
        tHomePrm.edge = 0;                           //设置捕获沿
        tHomePrm.pad1[0] = 0;                        //设置捕获到 Home 信号后运动到最终位置时使
                                                     //用 velLow
        tHomePrm.velHigh = 30;                       //回零运动的高速速度(单位为脉冲/ms)
        tHomePrm.velLow = 20;                        //回零运动的低速速度(单位为脉冲/ms)
        tHomePrm.acc = 0.25;                         //回零运动的加速度(单位为脉冲/ms²)
        tHomePrm.dec = 0.25;                         //回零运动的减速度(单位为脉冲/ms²)
        tHomePrm.smoothTime = 25;                    //回零运动的平滑时间,取值[0,50],单位为 ms
        tHomePrm.pad2[0] = 1;                        //检测机械处于限位或零点
        tHomePrm.pad2[1] = 1;                        //检测机械处于限位或零点
        tHomePrm.pad2[2] = 1;                        //检测机械处于限位或零点
        tHomePrm.homeOffset = -10000 * dir;          //最终停止的位置相对于零点的偏移量
        tHomePrm.searchHomeDistance = 0;             //设置搜索 Home 信号的搜索范围为最大范围
        tHomePrm.escapeStep = 2000;                  //如果在限位上回退 2000 脉冲
        sRtn = GT_GoHome(gAxis, &tHomePrm);          //启动回零
    }
    if (gAxis = =4)
    {
        //设置回零参数
        tHomePrm.mode = 10;                          //采用限位回零模式
        tHomePrm.moveDir = 1;                        //设置启动搜索零点时的运动方向为负方向
        tHomePrm.edge = 0;                           //设置捕获沿
```

```
        tHomePrm. pad1[0] =0;                    //设置捕获到 Home 信号后运动到最终位
                                                 //置时使用 velLow
        tHomePrm. velHigh =2;                    //回零运动的高速速度(单位为脉冲/ms)
        tHomePrm. velLow =1;                     //回零运动的低速速度(单位为脉冲/ms)
        tHomePrm. acc =0.1;                      //回零运动的加速度(单位为脉冲/ms²)
        tHomePrm. dec =0.1;                      //回零运动的减速度(单位为脉冲/ms²)
        tHomePrm. smoothTime =10;                //回零运动的平滑时间,取值[0,50],单位
                                                 //为 ms
        tHomePrm. pad2[0] =1;                    //检测机械处于限位或零点
        tHomePrm. pad2[1] =1;                    //检测机械处于限位或零点
        tHomePrm. pad2[2] =1;                    //检测机械处于限位或零点
        tHomePrm. homeOffset = -2000;            //最终停止的位置相对于零点的偏移量
        tHomePrm. escapeStep =500;               //如果在限位上回退 500 脉冲
        sRtn =GT_GoHome(gAxis, &tHomePrm);       //启动回零
    }
    do
    {
        sRtn =GT_GetHomeStatus(gAxis, &tHomeSts); //读取 Smart Home 运动状态
    }while(tHomeSts. run);                       //当回零动作结束时,结束循环
    sRtn =GT_ZeroPos(gAxis);                     //回零完成,Smart Home 不会自动清零位
                                                 //置,需要把当前位置清零来确定零点
    sRtn =GT_ClrSts(1,4);                        //清除 1 到 4 轴驱动报警和限位异常
}
```

在启动回零前和回零完成后都要进行位置清零。回零前，把规划位置和实际位置清零，防止规划位置和实际位置不一致造成回零不准确。回零完成后，由于 Smart Home 不会自动清零位置，所以需要手动清零，让软件记录的零点和机械零点一致。

9. 程序调试

检查代码无误后，生成解决方案，对代码进行调试，如图 7-9 所示。

图 7-9　代码调试界面

在 *X*、*Y*、*Z* 轴模组中对 *X* 轴、*Y* 轴进行回零时，需要注意 *Z* 轴上的吸盘和安装板是否会和物料板发生碰撞，应在回零前先手动将 *Z* 轴电动机移动到安全位置。

项目 8

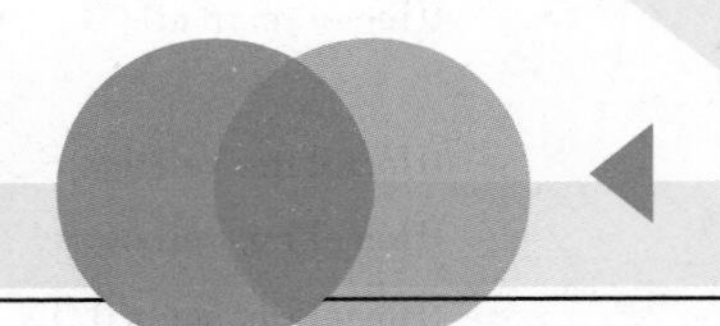

单轴变速运动

8.1 项目引入

在实际应用中，对例如模切机切割工件时，在不同的位置段或时间段内电动机的转速需求不同，以达到切割效率高、切刀使用寿命长的效果，因此需要控制电动机在不同的时间段和位置段内有不同的规划速度，其他运动模式难以实现该要求，此时可以使用 PT 运动模式，通过一系列位置和时间数据点逐段规划电动机速度。

设计一个 PT 运动控制电动机运动的程序及界面，如图 8-1 所示，需要具有以下功能：

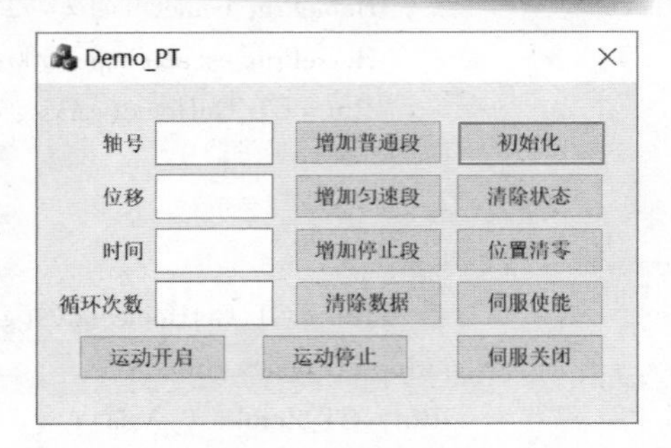

图 8-1　PT 运动控制电动机运动界面

1）通过界面按钮实现运动控制卡初始化、状态清除、电动机轴伺服使能与关闭。

2）通过界面选择轴号，设置位移、时间，根据运动轨迹规划，单击“增加普通段”“增加匀速段”“增加停止段”三个按钮中的某一个或多个按钮实现数据添加。

PT 运动和硬件介绍

3）单击“运动开启”按钮，电动机轴按照写入数据列表中的运动参数进行运动。

8.2 相关知识

8.2.1 PT 运动介绍

PT 模式使用一系列“位置、时间”数据点描述速度规划，用户需要将速度曲线分割成若干段，如图 8-2 所示。

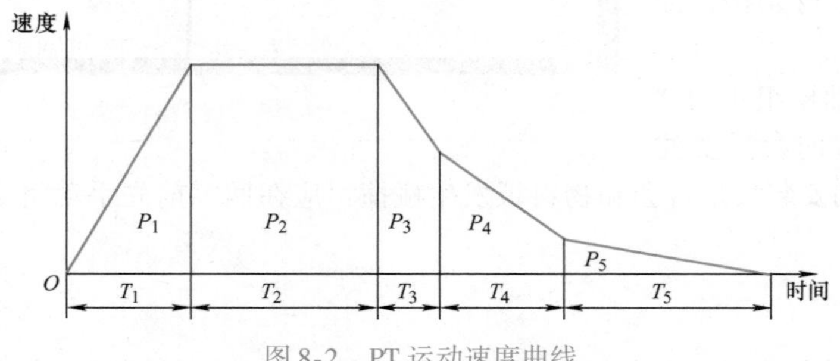

图 8-2　PT 运动速度曲线

整个速度曲线被分割成5段，第1段起点速度为0，经过时间 T_1 的运动位移为 P_1，因此第1段的终点速度 $v_1=\frac{2P_1}{T_1}$；第2段起点速度为 v_1，经过时间 T_2 的运动位移为 P_2，因此第2段的终点速度 $v_2=\frac{2P_2}{T_2}-v_1$；第3、4、5段依此类推。PT模式的数据段要求用户输入每段所需时间和位置点。

PT模式在实现任意速度规划方面非常具有优势。用户将任意的速度规划曲线分割为足够密的小段，用户只需要给出每段所需时间和位置点，运动控制器会计算段内各点的速度，生成一条连续的速度曲线。为了得到光滑的速度曲线，可以增加速度曲线的分割段数。

注意：在描述一次完整的PT运动时，第1段的起点位置和时间被假定为0。压入控制器的数据为位置点，即相对于第1段的起点的绝对值，而不是每段位移长度。位置的单位是脉冲(pulse)，时间单位是毫秒（ms）。

PT模式的数据段有以下三种类型：

1）PT_SEGMENT_ NORMAL表示普通段，FIFO（先进先出存储器）中第1段的起点速度为0，从第2段起每段的起点速度等于上一段的终点速度。

2）PT_SEGMENT_ EVEN表示匀速段，FIFO中各段的段内速度保持不变，段内速度=段内位移/段内时间，匀速段类型如图8-3所示。

3）PT_ SEGMENT_ STOP表示停止段，该段的终点速度为0，起点速度根据段内位移和段内时间计算得到，与上一段的终点速度无关，停止段类型如图8-4所示。

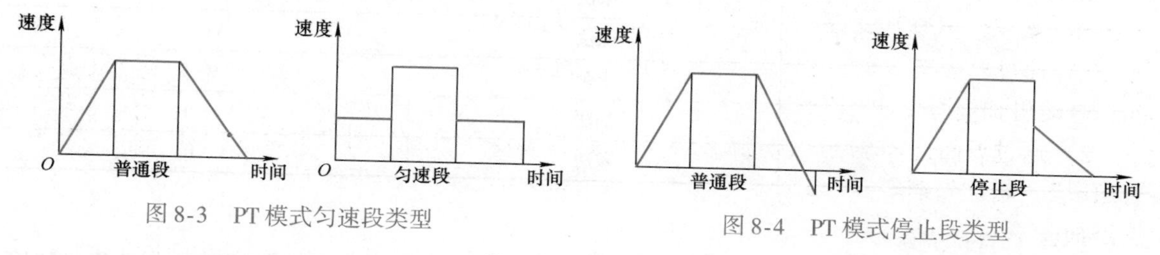

图8-3　PT模式匀速段类型

图8-4　PT模式停止段类型

注意：假如数据段为匀速段或者停止段，如果段内速度与上一段的终点速度不一致，会出现速度突变。

8.2.2　硬件介绍

1. 运动平台介绍

单轴电动机调试模块示意图如图8-5所示，由 X、Y、Z 轴模块拆卸可得，主要由安川Σ-7交流伺服电动机、单轴模组、光栅尺、铝标尺、指针和底板等结构组成。

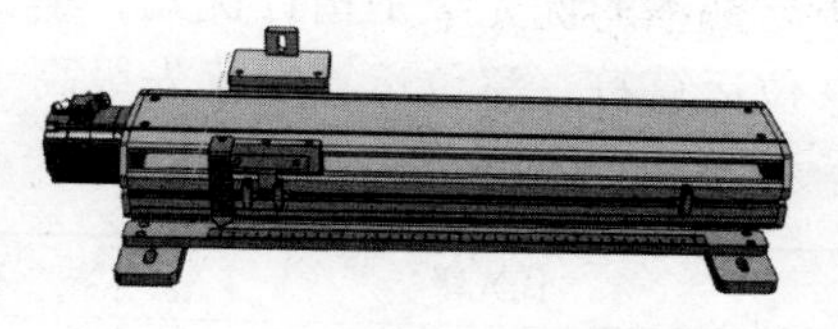
图8-5　单轴电动机调试模块示意图

2. 硬件接线

硬件平台接线包括伺服驱动器与伺服电动机、编码器的接线，分别见表8-1和表8-2。

表8-1　伺服驱动器与伺服电动机的接线

模块	引脚	信号	模块	引脚	信号
伺服驱动器U、V、W接口	1	U	伺服电动机	1	U1
	2	V		2	V1
	3	W		3	W1
	4	PE		4	PE

表 8-2　伺服驱动器与编码器的接线

模块	引脚	信号	模块	引脚	信号
伺服驱动器 C2 接口	5	PS	编码器	5	PS
	6	PS－		6	PS－
	1	+5V		1	+5V
	2	0V		2	0V
	4	FG		4	FG

8.2.3　C++知识点

C++知识点及程序流程

1. 算术运算符

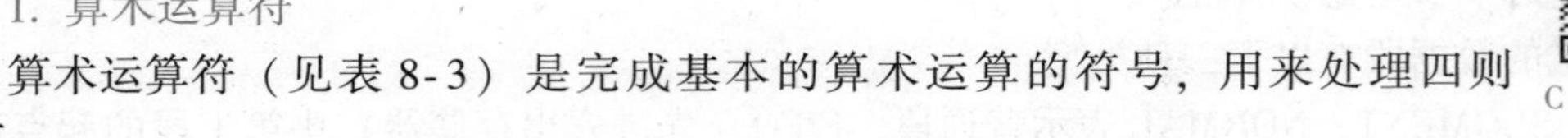
算术运算符（见表 8-3）是完成基本的算术运算的符号，用来处理四则运算。

表 8-3　算术运算符

运算符	功能	用法
+	一元正号	+A
−	一元负号	−A
*	乘法	A * B
/	除法	A/B
%	求余	A % B
+	加法	A + B
−	减法	A − B

2. 运算符优先级

每种同类型的运算符都有内部的运算符优先级，不同类型的运算符之间也有相应的优先级顺序。一个表达式中既可以包括相同类型的运算符，也可以包括不同类型的运算符或者函数。当多种运算符出现在同一个表达式中时，应该按照不同类型运算符间的优先级进行运算。

基本的优先级是指针优先，单目运算符优先于双目运算符，如正负号；算术运算符优先于移位运算符，移位运算符优先级高于位运算符；逻辑运算符优先级最低，见表 8-4。

表 8-4　运算符优先级

优先级	运算符	结合性
1	( ) [ ]	从左到右
2	! +（正） −（负） ~ ++ −−	从右到左
3	* / %	从左到右
4	+（加） −（减）	从左到右
5	<< >>	从左到右
6	< > <= >=	从左到右
7	== !=	从左到右

（续）

优先级	运算符	结合性
8	&	从左到右
9	^	从左到右
10	|	从左到右
11	&&	从左到右
12	||	从左到右
13	?:	从左到右
14	=　+=　-=　*=　/=　%= &=　|=　^=　~=　<<=　>>=	从右到左
15	,	从左到右

3. 进制介绍

short GT_Stop（long mask，long option）函数中的参数 mask 和 option 分别表示按位指示需要停止运动的轴号或者坐标系号和按位指示停止方式。

对于 8 轴控制器，bit 对应轴或坐标系见表 8-5。

表 8-5　bit 对应轴或坐标系

bit	9	8	7	6	5	4	3	2	1	0
对应轴或坐标系	坐标系 2	坐标系 1	8 轴	7 轴	6 轴	5 轴	4 轴	3 轴	2 轴	1 轴

以下为停止轴运动的示例代码：

```
void CDemo_PTDlg::OnBnClickedButtonStop()
{
    //TODO:在此添加控件通知处理程序代码
    short axis = getAxis();                              //轴号
    GT_Stop(1 << (axis - 1), 1 << (axis - 1));           //停止当前轴运动
}
```

axis 表示轴号，1<<（axis-1）表示将 1 左移（axis-1）位。假设 axis 为 3，表示运动轴为 3 轴，1<<（3-1），即将 0000000001 中的 1 向左移 2 位，变为 0000000100，对应表 8-5 可知 3 轴停止运动。

8.2.4　程序流程图

PT 运动的程序流程图如图 8-6 所示。

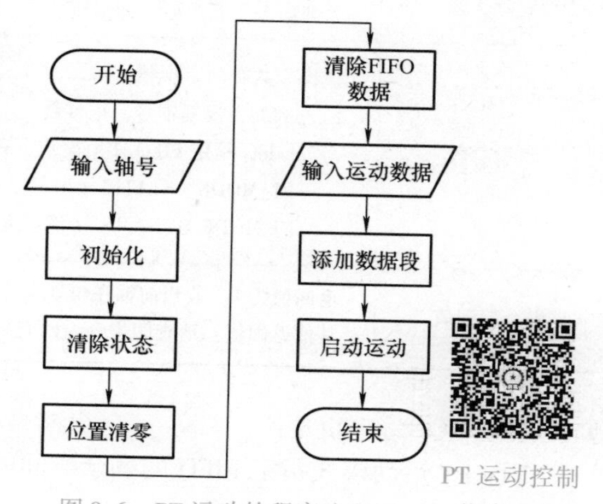

图 8-6　PT 运动的程序流程图

PT 运动控制指令介绍

8.2.5　指令列表

PT 运动需要使用的指令及说明见表 8-6。

表 8-6　PT 运动相关指令及说明

指令	说明
GT_PrfPt	设置指定轴为 PT 运动模式
GT_PtSpace	查询 PT 运动模式指定 FIFO 的剩余空间
GT_PtData	向 PT 运动模式指定 FIFO 增加数据
GT_PtClear	清除 PT 运动模式指定 FIFO 中的数据 运动状态下该指令无效 动态模式下该指令无效
GT_SetPtLoop	设置 PT 运动模式循环执行的次数 动态模式下该指令无效
GT_GetPtLoop	查询 PT 运动模式循环执行的次数 动态模式下该指令无效
GT_PtStart	启动 PT 运动
GT_SetPtMemory	设置 PT 运动模式的缓存区大小
GT_GetPtMemory	读取 PT 运动模式的缓存区大小
GT_PtDataWN	向 PT 运动模式指定 FIFO 增加数据，可包含段号
GT_PtGetSegNum	获取当前 PT 运动的段号
GT_SetPtLink	设置 PT 运动模式下缓冲区 I/O、DAC 的关联缓冲区
GT_GetPtLink	读取 PT 运动模式下缓冲区 I/O、DAC 的关联缓冲区
GT_PtDoBit	在 PT 运动数据段中添加缓冲区 I/O

1. GT_PrfPt 指令

设置指定轴为 PT 运动模式的指令 GT_PrfPt 说明见表 8-7。

表 8-7　GT_PrfPt 指令说明

指令原型	short GT_PrfPt（short profile，short mode = PT_MODE_STATIC）
指令说明	设置指定轴为 PT 运动模式
指令类型	立即指令，调用后立即生效
指令参数	该指令共有两个参数： 1） profile，规划轴号，正整数 2） mode，指定 FIFO 使用模式，有以下两种模式： PT_MODE_ STATIC （该宏定义为 0） 静态模式，默认为该模式 PT MODE DYNAMIC （该宏定义为 1） 动态模式
指令返回值	返回值为 1：若当前轴在规划运动，请调用 GT_Stop 停止运动再调用该指令 其他返回值：请查阅指令返回值列表

2. GT_PtSpace 指令

查询 PT 运动模式指定 FIFO 的剩余空间的指令 GT_PtSpace 说明见表 8-8。

表 8-8 GT_PtSpace 指令说明

指令原型	short GT_PtSpace (short profile, short * pSpace, short fifo = 0)
指令说明	查询 PT 运动模式指定 FIFO 的剩余空间
指令类型	立即指令，调用后立即生效
指令参数	该指令共有 3 个参数： 1）profile，规划轴号，正整数 2）pSpace，读取 PT 指定 FIFO 的剩余空间 3）fifo，指定所要查询的 FIFO，取值为 0、1 两个值，默认为 0，动态模式下该参数无效
指令返回值	返回值为 1：请检查当前轴是否为 PT 模式，若不是，请先调用 GT_PrfPt 将当前轴设置为 PT 模式 其他返回值：请查阅指令返回值列表

3. GT_PtData 指令

向 PT 运动模式指定 FIFO 增加数据的指令 GT_PtData 说明见表 8-9。

表 8-9 GT_PtData 指令说明

指令原型	short GT_PtData (short profile, double pos, long time, short type, short fifo = 0)
指令说明	向 PT 运动模式指定 FIFO 增加数据
指令类型	立即指令，调用后立即生效
指令参数	该指令共有 5 个参数： 1）profile，规划轴号，正整数，取值范围与控制轴数相同 2）pos，段末位置，单位为脉冲 3）time，段末时间，单位为 ms 4）type，数据段类型，有以下 3 种类型： PT_SEGMENT_NORMAL（该宏定义为 0）普通段，默认为该类型 PT_SEGMENT_EVEN（该宏定义为 1）匀速段 PT_SEGMENT_STOP（该宏定义为 2）减速到 0 段 5）fifo，指定所要查询的 FIFO，取值为 0、1 两个值，默认为 0，动态模式下该参数无效
指令返回值	返回值为 1：请检查 Space 是否小于 0，若是，则等待 Space 大于 0；请检查当前轴是否为 PT 模式，若不是，请先调用 GT_PrfPt 将当前轴设置为 PT 模式 其他返回值：请查阅指令返回值列表

4. GT_PtClear 指令

清除 PT 运动模式指定 FIFO 中的数据的指令 GT_PtClear 说明见表 8-10。

表 8-10 GT_PtClear 指令说明

指令原型	short GT_PtClear (short profile, short fifo)
指令说明	清除 PT 运动模式指定 FIFO 中的数据。运动状态下该指令无效。动态模式下该指令无效
指令类型	立即指令，调用后立即生效
指令参数	该指令共有两个参数： 1）profile，规划轴号，正整数取值范围与控制轴数相同 2）fifo，指定所要查询的 FIFO，取值为 0、1 两个值，默认为 0，动态模式下该参数无效
指令返回值	返回值为 1：静态模式下，检查要清除的 FIFO 是否正在使用、正在运动；动态模式下，不能在运动时清 FIFO；请检查当前轴是否为 PT 模式，若不是，请先调用 GT_PrfPt 将当前轴设置为 PT 模式 其他返回值：请查阅指令返回值列表

5. GT_SetPtLoop 指令

设置 PT 运动模式循环执行的次数的指令 GT_SetPtLoop 说明见表 8-11。

表 8-11 GT_SetPtLoop 指令说明

指令原型	short GT_SetPtLoop（short profile，long loop）
指令说明	设置 PT 运动模式循环执行的次数，动态模式下该指令无效
指令类型	立即指令，调用后立即生效
指令参数	该指令共有两个参数： 1）profile，规划轴号，正整数取值范围与控制轴数相同 2）loop，指定 PT 模式循环执行的次数，取值范围：非负整数。如果需要无限循环，设置为 0。动态模式下该参数无效
指令返回值	返回值为 1：请检查当前轴是否为 PT 模式，若不是，请先调用 GT_PrfPt 将当前轴设置为 PT 模式 其他返回值：请查阅指令返回值列表

6. GT_GetPtLoop 指令

查询 PT 运动模式循环执行的次数的指令 GT_GetPtLoop 说明见表 8-12。

表 8-12 GT_GetPtLoop 指令说明

指令原型	short GT_GetPtLoop（short profile，long * pLoop）
指令说明	查询 PT 运动模式循环执行的次数。动态模式下该指令无效
指令类型	立即指令，调用后立即生效
指令参数	该指令共有两个参数： 1）profile，规划轴号，正整数，取值范围与控制轴数相同 2）pLoop，查询 PT 模式循环已经执行完成的次数，动态模式下该参数无效
指令返回值	返回值为 1：请检查当前轴是否为 PT 模式，若不是，请先调用 GT_PrfPt 将当前轴设置为 PT 模式 其他返回值：请查阅指令返回值列表

7. GT_PtStart 指令

启动 PT 运动的指令 GT_PtStart 说明见表 8-13。

表 8-13 GT_PtStart 指令说明

<table>
<tr><td>指令原型</td><td>short GT_PtStart（long mask，long option）</td></tr>
<tr><td>指令说明</td><td>启动 PT 运动</td></tr>
<tr><td>指令类型</td><td>立即指令，调用后立即生效</td></tr>
<tr><td>指令参数</td><td>该指令共有两个参数：
1）mask，按位指示需要启动 PT 运动的轴号。当 bit 为 1 时表示启动对应的轴
对于 4 轴控制器：
<table>
<tr><td>bit</td><td>3</td><td>2</td><td>1</td><td>0</td></tr>
<tr><td>对应轴</td><td>4 轴</td><td>3 轴</td><td>2 轴</td><td>1 轴</td></tr>
</table>
对于 8 轴控制器：
<table>
<tr><td>bit</td><td>7</td><td>6</td><td>5</td><td>4</td><td>3</td><td>2</td><td>1</td><td>0</td></tr>
<tr><td>对应轴</td><td>8 轴</td><td>7 轴</td><td>6 轴</td><td>5 轴</td><td>4 轴</td><td>3 轴</td><td>2 轴</td><td>1 轴</td></tr>
</table>
2）option，按位指示所使用的 FIFO，默认为 0</td></tr>
</table>

（续）

<table>
<tr><td>指令参数</td><td>对于 4 轴控制器：<table><tr><td>bit</td><td>3</td><td>2</td><td>1</td><td>0</td></tr><tr><td>对应轴</td><td>4 轴</td><td>3 轴</td><td>2 轴</td><td>1 轴</td></tr></table>对于 8 轴控制器：<table><tr><td>bit</td><td>7</td><td>6</td><td>5</td><td>4</td><td>3</td><td>2</td><td>1</td><td>0</td></tr><tr><td>对应轴</td><td>8 轴</td><td>7 轴</td><td>6 轴</td><td>5 轴</td><td>4 轴</td><td>3 轴</td><td>2 轴</td><td>1 轴</td></tr></table>当 bit 为 0 时表示对应的轴使用 FIFO1（即 fifo =0）；
当 bit 为 1 时表示对应的轴使用 FIFO2（即 fifo =1）。动态模式下该参数无效</td></tr>
<tr><td>指令返回值</td><td>返回值为 1：请检查相应轴的 FIFO 是否有数据，若没有，请先压入数据
其他返回值：请查阅指令返回值列表</td></tr>
</table>

8. GT_SetPtMemory 指令

查询 PT 运动模式的缓存区（FIFO）大小的指令 GT_SetPtMemory 说明见表 8-14。

表 8-14 GT_SetPtMemory 指令说明

指令原型	short GT_SetPtMemory（short profile，short memory）
指令说明	查询 PT 运动模式的缓存区（FIFO）大小
指令类型	立即指令，调用后立即生效
指令参数	该指令共有两个参数： 1）profile，规划轴号，正整数，取值范围与控制轴数相同 2）memory，PT 运动缓存区大小标志：0 表示每个 PT 运动缓存区有 32 段空间；1 表示每个 PT 运动缓存区有 1024 段空间
指令返回值	返回值为 1：若当前轴在规划运动，请先调用 GT_ Stop 停止运动再调用该指令；请先检查当前轴是否为 PT 模式，若不是，请先调用 GT_PrfPt 将当前设置为 PT 模式 其他返回值：请查阅指令返回值列表

9. GT_GetPtMemory 指令

读取 PT 运动模式缓存区大小的指令 GT_GetPtMemory 说明见表 8-15。

表 8-15 GT_GetPtMemory 指令说明

指令原型	short GT_GetPtMemory（short profile，short * pMemory）
指令说明	读取 PT 运动模式缓存区大小
指令类型	立即指令，调用后立即生效
指令参数	该指令共有两个参数： 1）profile，规划轴号，正整数，取值范围与控制轴数相同 2）pMemory，读取 PT 运动缓存区大小标志
指令返回值	返回值为 1：请检查当前轴是否为 PT 模式，若不是，请先调用 GT_PrfPt 将当前轴设置为 PT 模式 其他返回值：请查阅指令返回值列表

10. GT_PtDataWN 指令

向 PT 运动模式指定 FIFO 增加数据的指令 GT_PtDataWN 说明见表 8-16。

表 8-16　GT_PtDataWN 指令说明

指令原型	short GT_PtDataWN（short profile，double pos，long time，short type，long segNum，short fifo = 0）
指令说明	向 PT 运动模式指定 FIFO 增加数据
指令类型	立即指令，调用后立即生效
指令参数	该指令共有 6 个参数： 1）profile，规划轴号，正整数，取值范围与控制轴数相同 2）pos，段末位置，单位为脉冲 3）time，段末时间，单位为 ms 4）type，数据段类型，共有以下 3 种数据段类型： PT_SEGMENT_NORMAL（该宏定义为 0）普通段，默认为该类型 PT_SEGMENT_EVEN（该宏定义为 1）匀速段 PT_SEGMENT_STOP（该宏定义为 2）减速到 0 段 5）segNum，当前压入的 PT 段的段号 6）fifo，指定所要查询的 FIFO，取值为 0、1 两个值，默认为 0，动态模式下该参数无效
指令返回值	返回值为 1：请检查 Space 是否小于 0，若是，则等待 Space 大于 0；请检查当前轴是否为 PT 模式，若不是，请先调用 GT_ PrfPt 将当前轴设置为 PT 模式 其他返回值：请查阅指令返回值列表

11. GT_PtGetSegNum 指令

获取当前 PT 运动的段号的指令 GT_PtGetSegNum 说明见表 8-17。

表 8-17　GT_PtGetSegNum 指令说明

指令原型	short GT_PtGetSegNum（short profile，long * pSegNum）
指令说明	获取当前 PT 运动的段号
指令类型	立即指令，调用后立即生效
指令参数	该指令共有两个参数： 1）profile，规划轴号，正整数，取值范围与控制轴数相同 2）pSegNum，段号
指令返回值	返回值为 1：请检查当前轴是否为 PT 模式，若不是，请先调用 GT_ PrfPt 将当前轴设置为 PT 模式 其他返回值：请查阅指令返回值列表

12. GT_SetPtLink 指令

设置 PT 运动模式下缓冲区 I/O、DAC 的关联缓冲区的指令 GT_ SetPtLink 说明见表 8-18。

表 8-18　GT_SetPtLink 指令说明

指令原型	short GT_SetPtLink（short profile，short fifo，short list）
指令说明	设置 PT 运动模式下缓冲区 I/O、DAC 的关联缓冲区
指令类型	立即指令，调用后立即生效
指令参数	该指令共有 3 个参数： 1）profile，规划轴号，正整数，取值范围与控制轴数相同 2）fifo，指定所要查询的 FIFO，取值为 0、1 两个值，默认为 0，动态模式下该参数无效 3）list，I/O、DAC 所在的缓冲区编号，取值范围［1，4］

（续）

指令返回值	返回值为1：请检查当前轴是否为PT模式，若不是，请先调用GT_PrfPt将当前轴设置为PT模式 其他返回值：请查阅指令返回值列表

13. GT_GetPtLink指令

获取PT运动模式下缓冲区I/O、DAC的关联缓冲区的指令GT_GetPtLink说明见表8-19。

表8-19 GT_GetPtLink指令说明

指令原型	short GT_GetPtLink（short profile，short fifo，short * pList）
指令说明	获取PT运动模式下缓冲区I/O、DAC的关联缓冲区
指令类型	立即指令，调用后立即生效
指令参数	该指令共有3个参数： 1）profile，规划轴号，正整数，取值范围与控制轴数相同 2）fifo，指定所要查询的FIFO，取值为0、1两个值，默认为0，动态模式下该参数无效 3）pList，I/O、DAC所在的缓冲区编号，取值范围［1，4］
指令返回值	返回值为1：请检查当前轴是否为PT模式，若不是，请先调用GT_PrfPt将当前轴设置为PT模式 其他返回值：请查阅指令返回值列表

14. GT_PtDoBit指令

在PT运动数据段中添加缓冲区I/O的指令GT_PtDoBit说明见表8-20。

表8-20 GT_PtDoBit指令说明

指令原型	short GT_PtDoBit（short profile，short doType，short index，short value，short fifo）
指令说明	在PT运动数据段中添加缓冲区I/O。该指令可以放在GT_PtData指令前也可以放在其后面，不允许连续调用该指令超过16个
指令类型	立即指令，调用后立即生效
指令参数	该指令共有5个参数： 1）profile，规划轴号，正整数，取值范围与控制轴数相同 2）doType，指定数字I/O类型，指定数字I/O类型共有以下3种： MC_ENABLE（该宏定义为10）：驱动器使能 MC_CLEAR（该宏定义为11）：报警清除 MC_GPO（该宏定义为12）：通用输出 3）index，I/O的索引，取值范围： MC_ ENABLE：［1，4］（GTS－400），［1，8］（GTS－800） MC_ CLEAR：［1，4］（GTS－400），［1，8］（GTS－800） MC_ GPO：［1，16］ 4）value，I/O值，默认情况下，1表示高电平，0表示低电平 5）fifo，指定所要查询的FIFO，取值为0、1两个值，默认为0，动态模式下该参数无效
指令返回值	返回值为1：请检查Space是否小于0，若是，则等待Space大于0；请检查当前轴是否为PT模式，若不是，请先调用GT_PrfPt将当前轴设置为PT模式 其他返回值：请查阅指令返回值列表

8.3 项目实施

1. 硬件连接

将运动控制卡、个人计算机、端子板、驱动器、单轴模组正确连接。

PT 运动编程

2. 配置驱动器和运动控制器

设置驱动器参数，对运动控制器进行配置，并保存配置文件，参考项目 5 和初级教材。

3. 新建 MFC 项目

在 Visual Studio 中新建项目工程，参考项目 5。

4. 调用库及配置文件

将工程中需要使用的动态链接库、头文件、库文件以及控制器配置文件复制到项目的源文件目录下，参考项目 5。

5. 添加库文件

在项目→属性→链接器→输入→附加依赖项中添加 gts. lib 库文件；添加库文件的另一种方法是，在程序中使用#pragma comment（lib,"gts. lib"）。参考项目 5。

6. 添加头文件

将代码中需要使用到的指令的头文件包含到程序中，参考项目 5。

7. 设计界面

根据需要设计程序界面（图 8-7），并修改控件属性，参考项目 5。

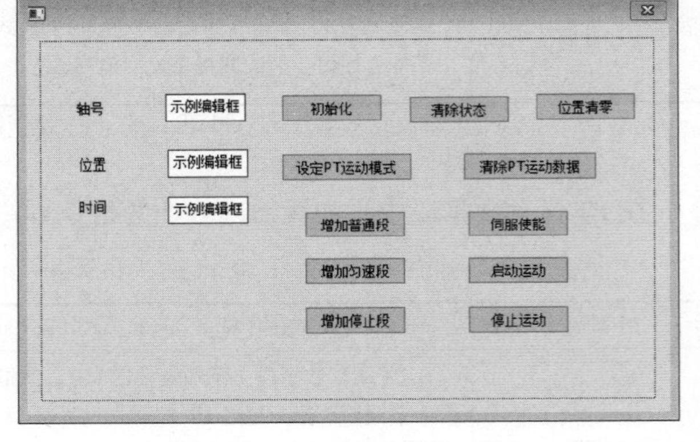

图 8-7　界面设计

8. 代码实现

1）初始化、清除状态、位置清零、伺服使能、伺服关闭、获取轴号等这些函数代码，参考项目 5 中的代码实现部分，此处不再赘述。

2）添加数据程序。因为将不同类型数据压入 FIFO 存储区时，只有数据类型不一样，其他部分是相同的，所以单独定义一个添加数据的子函数，该子函数有一个形参，为输入压入数据的类型，该函数功能为设置轴运动模式、从界面获取位置数据、时间数据，将数据压入 FIFO 存储区。函数定义在 Demo_PTDlg. cpp 源文件中，在 Demo_PTDlg. h 头文件中声明，代码如下：

```
void CDemo_PTDlg::AddPtData(short DataType)
{
    short sRtn;                    //返回值变量
    short space;                   //FIFO 剩余空间变量
    double pos;                    //位置数据变量
    long time;                     //时间数据变量
    long lPrfMode;                 //运动模式
    CString strVal;                //用于读取界面文本框字符串数据
```

```
        short axis = getAxis();//轴号
        sRtn = GT_GetPrfMode(axis, &lPrfMode);                  //读取当前轴运动模式
        if (lPrfMode ! = 2)                                     //当前轴运动模式不为 PT 模式时
        {
            sRtn = GT_PrfPt(axis);                              //将 AXIS 轴设为 PT 模式
            sRtn = GT_PtClear(axis);                            //清除当前轴数据
        }
        sRtn = GT_PtSpace(axis, &space);                        //查询 PT 模式 FIFO 的剩余空间
        strVal.Format(_T("space = %d"), space);                 //格式转换,将 short 类型转换为
                                                                //CString 类型
        MessageBox(strVal, _T("FIFO 剩余空间"), MB_OK);         //显示 FIFO 的剩余空间
        GetDlgItemText(IDC_EDIT_Pos, strVal);                   //从界面获取位置数据
        pos = _ttof(strVal);                                    //将 CString 类型转换为实型
        GetDlgItemText(IDC_EDIT_Time, strVal);                  //从界面获取时间数据
        time = _ttol(strVal);                                   //将 CString 类型转换为长整型
        sRtn = GT_PtData(axis, pos, time, DataType);            //向 FIFO 中增加运动数据
    }
```

3）增加普通段。双击界面中的“增加普通段”按钮，进入该按钮的代码编辑界面，在此处只需要调用定义的添加数据函数即可，数据类型设为普通段，具体如下：

```
    void CDemo_PTDlg::OnBnClickedButtonAddNormal()
    {
        //TODO:在此添加控件通知处理程序代码
        AddPtData(PT_SEGMENT_NORMAL);                          //增加普通段
    }
```

4）增加匀速段。双击界面中的“增加匀速段”按钮，进入该按钮的代码编辑界面，在此处只需要调用定义的添加数据函数即可，数据类型设为匀速段，具体如下：

```
    void CDemo_PTDlg::OnBnClickedButtonAddEven()
    {
        //TODO:在此添加控件通知处理程序代码
        AddPtData(PT_SEGMENT_EVEN);                            //增加匀速段
    }
```

5）增加停止段。双击界面中的“增加停止段”按钮，进入该按钮的代码编辑界面，在此处只需要调用定义的添加数据函数即可，数据类型设为停止段，具体如下：

```
    voidCDemo_PTDlg::OnBnClickedButtonAddStop()
    {
        //TODO:在此添加控件通知处理程序代码
        AddPtData(PT_SEGMENT_STOP);                            //增加停止段
    }
```

6）清除数据。双击界面中的“清除数据”按钮，进入该按钮的代码编辑界面，在此处实现运动控制卡轴 FIFO 数据清除功能，具体如下：

```
void CDemo_PTDlg::OnBnClickedButtonClcData()
{
    //TODO:在此添加控件通知处理程序代码
    short axis = getAxis();                              //轴号
    GT_PtClear(axis);                                    //清除数据
}
```

7）启动运动。双击界面中的“启动运动”按钮，进入该按钮的代码编辑界面，在此处实现运动控制卡轴运动启动功能，具体如下：

```
void CDemo_PTDlg::OnBnClickedButtonStart()
{
    //TODO:在此添加控件通知处理程序代码
    short sRtn;                                      //返回值变量
    short axis = getAxis();                          //轴号
    sRtn = GT_PtStart(1 < < (axis - 1));             //启动运动
}
```

8）停止运动。双击界面中的“停止运动”按钮，进入该按钮的代码编辑界面，在此处实现运动控制卡轴运动停止功能，具体如下：

```
voidCDemo_PTDlg::OnBnClickedButtonStop()
{
    //TODO:在此添加控件通知处理程序代码
    short axis = getAxis();                              //轴号
    GT_Stop(1 < < (axis - 1), 1 < < (axis - 1));         //停止当前轴运动
}
```

9. 程序调试

检查代码无误后，生成解决方案，对代码进行调试，如图 8-8 所示。

首先在执行界面中输入轴号，然后依次单击“初始化”“清除状态”“位置清零”“清除数据”按钮；完成这些动作后，向 FIFO 中增加运动数据，根据需求输入位移和时间，单击相应的数据模式按钮；压入数据之后，依次单击“伺服使能”和“运动开启”按钮，观察轴运动状态，运动停止后，单击“伺服关闭”按钮。

例如：规划一个如图 8-9 所示的运动曲线，其 PT 运动数据见表 8-21。

表 8-21　PT 运动数据

数据段	1	2	3	4	5
P/脉冲	10000	30000	60000	100000	120000
T/ms	1000	2000	3000	4000	5000
数据类型	普通段	普通段	普通段	普通段	普通段

注意：压入 FIFO 存储区的为绝对位置。比如位置点 c 的 PT 数据为 60000 脉冲、3000ms，这表示 3000ms 时，电机从 0 运动到 60000 脉冲位置，而不是从点 b 运动到点 c 需要 3000ms、60000 脉冲。

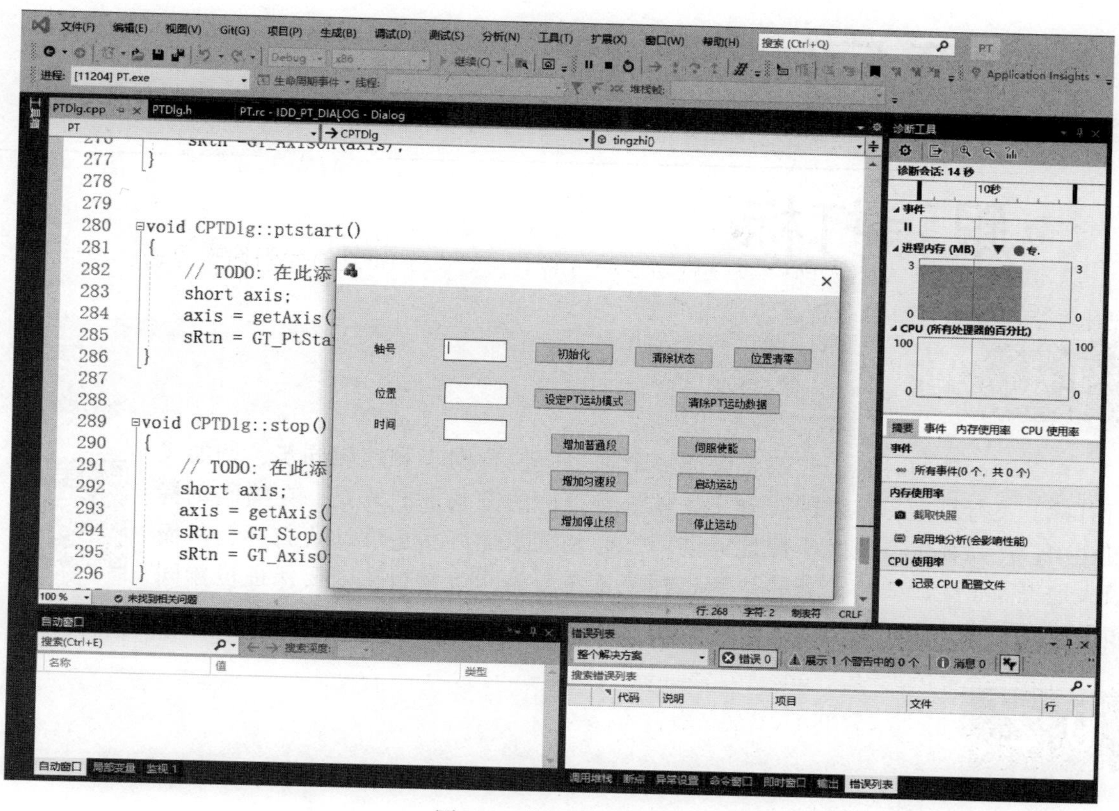

图 8-8　代码调试界面

按照表 8-21，依次将数据压入 FIFO 存储区，如图 8-10 所示，启动运动，观察电动机轴运动。由于设备行程有限，在运动前要保证有足够长度可以运行完规划数据。

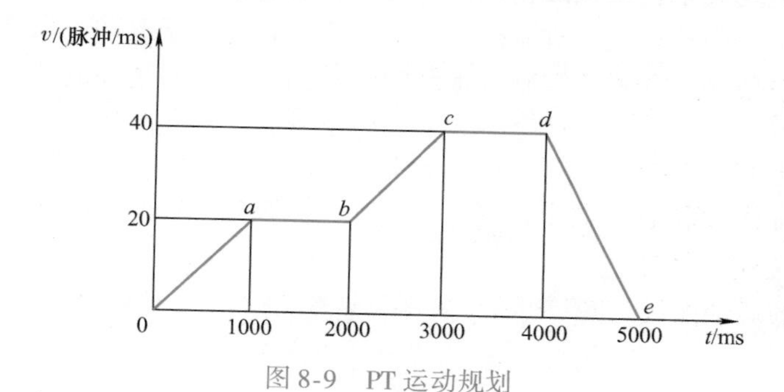

图 8-9　PT 运动规划

图 8-10　PT 运动界面

项目9 跟踪打标

9.1 项目引入

在多轴运动的时候，常需要保证多个轴之间位置同步和速度同步，例如飞行打标。飞行打标与传统的对静止物体进行打标的方式不同的是，在喷码刻标过程中，产品在生产线上不停地流动，打标装置跟随产品边移动边打标，从而极大地提高了生产效率。若要达到打标装置与产品同步运行，则要保证位置同步和速度同步，此时电子凸轮的跟随模式为最优选择。

电子凸轮运动和硬件介绍

9.2 相关知识

9.2.1 电子凸轮运动介绍

电子凸轮运动属于多轴同步运动，这种运动是基于主轴外加一个或多个从轴系统。电子凸轮是通过控制主动轴与从动轴相对运动关系，模拟凸轮机构的运动，以达到机械凸轮系统相同的主动轴与从动轴相对位移关系。电子凸轮相比于机械凸轮更为灵活，轨迹易于改动，没有磨损。电子凸轮实现的跟随功能，比一般的分开独立控制从轴跟随主轴的运动，有更高的效率和稳定性。

在运动控制卡的跟随（FOLLOW）模式下，把被跟随的轴叫主轴，把跟随的轴叫从轴。跟随模式下，1个主轴能够驱动多个从轴，从轴可以实现与主轴的速度和位置同步。跟随模式下主轴、从轴的位置与速度同步如图9-1所示。

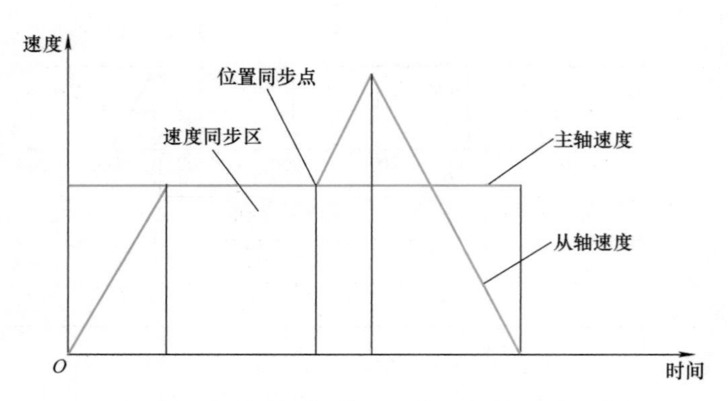

图9-1 跟随模式下主轴、从轴的位置与速度同步

位置同步点：主轴和从轴必须同时到达各自指定位置。

速度同步区：主轴和从轴之间必须保持准确的速度比。

第1段是加速区，从轴逐渐加速，直至达到同步速度。

第2段是速度同步区，从轴和主轴保持设定的速度比，速度同步区结束时，主轴和从轴同时到达位置同步点。

第 3 段是加速区，从轴穿越位置同步点以后迅速加速，脱离速度同步区。

第 4 段是减速区，从轴逐渐减速到 0。

为了减少跟随滞后，从轴的轴号应当大于主轴的轴号。

电子凸轮与电子齿轮这两者之间有相似的地方，也有很大的差别。电子齿轮是在主、从轴的速比固定的情况下，保持严格的速度关系，状态只有同步、脱离、追赶、自由运行、补偿几个状态。而电子凸轮一般会有初始化阶段、主曲线阶段（主、从轴按照曲线运动）和退出阶段。而且无论主轴是实际存在的还是虚拟存在的，如果重复执行一个复杂的运动，靠电子同步绝大多数情况下是无法实现的，只有依靠电子凸轮来完成。

9.2.2 硬件准备

1. 运动平台及驱动器介绍

双轴运动控制模块由两个平行的丝杠模组组成，如图 9-2 所示，在其间用一根杆相连，可模拟飞行打标时激光模块跟随生产线上产品的过程。该模块主要由松下 A6、安川 Σ－7 交流伺服电动机，单轴模组、主动轴、从动轴、光栅尺、铝标尺、指针和底板等结构组成。

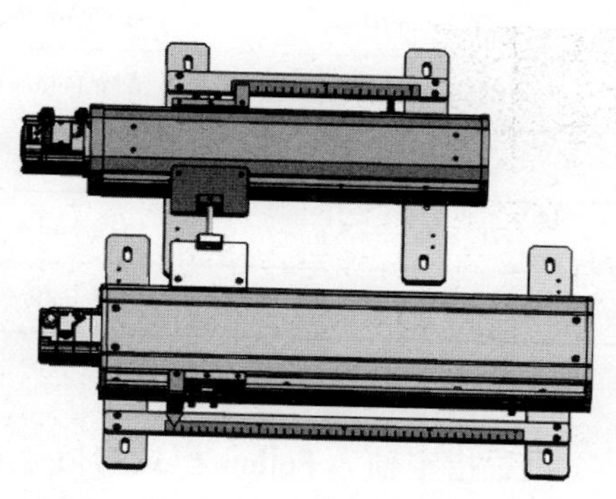

图 9-2　双轴运动控制模块示意图

2. 硬件接线

硬件平台的接线包括伺服驱动器与电动机、编码器的接线，分别见表 9-1 和表 9-2。

表 9-1　伺服驱动器与伺服电动机的接线

模块	引脚	信号	模块	引脚	信号
伺服驱动器 U、V、W 接口	1	U	伺服电动机	1	U1
	2	V		2	V1
	3	W		3	W1
	4	PE		4	PE

表 9-2　伺服驱动器与编码器的接线

模块	引脚	信号	模块	引脚	信号
伺服驱动器 C2 接口	5	PS	编码器	5	PS
	6	PS－		6	PS－
	1	+5V		1	+5V
	2	0V		2	0V
	4	FG		4	FG

9.2.3 程序流程图

跟随模式的程序流程图如图 9-3 所示。

跟随运动控制指令介绍

9.2.4 指令列表

跟随运动需要使用的指令及说明见表 9-3。

表 9-3　跟随运动相关的指令及说明

指令	说明
GT_PrfFollow	设置指定轴为 Follow 模式
GT_SetFollowMaster	设置跟随主轴
GT_SetFollowEvent	设置 Follow 模式启动跟随条件
GT_FollowSpace	查询 Follow 模式指定 FIFO 的剩余空间
GT_FollowData	向 Follow 模式指定 FIFO 增加数据
GT_FollowClear	清除 Follow 模式指定 FIFO 中的数据
GT_FollowStart	启动 Follow 模式
GT_FollowSwitch	切换 Follow 模式所使用的 FIFO
GT_SetFollowMemory	设置 Follow 模式的缓存区大小

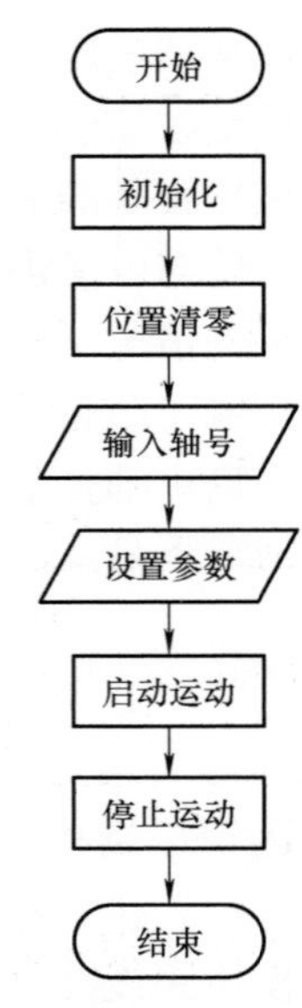

图 9-3　跟随模式的程序流程图

1. GT_PrfFollow 指令

设置指定轴为 Follow 模式的指令 GT_ PrfFollow 说明见表 9-4。

表 9-4　GT_PrfFollow 指令说明

指令原型	GT_PrfFollow（short profile，short dir）
指令说明	设置指定轴为 Follow 模式
指令类型	立即指令，调用后立即生效
指令参数	该指令共有两个参数： 1）profile，规划轴号，正整数，取值范围与控制轴数相同 2）dir，设置跟随方式，0 表示双向跟随，1 表示正向跟随，－1 表示负向跟随
指令返回值	返回值为 1：若当前轴在规划运动，请调用 GT_Stop（）停止运动再调用该指令；当前已经是 Follow 模式，但再次设置的 dir 与当前的 dir 不一致 其他返回值：请参照指令返回值列表

2. GT_SetFollowMaster 指令

设置 Follow 模式下的跟随主轴的指令 GT_ SetFollowMaster 说明见表 9-5。

表 9-5　GT_SetFollowMaster 指令说明

指令原型	GT_SetFollowMaster（short profile，short masterIndex，short masterType = FOLLOW_MASTER_PROFILE，short masterItem）
指令说明	设置 Follow 模式下的跟随主轴
指令类型	立即指令，调用后立即生效
指令参数	该指令共有 4 个参数： 1）profile，规划轴号，正整数，取值范围与控制轴数相同 2）masterIndex，主轴索引号，主轴索引号不能与规划轴号相同，最好主轴索引号小于规划轴号，如主轴索引号为 1 轴，规划轴号为 2 轴

（续）

指令参数	3）masterType，主轴类型，有以下3种： FOLLOW_MASTER_PROFILE（该宏定义为2）表示跟随规划轴（profile）的输出值，默认为该类型 FOLLOW_MASTER_ENCODER（该宏定义为1）表示跟随编码器（encoder）的输出值 FOLLOW_MASTER_ AXIS（该宏定义为3）表示跟随轴（axis）的输出值 4）masterItem，合成轴类型。当 masterType = FOLLOW_MASTER_AXIS 时起作用。0表示 axis 的规划位置输出值，默认为该值；1表示 axis 的编码器位置输出值
指令返回值	返回值为1：若当前轴在规划运动，请调用 GT_ Stop（）停止运动再调用该指令；请检查当前轴是否为 Follow 模式，若不是，请先调用 GT_PrfFollow 将当前轴设置为 Follow 模式 其他返回值：请参照指令返回值列表

3. GT_SetFollowEvent 指令

设置 Follow 模式启动跟随条件的指令 GT_SetFollowEvent 说明见表9-6。

表9-6　GT_SetFollowEvent 指令说明

指令原型	GT_SetFollowEvent（short profile，short event，short masterDir，long pos）
指令说明	设置 Follow 模式启动跟随条件
指令类型	立即指令，调用后立即生效
指令参数	该指令共有4个参数： 1）profile，规划轴号，正整数，取值范围与控制轴数相同 2）event，启动跟随条件，有以下两种： FOLLOW_EVENT_START（该宏定义为1）表示调用 GT_ FollowStart 以后立即启动 FOLLOW_EVENT_PASS（该宏定义为2）表示主轴穿越设定位置以后启动跟随 3）masterDir，穿越启动时，主轴的运动方向，1表示主轴正向运动，-1表示主轴负向运动 4）pos，穿越位置，单位为脉冲。当 event 为 FOLLOW_EVENT_PASS 时有效
指令返回值	返回值为1：请检查当前轴是否为 Follow 模式，若不是，请先调用 GT_ PrfFollow 将当前轴设置为 Follow 模式 其他返回值：请参照指令返回值列表

4. GT_FollowSpace 指令

查询 Follow 模式指定 FIFO 的剩余空间的指令 GT_FollowSpace 说明见表9-7。

表9-7　GT_FollowSpace 指令说明

指令原型	GT_FollowSpace（short profile，short * pSpace，short fifo = 0）
指令说明	查询 Follow 模式指定 FIFO 的剩余空间
指令类型	立即指令，调用后立即生效
指令参数	该指令共有3个参数： 1）profile，规划轴号，正整数，取值范围与控制轴数相同 2）pSpace，读取 FIFO 的剩余空间，说明此空间的含义 3）fifo，指定所要查询的 FIFO，取值为0、1两个值，默认为0
指令返回值	返回值为1：请检查当前轴是否为 Follow 模式，若不是，请先调用 GT_PrfFollow 将当前轴设置为 Follow 模式 其他返回值：请参照指令返回值列表

5. GT_FollowData 指令

向 Follow 模式指定 FIFO 增加数据的指令 GT_FollowData 说明见表 9-8。

表 9-8　GT_FollowData 指令说明

指令原型	GT_FollowData（short profile，long masterSegment，double slaveSegment，short type = FOLLOW_SEGMENT_NORMAL，short fifo = 0）
指令说明	向 Follow 模式指定 FIFO 增加数据
指令类型	立即指令，调用后立即生效
指令参数	该指令共有 5 个参数： 1）profile，规划轴号，正整数，取值范围与控制轴数相同 2）masterSegment，主轴位移，单位为脉冲 3）slaveSegment，从轴位移，单位为脉冲 4）type，数据段类型，有以下四种： FOLLOW_ SEGMENT_ NORMAL（该宏定义为 0）普通段，默认为该类型 FOLLOW_ SEGMENT_ EVEN（该宏定义为 1）匀速段 FOLLOW_ SEGMENT_ STOP（该宏定义为 2）减速到 0 段 FOLLOW_ SEGMENT_ CONTINUE（该宏定义为 3）保持 FIFO 之间速度连续 5）fifo，指定存放数据的 FIFO，取值为 0、1 两个值，默认为 0
指令返回值	返回值为 1：请检查当前轴是否为 Follow 模式，若不是，请先调用 GT_PrfFollow 将当前轴设置为 Follow 模式；请检查是否有足够的空间放新的数据 其他返回值：请参照指令返回值列表

6. GT_FollowClear 指令

清除 Follow 模式指定 FIFO 中的数据的指令 GT_FollowClear 说明见表 9-9。

表 9-9　GT_FollowClear 指令说明

指令原型	GT_FollowClear（short profile，short fifo = 0）
指令说明	清除 Follow 模式指定 FIFO 中的数据，运动状态下该指令无效
指令类型	立即指令，调用后立即生效
指令参数	该指令共有两个参数： 1）profile，规划轴号，正整数，取值范围与控制轴数相同 2）fifo，指定需要清除的 FIFO，取值为 0、1 两个值，默认为 0
指令返回值	返回值为 1：请检查当前轴是否为 Follow 模式，若不是，请先调用 GT_PrfFollow 将当前轴设置为 Follow 模式；请检查要清除的 FIFO 是否正在使用，运动是否结束 其他返回值：请参照指令返回值列表

7. GT_FollowStart 指令

启动 Follow 模式的指令 GT_FollowStart 说明见表 9-10。

表 9-10　GT_FollowStart 指令说明

指令原型	GT_FollowStart（long mask，long option）
指令说明	启动 Follow 模式
指令类型	立即指令，调用后立即生效

（续）

<table>
<tr><td>指令参数</td><td>
该指令共有两个参数：
1）mask，按位指示需要启动 Follow 模式的轴号。当 bit 为 1 时表示启动对应的轴
对于 4 轴控制器：
<table>
<tr><td>bit</td><td>3</td><td>2</td><td>1</td><td>0</td></tr>
<tr><td>对应轴</td><td>4 轴</td><td>3 轴</td><td>2 轴</td><td>1 轴</td></tr>
</table>
对于 8 轴控制器：
<table>
<tr><td>bit</td><td>7</td><td>6</td><td>5</td><td>4</td><td>3</td><td>2</td><td>1</td><td>0</td></tr>
<tr><td>对应轴</td><td>8 轴</td><td>7 轴</td><td>6 轴</td><td>5 轴</td><td>4 轴</td><td>3 轴</td><td>2 轴</td><td>1 轴</td></tr>
</table>
按位指示所使用的 FIFO，默认为 0。当 bit 为 0 时表示对应的轴使用 FIFO1，当 bit 为 1 时表示对应的轴使用 FIFO2
2）option，按位指示所使用的 FIFO，默认为 0
对于 4 轴控制器：
<table>
<tr><td>bit</td><td>3</td><td>2</td><td>1</td><td>0</td></tr>
<tr><td>对应轴</td><td>4 轴</td><td>3 轴</td><td>2 轴</td><td>1 轴</td></tr>
</table>
对于 8 轴控制器：
<table>
<tr><td>bit</td><td>7</td><td>6</td><td>5</td><td>4</td><td>3</td><td>2</td><td>1</td><td>0</td></tr>
<tr><td>对应轴</td><td>8 轴</td><td>7 轴</td><td>6 轴</td><td>5 轴</td><td>4 轴</td><td>3 轴</td><td>2 轴</td><td>1 轴</td></tr>
</table>
</td></tr>
<tr><td>指令返回值</td><td>
返回值为 1：请检查当前轴是否为 Follow 模式，若不是，请先调用 GT_PrfFollow 将当前轴设置为 Follow 模式；检查运动是否结束，运动进行时，指令调用会失败；检查相应轴是否设置了跟随主轴；检查 FIFO 是否有数据；检查 mask 参数是否设置了启动相应的轴
其他返回值：请参照指令返回值列表
</td></tr>
</table>

8. GT_FollowSwitch 指令

切换 Follow 模式所使用的 FIFO 的指令 GT_FollowSwitch 说明见表 9-11。

表 9-11 GT_FollowSwitch 指令说明

<table>
<tr><td>指令原型</td><td>GT_FollowSwitch（long mask）</td></tr>
<tr><td>指令说明</td><td>切换 Follow 模式所使用的 FIFO</td></tr>
<tr><td>指令类型</td><td>立即指令，调用后立即生效</td></tr>
<tr><td>指令参数</td><td>
该指令共有 1 个参数：
mask，按位指示需要切换 Follow 模式工作 FIFO 的轴号。当 bit 为 1 时表示切换对应轴的 FIFO
对于 4 轴控制器：
<table>
<tr><td>bit</td><td>3</td><td>2</td><td>1</td><td>0</td></tr>
<tr><td>对应轴</td><td>4 轴</td><td>3 轴</td><td>2 轴</td><td>1 轴</td></tr>
</table>
对于 8 轴控制器：
<table>
<tr><td>bit</td><td>7</td><td>6</td><td>5</td><td>4</td><td>3</td><td>2</td><td>1</td><td>0</td></tr>
<tr><td>对应轴</td><td>8 轴</td><td>7 轴</td><td>6 轴</td><td>5 轴</td><td>4 轴</td><td>3 轴</td><td>2 轴</td><td>1 轴</td></tr>
</table>
</td></tr>
<tr><td>指令返回值</td><td>
返回值为 1：请检查当前轴是否为 Follow 模式，若不是，请先调用 GT_PrfFollow 将当前轴设置为 Follow 模式；检查运动是否进行，只有运动中才能切换；检查目标 FIFO 是否为空；检查 mask 参数是否设置了启动相应的轴
其他返回值：请参照指令返回值列表
</td></tr>
</table>

9. GT_SetFollowMemory 指令

设置 Follow 模式的缓存区大小的指令 GT_ SetFollowMemory 说明见表 9-12。

表 9-12　GT_SetFollowMemory 指令说明

指令原型	GT_SetFollowMemory（short profile，short memory ）
指令说明	设置 Follow 模式的缓存区大小
指令类型	立即指令，调用后立即生效
指令参数	该指令共有两个参数： 1）profile，规划轴号，正整数，取值范围与控制轴数相同 2）memory，Follow 模式缓存区大小标志。0 表示每个 Follow 模式缓存区有 16 段空间；1 表示每个 Follow 模式缓存区有 512 段空间
指令返回值	返回值为 1：若当前轴在规划运动，请调用 GT_Stop（）停止运动再调用该指令；请检查当前轴是否为 Follow 模式，若不是，请先调用 GT_PrfFollow 将当前轴设置为 Follow 模式 其他返回值：请参照指令返回值列表

9.3 项目实施

1. 硬件连接

将运动控制卡、个人计算机、端子板、驱动器、单轴模组正确连接。

跟踪打标运动编程

2. 配置运动控制器

对运动控制器进行配置，并保存配置文件，参考项目 5 和初级教材。

3. 新建项目

在 Visual Studio 中新建项目工程，参考项目 5。

4. 调用库及配置文件

将工程中需要使用的动态链接库、头文件以及控制器配置文件复制到项目的源文件目录下，参考项目 5。

5. 添加库文件

在项目→属性→链接器→输入→附加依赖项中添加 gts. lib 库文件。添加库文件的另一种方法是，在程序中使用#pragma comment（lib，"gts. lib"），参考项目 5。

6. 添加头文件

将代码中需要使用到的指令的头文件包含到程序中，参考项目 5。

7. 代码实现

1）使用电子凸轮，首先需要选择一个轴作为主轴并设定其运动方式，代码如下：

```
short sRtn;
short MASTER =1;
short SLAVE =2;
TTrapPrmtrap;
//将主轴设为点位运动模式
sRtn = GT_PrfTrap(MASTER);
//设置主轴运动参数
```

```
trap. acc =0. 25;
trap. dac =0. 125;
trap. smoothTime =25;
trap. velStart =0;
sRtn = GT_SetTrapPrm(MASTER, & trap);
sRtn = GT_SetVel(MASTER, 30);
sRtn = GT_SetPos (MASTER, 100000);
```

2）设定一个从轴，从轴将跟随主轴运动，并设置其跟随条件，代码如下：

```
//将从轴设为 Follow 模式
  sRtn = GT_PrfFollow(SLAVE);
```

3）建立一个队列写入跟随参数，代码如下：

```
//清空从轴 FIFO
sRtn = GT_FollowClear(SLAVE);
//设置主轴,默认跟随主轴规划位置
sRtn = GT_SetFollowMaster(SLAVE, MASTER);
//向 FIFO 中增加运动数据
masterPos =30000;
slavePos =30000;
sRtn = GT_FollowData(SLAVE,masterPos,slavePos,FOLLOW_SEGMENT_NORMAL, 0);
//向 FIFO 中增加运动数据
long masterPos + =70000;
double slavePos + =70000;
sRtn = GT_FollowData(SLAVE,masterPos,slavePos,FOLLOW_SEGMENT_EVEN, 0);
//设置启动跟随条件
sRtn = GT_SetFollowEvent(SLAVE, FOLLOW_EVENT_PASS, 1, 0);
```

4）启动电子凸轮运动，代码如下：

```
//启动从轴 Follow 运动
sRtn = GT_FollowStart(1 < <(SLAVE -1));
```

5）启动激光瞄准和主轴运动，代码如下：

```
//启动激光 I/O
  sRtn = GT_SetDoBit(MC_GPO, 14, 0);
//启动主轴运动
  sRtn = GT_Update(1 < <(MASTER -1));
```

项目10

平面激光打标

10.1 项目引入

插补是数控系统依照一定方法确定刀具运动轨迹的过程，将数据段所描述的曲线的起点、终点之间的空间进行数据密化，从而形成要求的轮廓轨迹，根据密化后的数据向各个坐标发出进给脉冲，对应每个脉冲，机床在相应的坐标方向上移动一个脉冲当量的距离，从而将工件加工成所需要的轮廓形状。

插补运动和硬件介绍

此运动控制技术广泛运用于多种加工设备，以典型的 *XY* 平台为例，*XY* 平台在点胶、贴标、激光打标等加工设备上为常见的结构形式。控制刀具移动出复杂的轨迹，需要 *X* 轴和 *Y* 轴进行插补运动，描绘直线和曲线。

10.2 相关知识

10.2.1 笛卡儿坐标系

笛卡儿坐标系就是直角坐标系和斜角坐标系的统称。

相交于原点的两条数轴，构成了平面仿射坐标系。如果两条数轴上的度量单位相等，则称此仿射坐标系为笛卡儿坐标系。两条数轴互相垂直的笛卡儿坐标系，称为笛卡儿直角坐标系，否则称为笛卡儿斜角坐标系。

相交于原点的三条不共面的数轴构成空间的仿射坐标系。三条数轴上度量单位相等的仿射坐标系被称为空间笛卡儿坐标系。三条数轴互相垂直的笛卡儿坐标系被称为空间笛卡儿直角坐标系，否则称为空间笛卡儿斜角坐标系。

在三维坐标系中，*Z* 轴的正轴方向是根据右手定则确定的。右手定则也可决定三维空间中任一坐标轴的正旋转方向。如图 10-1 所示，要标注 *X* 轴、*Y* 轴和 *Z* 轴的正方向，就将右手背靠近纸面放置，让大拇指、食指和中指相互垂直，大拇指即指向 *X* 轴的正方向，食指指向 *Y* 轴的正方向，则中指所指示的方向即是 *Z* 轴的正方向。

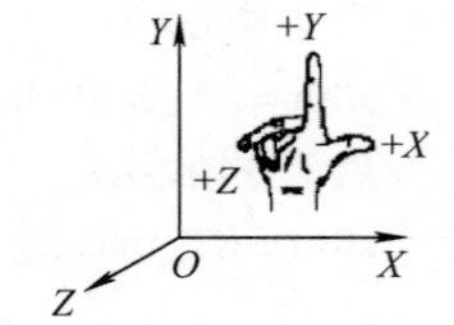

图 10-1　右手坐标系图示

10.2.2 直线插补运动介绍

直线插补方式中，两点间的插补沿着直线的点群来逼近。首先假设在实际轮廓起始点处沿 *X* 方向走一小段（如一个脉冲当量），发现终点在实际轮廓的下方，则下一条线段沿 *Y* 方向走一小段，此时如果线段终点还在实际轮廓下方，则继续沿 *Y* 方向走一小段，直到在实际轮廓上方以后，再向 X 方向走一小段。依次循环类推，直到到达轮廓终点为止。这样实际轮廓是由一段段的折线拼接而成的，虽然是折线，如果每一段走刀线段都在精度允许范围内，那么此段折线就可以近似看作一条直线段。这就是直线插补。假设某数控机床刀具在 XY 平面上从点（X_0，Y_0）运动到点（X_1，Y_1），其直线插补的加工过程示意图如图 10-2 所示。

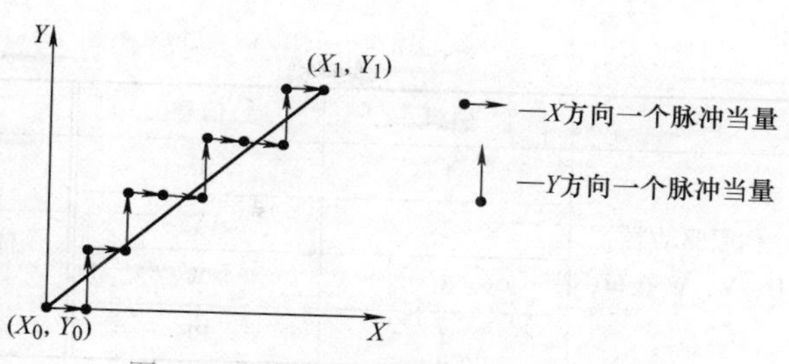

图 10-2　直线插补的加工过程示意图

10.2.3　圆弧插补运动介绍

圆弧插补是给出两端点间的插补数字信息，以一定的算法计算出逼近实际圆弧的点群，控制刀具沿这些点运动，加工出圆弧曲线。圆弧插补只能在某一平面进行。假设某数控机床刀具在 XY 平面第一象限走一段逆圆弧，圆心为原点，半径为5，起点为 A（5，0），终点为 B（0，5），其圆弧插补的加工过程示意图如图 10-3 所示。

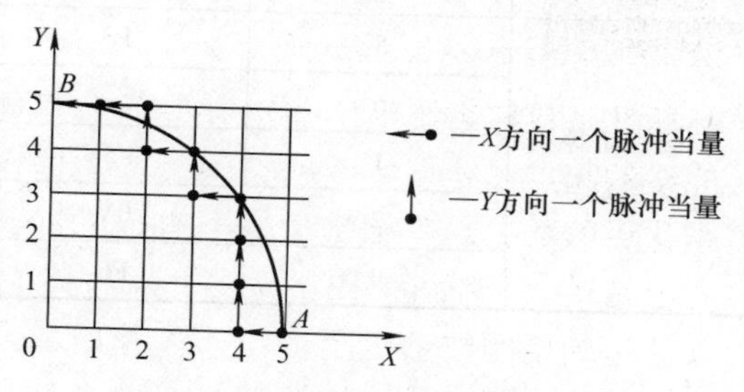

图 10-3　圆弧插补的加工过程示意图

10.2.4　硬件准备

1. 机械准备

以 X、Y、Z 轴模组构建三维运动平台，如图 10-4所示，将丝杠模组的运动方向定义为笛卡儿坐标系的 X、Y、Z 轴三个方向，其末端的工具位置可以用坐标系描述。将激光发射器安装于 Z 轴上，替代吸盘。

图 10-4　三维运动平台图示

2. 电气准备

硬件平台的接线包括传感器与端子板的接线，伺服驱动器与电动机、编码器的接线，分别见表 10-1 ~ 表 10-3。

表 10-1　传感器与端子板的接线

模块	引脚	信号	模块	引脚	信号
Home 开关	1	DC 5 ~24V	端子板	1	OVCC
	3	OUTPUT		5	HOME0
	4	0V		3	OGND
正限位	1	—		9	LIMT +
	2	—		4	OGND
负限位	1	—		10	LIMT −
	2	—		4	OGND

表 10-2　伺服驱动器与伺服电动机的接线

模块	引脚	信号	模块	引脚	信号
伺服驱动器 U、V、W 接口	1	U	伺服电动机	1	U1
	2	V		2	V1
	3	W		3	W1
	4	PE		4	PE

表 10-3　伺服驱动器与编码器的接线

模块	引脚	信号	模块	引脚	信号
伺服驱动器 C2 接口	5	PS	编码器	5	PS
	6	PS－		6	PS－
	1	+5V		1	+5V
	2	0V		2	0V
	4	FG		4	FG

10.2.5　程序流程图

插补程序的程序流程图如图 10-5 所示。

插补运动控制指令介绍

10.2.6　指令列表

插补运动需要使用的指令及说明见表 10-4。

表 10-4　插补运动相关指令及说明

指令	说明
GT_SetCrdPrm	设置坐标系参数，确立坐标系映射，建立坐标系
GT_LnXY	缓存区指令，二维直线插补
GT_ArcXYR	缓存区指令，*XY* 平面圆弧插补（以终点位置和半径为输入参数）
GT_ArcXYC	缓存区指令，*XY* 平面圆弧插补（以终点位置和圆心位置为输入参数）
GT_BufIO	缓存区指令，缓存区内数字量 I/O 输出设置指令
GT_BufDelay	缓存区指令，缓存区内延时设置指令
GT_CrdSpace	查询插补缓存区剩余空间
GT_CrdClear	清除插补缓存区内的插补数据
GT_CrdStart	启动插补运动
GT_GetCrdPos	查询该坐标系的当前坐标位置值
GT_CrdStatus	查询插补运动坐标系的状态

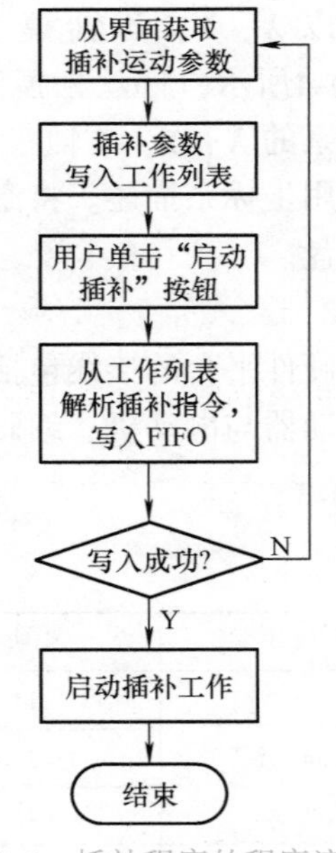

图 10-5　插补程序的程序流程图

1. GT_SetCrdPrm 指令

建立坐标系的指令 GT_SetCrdPrm 说明见表 10-5。

表 10-5 GT_SetCrdPrm 指令说明

<table>
<tr><td>指令原型</td><td>GT_SetCrdPrm（short crd，TCrdPrm * pCrdPrm）</td></tr>
<tr><td>指令说明</td><td>设置坐标系参数，确立坐标系映射，建立坐标系</td></tr>
<tr><td>指令类型</td><td>立即指令，调用后立即生效</td></tr>
<tr><td>指令参数</td><td>该指令共有两个参数：
1）crd，坐标系号，取值范围为［1，2］
2）pCrdPrm，设置坐标系的相关参数：
typedef struct CrdPrm
{
short dimension；
short profile［8］；
double synVelMax；
double synAccMax；
short evenTime；
short setOriginFlag；
long originPos［8］；
} TCrdPrm；
dimension：坐标系的维数，取值范围为［1，4］
profile［8］：坐标系与规划器的映射关系。profile［0…7］对应规划轴 1 ~ 8，如果规划轴没有对应到该坐标系，则 profile［x］的值为 0；如果对应到了 X 轴，则 profile［x］为 1，Y 轴对应为 2，Z 轴对应为 3，A 轴对应为 4。不允许多个规划轴映射到相同坐标系的相同坐标轴，也不允许把相同规划轴对应到不同的坐标系，否则该指令将会返回错误值。每个元素的取值范围为［0，4］
synVelMax：该坐标系的最大合成速度。如果用户在输入插补段的时候所设置的目标速度大于该速度，则将会被限制为该速度。取值范围为（0，32767），单位为脉冲/ms
synAccMax：该坐标系的最大合成加速度。如果用户在输入插补段的时候所设置的加速度大于该加速度，则将会被限制为该加速度。取值范围为（0，32767），单位为脉冲/ms^2。
evenTime：每个插补段的最小匀速段时间。取值范围为［0，32767），单位为 ms
setOriginFlag：表示是否需要指定坐标系的原点坐标的规划位置，该参数可以方便用户建立区别于机床坐标系的加工坐标系。0 表示不需要指定原点坐标值，坐标系的原点在当前规划位置上。1 表示需要指定原点坐标值，坐标系的原点在 originPos 指定的规划位置上
originPos［8］：指定的坐标系原点的规划位置值</td></tr>
<tr><td>指令返回值</td><td>返回值为 1：若坐标系下各轴在规划运动，请调用 GT_Stop（）停止运动再调用该指令；请检查映射到 profile 中的规划轴有无被激活，若无，则返回错误；请检查相应轴是否在坐标系下
其他返回值：请参照指令返回值列表</td></tr>
</table>

2. GT_LnXY 指令

XY 平面二维直线插补的指令 GT_LnXY 说明见表 10-6。

表 10-6 GT_LnXY 指令说明

<table>
<tr><td>指令原型</td><td>GT_LnXY（short crd，long x，long y，double synVel，double synAcc，double velEnd = 0，short fifo = 0）</td></tr>
<tr><td>指令说明</td><td>XY 平面二维直线插补</td></tr>
<tr><td>指令类型</td><td>缓存区指令</td></tr>
<tr><td>指令参数</td><td>该指令共有 7 个参数：
1）crd，坐标系号，正整数，取值范围为［1，2］
2）x，插补段 X 轴终点坐标值，取值范围为［-1073741823，1073741823］，单位为脉冲</td></tr>
</table>

（续）

指令参数	3）y，插补段 Y 轴终点坐标值，取值范围为［-1073741823，1073741823］，单位为脉冲 4）synVel，插补段的目标合成速度，取值范围为（0，32767），单位为脉冲/ms 5）synAcc，插补段的合成加速度，取值范围为（0，32767），单位为脉冲/ms^2 6）velEnd，插补段的终点速度，取值范围为［0，32767），单位为脉冲/ms。该值只有在没有使用前瞻预处理功能时才有意义，否则该值无效，默认值为 0 7）fifo，插补缓存区号，取值范围为［0，1］，默认值为 0
指令返回值	返回值为 1：检查当前坐标系是否映射了相关轴；检查是否需要向 fifo1 中传递数据，若需要，则检查 fifo0 是否使用并运动，若运动，则返回错误；检查相应的 fifo 是否已满 其他返回值：请参照指令返回值列表

3. GT_ArcXYR 指令

XY 平面圆弧插补的指令 GT_ArcXYR 说明见表 10-7。

表 10-7　GT_ArcXYR 指令说明

指令原型	GT_ArcXYR（short crd，long x，long y，double radius，short circleDir，double synVel，double synAcc，double velEnd = 0，short fifo = 0）
指令说明	XY 平面圆弧插补，以终点位置和半径为输入参数
指令类型	缓存区指令
指令参数	该指令共有 9 个参数： 1）crd，坐标系号，正整数，取值范围为［1，2］ 2）x，圆弧插补 X 轴的终点坐标值，取值范围为［-1073741823，1073741823］，单位为脉冲 3）y，圆弧插补 Y 轴的终点坐标值，取值范围为［-1073741823，1073741823］，单位为脉冲 4）radius，圆弧插补的圆弧半径值，取值范围为［-1073741823，1073741823］，单位为脉冲。半径为正时，表示圆弧为小于或等于 180°的圆弧；半径为负时，表示圆弧为大于 180°的圆弧。半径描述方式不能用来描述整圆 5）circleDir，圆弧的旋转方向。0 表示顺时针圆弧，1 表示逆时针圆弧 6）synVel，插补段的目标合成速度，取值范围为（0，32767），单位为脉冲/ms 7）synAcc，插补段的合成加速度，取值范围为（0，32767），单位为脉冲/ms^2 8）velEnd，插补段的终点速度，取值范围为［0，32767），单位为脉冲/ms。该值只有在没有使用前瞻预处理功能时才有意义，否则该值无效，默认值为 0 9）fifo，插补缓存区号，正整数，取值范围为［0，1］，默认值为 0
指令返回值	返回值为 1：检查当前坐标系是否映射了相关轴；检查是否需要向 fifo1 中传递数据，若需要，则检查 fifo0 是否使用并运动，若运动，则返回错误；检查相应的 fifo 是否已满 其他返回值：请参照指令返回值列表

4. GT_ ArcXYC 指令

XY 平面圆弧插补的指令 GT_ArcXYC 说明见表 10-8。

表 10-8　GT_ArcXYC 指令说明

指令原型	GT_ArcXYC（short crd，long x，long y，double xCenter，double yCenter，short circleDir，double synVel，double synAcc，double velEnd = 0，short fifo = 0）
指令说明	XY 平面圆弧插补，使用圆心描述方法描述圆弧
指令类型	缓存区指令

（续）

指令参数	该指令共有10个参数： 1）crd，坐标系号，正整数，取值范围为［1，2］ 2）x，圆弧插补X轴的终点坐标值，取值范围为［－1073741823，1073741823］，单位为脉冲 3）y，圆弧插补Y轴的终点坐标值，取值范围为［－1073741823，1073741823］，单位为脉冲 4）xCenter，圆弧插补的圆心X方向相对于起点位置的偏移量 5）yCenter，圆弧插补的圆心Y方向相对于起点位置的偏移量 6）circleDir，圆弧的旋转方向。0表示顺时针圆弧，1表示逆时针圆弧 7）synVel，插补段的目标合成速度，取值范围为（0，32767），单位为脉冲/ms 8）synAcc，插补段的合成加速度，取值范围为（0，32767），单位为脉冲/ms^2 9）velEnd，插补段的终点速度，取值范围为［0，32767），单位为脉冲/ms。该值只有在没有使用前瞻预处理功能时才有意义，否则该值无效，默认值为0 10）fifo，插补缓存区号，取值范围为［0，1］，默认值为0
指令返回值	返回值为1：检查当前坐标系是否映射了相关轴；检查是否需要向fifo1中传递数据，若需要，则检查fifo0是否使用并运动，若运动，则返回错误；检查相应的fifo是否已满 其他返回值：请参照指令返回值列

5. GT_BufIO指令

缓存区内数字量I/O输出设置的指令GT_ BufIO说明见表10-9。

表10-9 GT_BufIO指令说明

指令原型	GT_BufIO（short crd，unsigned short doType，unsigned short doMask，unsigned short doValue，short fifo＝0）
指令说明	缓存区内数字量I/O输出设置指令
指令类型	缓存区指令
指令参数	该指令共有5个参数： 1）crd，坐标系号，正整数，取值范围为［1，2］ 2）doType，数字量输出的类型，有以下3种： MC_ENABLE（该宏定义为10）：输出驱动器使能 MC_CLEAR（该宏定义为11）：输出驱动器报警清除 MC_GPO（该宏定义为12）：输出通用输出 3）doMask，从bit0～bit15按位表示指定的数字量输出是否有操作。0表示该路数字量输出无操作，1表示该路数字量输出有操作 4）doValue，从bit0～bit15按位表示指定的数字量输出的值 5）fifo，插补缓存区号，正整数，取值范围为［0，1］，默认值为0
指令返回值	返回值为1：检查当前坐标系是否映射了相关轴；检查是否需要向fifo1中传递数据，若需要，则检查fifo0是否使用并运动，若运动，则返回错误；检查相应的fifo是否已满 其他返回值：请参照指令返回值列表

6. GT_BufDelay指令

缓存区内延时设置指令GT_BufDelay说明见表10-10。

表 10-10　GT_BufDelay 指令说明

指令原型	GT_BufDelay（short crd，unsigned short delayTime，short fifo = 0）
指令说明	缓存区内延时设置指令
指令类型	缓存区指令
指令参数	该指令共有 3 个参数： 1）crd，坐标系号，正整数，取值范围为［1，2］ 2）delayTime，延时时间，取值范围为［0，16383］，单位为 ms 3）fifo，插补缓存区号，正整数，取值范围为［0，1］，默认值为 0
指令返回值	返回值为 1：检查当前坐标系是否映射了相关轴；检查是否需要向 fifo1 中传递数据，若需要，则检查 fifo0 是否使用并运动，若运动，则返回错误；检查相应的 fifo 是否已满 其他返回值：请参照指令返回值列表

7. GT_CrdSpace 指令

查询插补缓存区剩余空间的指令 GT_ CrdSpace 说明见表 10-11。

表 10-11　GT_CrdSpace 指令说明

指令原型	GT_CrdSpace（short crd，long *pSpace，short fifo = 0）
指令说明	查询插补缓存区剩余空间
指令类型	立即指令，调用后立即生效
指令参数	该指令共有 3 个参数： 1）crd，坐标系号，正整数，取值范围为［1，2］ 2）pSpace，读取插补缓存区中的剩余空间 3）fifo，插补缓存区号，正整数，取值范围为［0，1］，默认值为 0
指令返回值	返回值为 1：检查当前坐标系是否映射了相关轴 其他返回值：请参照指令返回值列表

8. GT_CrdClear 指令

清除插补缓存区内插补数据的指令 GT_CrdClear 说明见表 10-12。

表 10-12　GT_CrdClear 指令说明

指令原型	GT_CrdClear（short crd，short fifo）
指令说明	清除插补缓存区内的插补数据
指令类型	立即指令，调用后立即生效
指令参数	该指令共有两个参数： 1）crd，坐标系号，正整数，取值范围为［1，2］ 2）fifo，插补缓存区号，正整数，取值范围为［0，1］，默认值为 0
指令返回值	返回值为 1： 检查当前坐标系是否映射了相关轴；检查是否需要向 fifo1 中传递数据，若需要，则检查 fifo0 是否使用并运动，若运动，则返回错误 其他返回值：请参照指令返回值列表

9. GT_CrdStart 指令

启动插补运动的指令 GT_CrdStart 说明见表 10-13。

表 10-13　GT_CrdStart 指令说明

指令原型	GT_CrdStart（short mask，short option）
指令说明	启动插补运动
指令类型	立即指令，调用后立即生效
指令参数	该指令共有两个参数： 1）mask，从 bit0 ~ bit1 按位表示需要启动的坐标系。bit0 对应坐标系 1，bit1 对应坐标系 2。0 表示不启动该坐标系，1 表示启动该坐标系 2）option，从 bit0 ~ bit1 按位表示坐标系需要启动的缓存区的编号。bit0 对应坐标系 1，bit1 对应坐标系 2。0 表示启动坐标系中 fifo0 的运动，1 表示启动坐标系中 fifo1 的运动
指令返回值	返回值为 1：检查当前坐标系是否映射了相关轴；若使用了辅助 fifo1 运动，检查当前坐标系位置有没有恢复到 fifo0 断点坐标系位置；检查参数设置是否启动了坐标系；检查坐标系是否在运动 其他返回值：请参照指令返回值列表

10. GT_GetCrdPos 指令

查询该坐标系的当前坐标位置值的指令 GT_GetCrdPos 说明见表 10-14。

表 10-14　GT_GetCrdPos 指令说明

指令原型	GT_GetCrdPos（short crd，double * pPos）
指令说明	查询该坐标系的当前坐标位置值。获取的坐标值可能和规划位置不一致，取决于建立坐标系的原点是否为零
指令类型	立即指令，调用后立即生效
指令参数	该指令共有两个参数： 1）crd，坐标系号，正整数，取值范围为［1，2］ 2）pPos，读取的坐标系的坐标值，单位为脉冲。该参数应为一个数组首元素的指针，数组的元素个数取决于该坐标系的维数
指令返回值	请参照指令返回值列表

11. GT_CrdStatus 指令

查询插补运动坐标系状态的指令 GT_CrdStatus 见表 10-15。

表 10-15　GT_CrdStatus 指令说明

指令原型	GT_CrdStatus（short crd，short * pRun，long * pSegment，short fifo = 0）
指令说明	查询插补运动坐标系状态
指令类型	立即指令，调用后立即生效

（续）

指令参数	该指令共有4个参数： 1）crd，坐标系号，正整数，取值范围为［1，2］ 2）pRun，读取插补运动状态。0表示该坐标系的该FIFO没有在运动，1表示该坐标系的该FIFO正在进行插补运动 3）pSegment，读取当前已经完成的插补段数。当重新建立坐标系或者调用GT_ CrdClear指令后，该值会被清零 4）fifo，所要查询运动状态的插补缓存区号，正整数，取值范围为［0，1］，默认值为0
指令返回值	返回值为1：检查当前坐标系是否映射了相关轴 其他返回值：请参照指令返回值列表

10.3 项目实施

1. 坐标系建立

首先建立二维坐标系，将物理上的X、Y两个电动机轴与软件计算中的X、Y两轴对应起来，获得一个以机械固定位置为原点的坐标系。坐标系建立后，末端工具的运动位置均可由此坐标系表示。

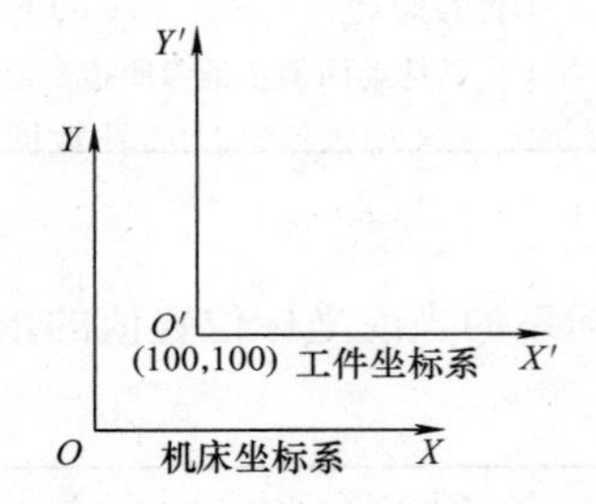

图10-6 机床坐标系与工件坐标系的偏移图示

在实际使用中，往往被加工的工件本身有一个独立的工件坐标系，工件坐标系的原点通常是加工的起始点，此时需要把机床坐标系与工件坐标系进行统一，可以通过坐标偏移的方式解决，如图10-6所示。

插补运动编程

建立坐标系的实现代码如下：

```
void CCoordinateDlg::OnButtonInitialCoordinate()
{
    short sRtn;
    TCrdPrm crdPrm;

    memset(&crdPrm,0,sizeof(crdPrm));
    crdPrm.dimension=2;          //建立二维的坐标系
    crdPrm.synVelMax=500;        //坐标系的最大合成速度为500脉冲/ms
    crdPrm.synAccMax=2;          //坐标系的最大合成加速度为2脉冲/ms²
    crdPrm.evenTime=0;           //坐标系的最小匀速时间为0
    crdPrm.profile[0]=1;         //规划器1对应到X轴
    crdPrm.profile[1]=2;         //规划器2对应到Y轴
    crdPrm.setOriginFlag=1;      //需要设置加工坐标系原点位置
    crdPrm.originPos[0]=0;       //工件坐标系原点位置在(0,0),即与机床坐标系原点重合
```

```
        crdPrm.originPos[1] = 0;

        sRtn = GT_SetCrdPrm(1,&crdPrm);
}
```

2. 直线插补

建立坐标系后，可直接使用插补指令控制末端工具的移动，如果需要末端工具进行一个直线移动，可直接使用运动控制卡的直线插补指令。通过直线插补指令，可以使末端工具在当前位置直线运动到工作空间中的另一指定坐标位置。

实现两段直线插补运动的示例程序代码如下：

```
void CCoordinateDlg::OnButtonLinearMotion()
{
    short sRtn;
    short run;                  //坐标系运动状态查询变量
    long segment;               //坐标系运动完成段查询变量
    long space;                 //坐标系的缓存区剩余空间查询变量
    //即将把数据存入坐标系 1 的 FIFO0 中,所以要首先清除此缓存区中的数据
    sRtn = GT_CrdClear(1, 0);
    //向缓存区写入第一段插补数据
    sRtn = GT_LnXY(
        1,                      //该插补段的坐标系是坐标系 1
        30000, 40000,           //该插补段的终点坐标为(30000, 40000)
        100,                    //该插补段的目标速度为 100 脉冲/ms
        0.1,                    //插补段的加速度为 0.1 脉冲/ms²
        0,                      //终点速度为 0
        0);                     //向坐标系 1 的 FIFO0 缓存区传递该直线插补数据

    //向缓存区写入第二段插补数据
    sRtn = GT_LnXY(1, 20000, 0, 100, 0.1, 0, 0);
    //查询坐标系 1 的 FIFO0 所剩余的空间
    sRtn = GT_CrdSpace(1, &space, 0);
    //启动坐标系 1 的 FIFO0 的插补运动
    sRtn = GT_CrdStart(1, 0);
    //等待运动完成
    sRtn = GT_CrdStatus(1, &run, &segment, 0);
    do
    {
        //查询坐标系 1 的 FIFO 的插补运动状态
        sRtn = GT_CrdStatus(
            1,                  //坐标系是坐标系 1
            &run,               //读取插补运动状态
            &segment,           //读取当前已经完成的插补段数
```

```
            0);                          //查询坐标系 1 的 FIFO0 缓存区
        }while(run = =1);                //坐标系在运动,查询到的 run 值为 1
    }
```

3. 圆弧插补

若要末端工具画出圆弧轨迹，则需要用到圆弧插补指令。圆弧插补指令一般有两种描述方法，即半径描述方法和圆心坐标描述方法。其中半径描述方法不能描述出一个整圆。

分别使用两种描述方法实现两段圆弧插补运动的示例程序代码如下：

```
void CCoordinateDlg::OnButtonArcMotion()
{
    short sRtn;
    short run;                       //坐标系运动状态查询变量
    long segment;                    //坐标系运动完成段查询变量
    long space;                      //坐标系的缓存区剩余空间查询变量
    //即将把数据存入坐标系 1 的 FIFO0 中,所以要首先清除此缓存区中的数据
    sRtn = GT_CrdClear(1,0);
    //向缓存区写入插补数据,该段数据是以圆心描述方法描述了一个整圆
    sRtn = GT_ArcXYC(
    1,                               //坐标系是坐标系 1
    20000,0,                         //该圆弧的终点坐标为(20000, 0)
    0,0,                             //圆弧插补的圆心相对于起点位置的偏移量为(0, 0)
    0,                               //该圆弧是顺时针圆弧
    100,                             //该插补段的目标速度为 100 脉冲/ms
    0.1,                             //该插补段的加速度为 0.1 脉冲/ms^2
    0,                               //终点速度为 0
    0);                              //向坐标系 1 的 FIFO0 缓存区传递该直线插补数据
    //向缓存区写入插补数据,该段数据是以半径描述方法描述了一个 1/4 圆弧
sRtn = GT_ArcXYR(
    1,                               //坐标系是坐标系 1
    0, 200000,                       //该圆弧的终点坐标为(0, 200000)
    200000,                          //半径为 200000 脉冲
    1,                               //该圆弧是逆时针圆弧
    100,                             //该插补段的目标速度为 100 脉冲/ms
    0.1,                             //该插补段的加速度为 0.1 脉冲/ms^2
    0,                               //终点速度为 0
    0);                              //向坐标系 1 的 FIFO0 缓存区传递该直线插补数据

//向缓存区写入第四段插补数据,回到原点位置
sRtn = GT_LnXY(1, 0, 0, 100, 0.1, 0, 0);
//查询坐标系 1 的 FIFO0 所剩余的空间
sRtn = GT_CrdSpace(1, &space, 0);
//启动坐标系 1 的 FIFO0 的插补运动
```

```
 sRtn = GT_CrdStart(1, 0);
//等待运动完成
sRtn = GT_CrdStatus(1, &run, &segment, 0);
do
{
    //查询坐标系 1 的 FIFO 的插补运动状态
    sRtn = GT_CrdStatus(
        1,                                  //坐标系是坐标系 1
        &run,                               //读取插补运动状态
        &segment,                           //读取当前已经完成的插补段数
        0);                                 //查询坐标系 1 的 FIFO0 缓存区
    } while(run = =1);                      //坐标系在运动, 查询到的 run 值为 1
}
```

项目11

计算定位精度和重复定位精度

11.1 项目引入

精度计算和程序流程

为确定设备精度，首先需要确定单个轴的精度，定位精度和重复定位精度为其中的重要指标。

数控设备各移动轴在确定的终点所能达到的实际位置精度，其误差称为定位精度。定位误差包括伺服系统、检测系统、进给系统等的误差，还包括移动部件导轨的几何误差，它将直接影响加工的精度。

重复定位精度是指在同一台数控设备上，应用相同程序进行轴运动，所得到连续结果的一致程度。重复定位精度受伺服系统特性、进给系统的间隙与刚性以及摩擦特性等因素的影响。一般情况下，重复定位精度是成正态分布的偶然性误差，它影响一批零件加工的一致性，是一项非常重要的性能指标。

本项目将学习如何测量及计算单轴定位精度和重复定位精度，所运用知识点如下：

1）光栅尺的应用。

2）专业术语。

3）单轴定位精度的计算。

4）单轴重复定位精度的计算。

11.2 相关知识

11.2.1 光栅尺

进行精度的测量，一般使用外部测量系统，不使用电动机本身的编码器，以保证结果的准确性。

此处以光栅尺为例。光栅尺也称为光栅尺位移传感器（光栅尺传感器），是利用光栅的光学原理工作的测量反馈装置。光栅尺经常应用于数控设备的闭环伺服系统中，可用作直线位移或者角位移的检测。其测量输出的信号为数字脉冲，具有检测范围大、检测精度高、响应速度快的特点。

11.2.2 专业术语

1. 目标位置

目标位置指运动部件编程要达到的位置。

2. 实际位置

实际位置指运动部件向目标位置趋近时实际测得的到达位置。

3. 位置偏差

位置偏差指运动部件到达的实际位置减去目标位置之差。

4. 单向

单向指以相同的方向沿轴线或绕轴线趋近某一目标位置的一系列测量所测得的参数。符号↑表示从正方向趋近所得的参数，符号↓表示从负方向趋近所得的参数。

5. 双向

双向指从两个方向沿轴线或绕轴线趋近某一目标位置的一系列测量所测得的参数。

11.2.3 精度计算

1. 计算位置偏差 X_{ij}

$$X_{ij} = P_{ij} - P_i \tag{11-1}$$

式中，P_{ij}（$i=1 \sim m$，$j=1 \sim n$）为实际位置，表示运动部件第 j 次向第 i 个目标位置趋近时实际测得的到达位置；P_i（$i=1 \sim m$）为目标位置，表示运动部件编程要达到的位置；X_{ij} 为位置偏差，表示运动部件到达的实际位置减去目标位置之差。

2. 计算某一位置的单向平均位置偏差 $\overline{X}_i\uparrow$ 或 $\overline{X}_i\downarrow$

正向：

$$\overline{X}_i\uparrow = \frac{1}{n}\sum_{j=1}^{n} X_{ij}\uparrow \tag{11-2}$$

负向：

$$\overline{X}_i\downarrow = \frac{1}{n}\sum_{j=1}^{n} X_{ij}\downarrow \tag{11-3}$$

3. 计算某一位置的反向差值 B_i

它是指从两个方向趋近某一位置时，两单向平均位置偏差之差，即

$$B_i = \overline{X}_i\uparrow + \overline{X}_i\downarrow \tag{11-4}$$

4. 计算在某一位置的单向轴线重复定位精度的估算值 $S_i\uparrow$ 或 $S_i\downarrow$

正向：

$$S_i\uparrow = \sqrt{\frac{1}{n-1}\sum_{j=1}^{n}(X_{ij}\uparrow - \overline{X}_i\uparrow)^2} \tag{11-5}$$

负向：

$$S_i\downarrow = \sqrt{\frac{1}{n-1}\sum_{j=1}^{n}(X_{ij}\downarrow - \overline{X}_i\downarrow)^2} \tag{11-6}$$

式中，S_i 为某一位置的单向轴线重复定位精度的估算值，表示通过对某一位置 P_i 的 n 次单向趋近所获得的位置偏差标准不确定的估算值。

5. 计算某一位置的单向轴线重复定位精度 $R_i\uparrow$ 或 $R_i\downarrow$

正向：

$$R_i\uparrow = 4S_i\uparrow \tag{11-7}$$

负向：

$$R_i\downarrow = 4S_i\downarrow \tag{11-8}$$

6. 计算某一位置的双向重复定位精度 R_i

$$R_i = \max[2S_i\uparrow + 2S_i\downarrow + |B_i|; R_i\uparrow; R_i\downarrow] \tag{11-9}$$

7. 计算重复定位精度

（1）单向轴线重复定位精度 $R\uparrow$ 或 $R\downarrow$。

正向：

$$R\uparrow = \max[R_i\uparrow] \tag{11-10}$$

负向：

$$R\downarrow = \max[R_i\downarrow] \tag{11-11}$$

（2）双向重复定位精度 R

$$R = \max[R_i] \tag{11-12}$$

8. 计算定位精度

（1）单向定位精度 $A\uparrow$ 或 $A\downarrow$

正向：

$$A\uparrow = \max[\bar{X}_i\uparrow + 2S_i\uparrow] - \min[\bar{X}_i\uparrow - 2S_i\uparrow] \tag{11-13}$$

负向：

$$A\downarrow = \max[\bar{X}_i\downarrow + 2S_i\downarrow] - \min[\bar{X}_i\downarrow - 2S_i\downarrow] \tag{11-14}$$

（2）双向定位精度 A

$$A = \max[\bar{X}_i\uparrow + 2S_i\uparrow; \bar{X}_i\downarrow + 2S_i\downarrow] - \min[\bar{X}_i\uparrow - 2S_i\uparrow; \bar{X}_i\downarrow - 2S_i\downarrow] \tag{11-15}$$

11.2.4 程序流程图

程序流程图如图 11-1 所示。

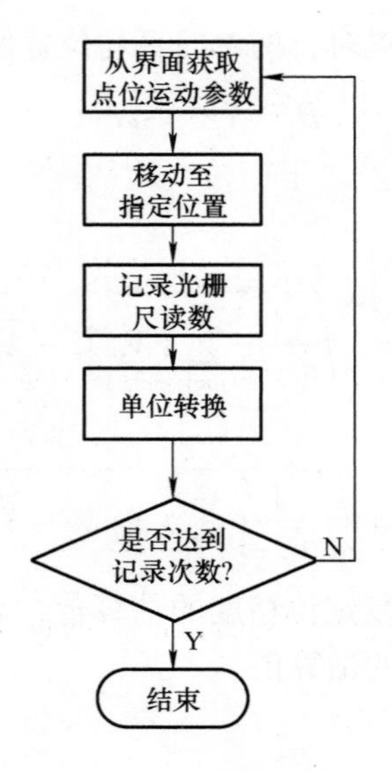

图 11-1 程序流程图

11.3 项目实施

在测量单轴精度时，需要反复移动到达同一指定目标位置，可以使用点位运动实现。设定好目标位置、运动速度以及加速度、减速度等参数，即可调用运动控制卡函数方便地实现单轴操作功能。同时，在每次运动结束后，记录光栅尺的读数，然后计算精度。

单向轴线重复定位精度实验

1. 进行轴运动

使用点位运动移动目标轴，示例代码如下：

```
//将 AXIS 轴设为点位模式
sRtn = GT_PrfTrap(AXIS);
//清除错误
sRtn = GT_ClrSts(AXIS,1);
//设置点位运动参数
    sRtn = GT_SetTrapPrm(AXIS,&trap);
//设置 AXIS 轴的目标位置
sRtn = GT_SetPos(AXIS,pos);
//设置 AXIS 轴的目标速度
sRtn = GT_SetVel(AXIS,vel);
//启动 AXIS 轴的运动
sRtn = GT_Update(1 << (AXIS - 1));
```

2. 记录光栅尺读数

读取光栅尺读数示例代码如下：

```
//读取 AXIS 轴的实际位置
sRtn = GT_GetEncPos(AXIS,&prfPos);
```

3. 单位转换

将脉冲数换算为毫米数。驱动器中设置电动机每一万个脉冲旋转一圈，通过丝杠的参数可得知丝杠导程为 10mm。由此可得出以下换算关系：

$$毫米数 = 脉冲数 \div (10000 \div 10)$$

4. 计算

以规划位置为 100mm 为例，通过多次运动得出实际位置与规划位置的误差，见表 11-1。

表 11-1　实际位置与规划位置误差列表

序号	1	2	3	4	5	6	7	平均误差
实际位置	99.9930	99.9815	99.9930	99.9880	99.9945	99.9930	99.9945	—
误差	-0.0070	-0.0185	-0.0070	-0.0120	-0.0055	-0.0070	-0.0055	-0.0089

代入公式计算后求得 $S_i \approx 0.0048\text{mm}$，故 100mm 单向轴线重复定位精度 $R_i = 4S_i = 0.0192\text{mm}$。

项目12 XY平面运动平台的优化

12.1 项目引入

在数控系统中，为了提高精度，减少机械系统的磨损和电气系统的冲击，需要使用多种手段进行系统优化。常见的优化方法有提高精度，包括定位精度、轨迹精度等；还有增加系统运行的平顺性，减少电动机转向时的冲击和优化速度，可使用前瞻预处理。

误差补偿与前瞻预处理

12.2 相关知识

12.2.1 误差补偿

误差补偿就是人为地造出一种新的误差去抵消当前成为问题的原始误差，并应尽量使两者大小相等、方向相反，从而达到减少加工误差、提高加工精度的目的。通过误差补偿措施，可以提高设备的精度水平，改善加工精度。

进行误差补偿前，首先需要测量出精度，然后在运动前对末端位置增加补偿值，再进行位置运动。在一个轴的全行程范围内，每个位置的误差都不一样，为了提高补偿的精度，可以将行程分为多段，分别进行不同的误差补偿。

12.2.2 前瞻预处理

在数控加工等应用中，要求数控系统对机床进行平滑的控制，以防止较大的冲击影响零件的加工质量。运动控制器的前瞻预处理功能可以根据用户的运动路径计算出平滑的速度规划，减少机床的冲击，从而提高加工精度，使用前瞻与不使用前瞻的速度规划区别如图 12-1所示。

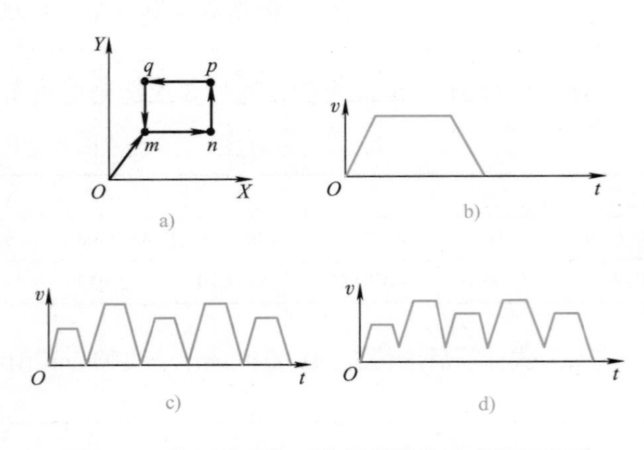

图 12-1　使用前瞻与不使用前瞻的速度规划区别

如果按照图 12-1b 所示的速度规划，即在拐角处不减速，则加工精度一定会较低，而且可能在拐弯时对刀

具和零件造成较大冲击。如果按照图 12-1c 所示的速度规划，即在拐角处减速为 0，可以最大限度地保证加工精度，但加工速度就会慢下来。如果按照图 12-1d 所示的速度规划，在拐角处将速度减小到一个合理值，既可以满足加工精度又能提高加工速度，就是一个好的速度规划。

为了实现类似图 12-1d 所示的好的速度规划，前瞻预处理模块不仅要知道当前运动的位置参数，还要提前知道后面若干段运动的位置参数，这就是所谓的前瞻。例如，在对图 12-1a 中的轨迹做前瞻预处理时，设定控制器预先读取 50 段运动轨迹到缓存区中，则它会自动分析出在第 30 段将会出现拐点，并依据用户设定的拐弯时间计算在拐弯处的终点速度。前瞻预处理模块也会依照用户设定的最大加速度值计算速度规划，使任何加减速过程都不会超过这个值，防止对机械部分产生破坏性冲击力。

例如：假设机床加工过程中，需要走一长直线 *AB*，该直线由 300 条小直线段组成，现对这段路径进行前瞻预处理。其运动规划轨迹如图 12-2所示。线段 *OA* 为起始轨迹。

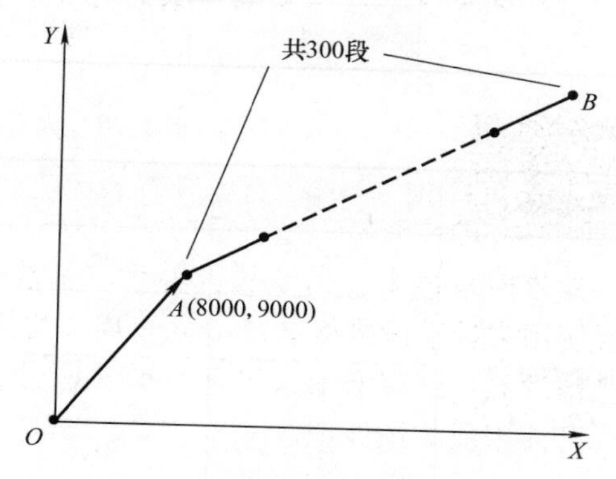

图 12-2　前瞻预处理运动规划轨迹

12.2.3　硬件准备

1. 机械准备

以 *X*、*Y* 轴模组构建的平面运动平台为例，如图 12-3 所示，使用光栅尺读取实际位置数据。

图 12-3　*X*、*Y* 平面运动平台示意图

2. 电气准备

硬件平台的接线包括传感器与端子板的接线，伺服驱动器与电动机、编码器的接线，分别见表 12-1 ~ 表 12-3。

表 12-1　传感器与端子板的接线

模块	引脚	信号	模块	引脚	信号
Home	1	DC 5V ~ 24V	端子板	1	OVCC
	3	OUTPUT		5	HOME0
	4	0V		3	OGND
正限位	1	—		9	LIMT +
	2	—		4	OGND
负限位	1	—		10	LIMT −
	2	—		4	OGND

表 12-2　伺服驱动器与伺服电动机的接线

模块	引脚	信号	模块	引脚	信号
伺服驱动器 U、V、W 接口	1	U	伺服电动机	1	U1
	2	V		2	V1
	3	W		3	W1
	4	PE		4	PE

表 12-3　伺服驱动器与编码器的接线

模块	引脚	信号	模块	引脚	信号
伺服驱动器 C2 接口	5	PS	编码器	5	PS
	6	PS -		6	PS -
	1	+5V		1	+5V
	2	0V		2	0V
	4	FG		4	FG

12.2.4　程序流程图

XY 平面运动平台优化的程序流程图如图 12-4 所示。

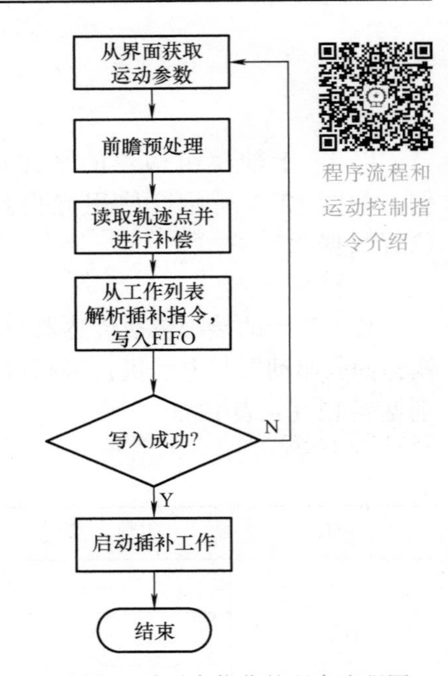

图 12-4　*XY* 平面运动平台优化的程序流程图

12.2.5　指令列表

前瞻预处理需要使用的指令及说明见表 12-4。

表 12-4　前瞻预处理相关指令及说明

指令	说明
GT_InitLookAhead	初始化插补前瞻缓存区
GT_CrdData	向插补缓存区增加插补数据

1. GT_InitLookAhead 指令

初始化插补前瞻缓存区的指令 GT_InitLookAhead 说明见表 12-5。

表 12-5　GT_InitLookAhead 指令说明

指令原型	GT_InitLookAhead (short crd, short fifo, double T, double accMax, short n, TCrdData * pLookAheadBuf)
指令说明	初始化插补前瞻缓存区
指令类型	立即指令，调用后立即生效

（续）

指令参数	该指令共有6个参数： 1）crd，坐标系号，正整数，取值范围为［1，2］ 2）fifo，插补缓存区号，正整数，取值范围为［0，1］，默认值为0 3）T，拐弯时间，单位为ms 4）accMax，最大加速度，单位为脉冲/ms² 5）n，前瞻缓存区大小，取值范围为［0，32767） 6）pLookAheadBuf，前瞻缓存区内存区指针
指令返回值	请参照指令返回值列表

2. GT_CrdData 指令

把前瞻缓存区的数据压入运动缓存区的指令 GT_CrdData 说明见表 12-6。

表 12-6　GT_CrdData 指令说明

指令原型	GT_CrdData（short crd，TCrdData *pCrdData，short fifo = 0）
指令说明	用于在使用前瞻时。调用该指令表示后续没有新的数据，将会一次性把前瞻缓存区的数据压入运动缓存区
指令类型	立即指令，调用后立即生效
指令参数	该指令共有3个参数。 1）crd，坐标系号，正整数，取值范围为［1，2］ 2）pCrdData，只能设置为NULL 3）fifo，插补缓存区号，正整数，取值范围为［0，1］，默认值为0
指令返回值	若返回值不为0，说明前瞻缓存区还有数据没有被压入运动缓存区，而运动缓存区没有空间了。此时需要检查运动缓存区的空间［调用 GT_CrdSpace()检查］。当检查运动缓存区有空间时，再次调用 GT_CrdData()指令，直至返回值为0时，前瞻缓存区的数据才被完全送入运动缓存区

12.3 项目实施

1. 测定单轴精度

前瞻预处理优化实验

分别测出 X 轴和 Y 轴的定位精度。为提高精度可以分为多段，例如100mm 为一段，分别进行测量，然后建立补偿，见表 12-7。

表 12-7　定位精度补偿

（单位：mm）

Y轴	X轴		
	100	200	300
100	(0.0089，0.0107)	(0.0077，0.0107)	(0.0113，0.0107)
200	(0.0089，0.0091)	(0.0077，0.0091)	(0.0113，0.0091)
300	(0.0089，0.0126)	(0.0077，0.0126)	(0.0113，0.0126)

根据表 12-7，定义两个数组存放 100mm 行程的补偿数据，代码如下：

```
//定义补偿数组
double compensation_x[3] = {0.0089,0.0077,0.0113};
double compensation_y[3] = {0.0107,0.0091,0.0126};
```

2. 进行前瞻预处理

代码如下：

```
//定义前瞻缓存区内存区
TCrdData crdData[200];
long posTest[2];
long space;
//初始化坐标系 1 的 FIFO0 的前瞻模块
sRtn = GT_InitLookAhead(1,0,5,1,200,crdData);
```

3. 运动补偿

对需要进行插补运动的轨迹点进行补偿，补偿范围参考表 12-7，相关代码如下：

```
//判断补偿范围
int index_x = pos_mm_x /100;
int index_y = pos_mm_y /100;
//添加补偿值
pos_mm_x = pos_mm_x + compensation_x[index_x];
pos_mm_y = pos_mm_y + compensation_y[index_y];
```

4. 添加插补数据

相关代码如下：

```
//当量转换,假设驱动器设置电动机每圈 10000 脉冲,丝杠导程 10mm
pos_x = pos_mm_x * 1000;
pos_y = pos_mm_y * 1000;
//插入直线插补数据
sRtn = GT_LnXY(1,pos_x,pos_y,100,0.8,0,0);
```

5. 启动插补

相关代码如下：

```
//将前瞻缓存区中的数据压入控制器
sRtn = GT_CrdData(1,NULL,0);
//启动运动
sRtn = GT_CrdStart(1,0);
```

项目13

综合实训

13.1 项目引入

编写实训平台控制程序，控制实训平台的流水线、供料机构和 X、Y、Z 轴运动机构。功能结构如图 13-1 所示。

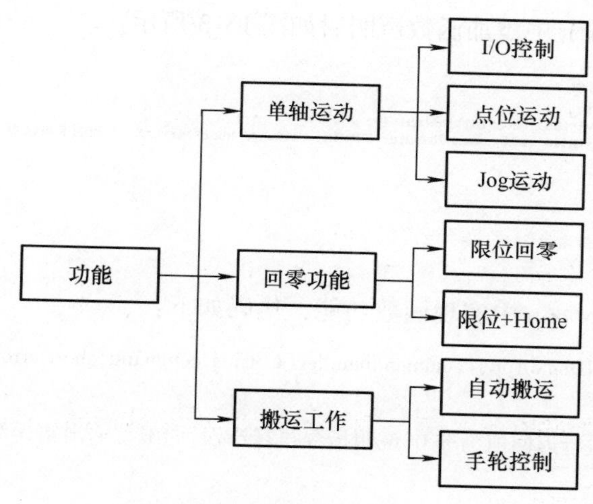

图 13-1　功能结构

13.2 项目实施

13.2.1　删除现有控件

综合实训：删除现有控件

新建 MFC 基于对话框项目，将运动控制卡的头文件、静态链接库、动态链接库和配置文件复制到工程目录下。

在资源视图下，打开 Dialog 界面，将系统默认的三个界面控件删除，如图 13-2所示。

13.2.2　报错提示

综合实训：报错提示

为了在控制卡指令出现错误时得知报错信息，需要编写一个函数使得错误结果能在界面上进行提示。由于这个函数需要使用的场景覆盖了整个工程，因

TODO：在此放置对话框控件。

确定　取消

图 13-2　删除默认的界面控件

此把这个函数写成全局函数。

1. 声明

在 MotionControlDemo. h 中 public 下声明函数 commandhandler。这里需要使用 static 进行静态修饰，代码如下：

```
static void commandhandler( CString command,short error) ;//控制卡报错提示
```

在 MotionControlDemo. h 中添加函数声明后如图 13-3 所示。

```
// 重写
public:
    virtual BOOL InitInstance();
    static void commandhandler(CString command, short error); //控制卡报错提示
```

图 13-3　头文件中添加函数声明

2. 实现

在 MotionControlDemo. cpp 中实现函数功能，代码如下：

```
void CMotionControlDemoApp :: commandhandler( CString command,short error)
{
    //如果指令执行返回值为非 0,说明指令执行错误,向屏幕输出错误结果
    if (error)
    {
        CString str;
        str. Format(_T(" = % d") ,error) ;
        str = command + str;
        MessageBox(NULL,str,_T("Error") ,MB_OK) ;
    }
}
```

3. 调用

此后在需要使用错误提示时，只须输入以下代码即可，无须重复编写，代码如下：

```
CMotionControlDemoApp :: commandhandler(控制卡指令,指令反馈结果) ;
```

13.2.3　控制卡初始化

综合实训：控制卡初始化

由于要使用控制卡的功能，首先需要在程序启动运行时对控制卡进行初始化操作。

1. 声明

在 MotionControlDemoDlg. h 中声明函数 MotionControlCardInit（），代码如下：

```
protected:
    HICON m_hIcon;
    //生成的消息映射函数
    void MotionControlCardInit( );
```

在 MotionControlDemoDlg. cpp 中引用控制卡头文件 gts. h，代码如下：

```
#include "gts. h"
```

2. 实现

编写初始化函数，代码如下：

```
//控制卡初始化
voidCMotionControlDemoDlg::MotionControlCardInit( )
{
    short sRtn;
    sRtn = GT_Open( );                                   //打开运动控制器
    CMotionControlDemoApp::commandhandler(_T("GT_Open"),sRtn);
    sRtn = GT_Reset( );                                  //复位运动控制器
    CMotionControlDemoApp::commandhandler(_T("GT_Reset"),sRtn);
    sRtn = GT_LoadConfig("GTS800. cfg");                 //加载运动控制器配置文件
    CMotionControlDemoApp::commandhandler(_T("GT_LoadConfig"),sRtn);
    sRtn = GT_ClrSts(1,4);                               //清除各轴的报警和限位
    CMotionControlDemoApp::commandhandler(_T("GT_ClrSts"),sRtn);
}
```

3. 调用

在 OnInitDialog（）中调用初始化函数，代码如下：

```
//TODO:在此添加额外的初始化代码
    MotionControlCardInit( );//控制卡初始化
```

13.2.4 建立状态监控区域界面

1. 添加控件及变量

综合实训：建立状态监控区域界面

从工具箱中拖出一个 List Control 控件，ID 设置为 IDC_AxisStatus_List，视图属性设为Report，即为报表风格。

选中 List_Control 控件面板，右击选择“添加变量”，在“名称”文本框中输入“m_AxisStatus_List”，单击“完成”按钮，如图 13-4 所示。

2. 声明

在 MotionControlDemoDlg. h 中声明初始化函数，代码如下：

```
afx_msgvoidStatusListInit( );//初始化状态监测表
```

在 MotionControlDemoDlg. h 中声明初始化函数位置如图 13-5 所示。

添加控制变量
常规设置

控件
其他

控件 ID(I)：IDC_AxisStatus_List
控件类型(Y)：SysListView32
类别(T)：控件
名称(N)：m_AxisStatus_List
访问(A)：public
变量类型(V)：CListCtrl
注释(M)：

上一步　下一步　完成　取消

图 13-4　添加 List Control 控件变量

```
// 实现
protected:
    HICON m_hIcon;

    // 生成的消息映射函数
    virtual BOOL OnInitDialog();
    afx_msg void OnSysCommand(UINT nID, LPARAM lParam);
    afx_msg void OnPaint();
    afx_msg HCURSOR OnQueryDragIcon();
    afx_msg void StatusListInit();//初始化状态监测表
    DECLARE_MESSAGE_MAP()
```

图 13-5　声明初始化函数

3. 实现

在 MotionControlDemoDlg. cpp 中编写 StatusListInit （） 函数，代码如下：

```
void CMotionControlDemoDlg::StatusListInit()
{
//添加 IDC_AxisStatus_List 初始化代码
    //为列表视图控件添加全行选中和栅格风格
    m_AxisStatus_List. SetExtendedStyle(m_AxisStatus_List. GetExtendedStyle() | LVS_EX_FULL-
ROWSELECT |LVS_EX_GRIDLINES |LVS_EX_DOUBLEBUFFER);

    //为列表视图控件添加七列
```

```
        m_AxisStatus_List. InsertColumn(0,_T("轴号"),LVCFMT_CENTER,50,0);
        m_AxisStatus_List. InsertColumn(1,_T("使能状态"),LVCFMT_CENTER,60,1);
        m_AxisStatus_List. InsertColumn(2,_T("正限位"),LVCFMT_CENTER,50,2);
        m_AxisStatus_List. InsertColumn(3,_T("负限位"),LVCFMT_CENTER,50,3);
        m_AxisStatus_List. InsertColumn(4,_T("伺服报警"),LVCFMT_CENTER,60,4);
        m_AxisStatus_List. InsertColumn(5,_T("规划位置"),LVCFMT_CENTER,80,5);
        m_AxisStatus_List. InsertColumn(6,_T("实际位置"),LVCFMT_CENTER,80,6);

        //在列表视图控件中插入列表项,并设置列表子项文本
        m_AxisStatus_List. InsertItem(0,_T("一轴"));
        m_AxisStatus_List. InsertItem(1,_T("二轴"));
        m_AxisStatus_List. InsertItem(2,_T("三轴"));
        m_AxisStatus_List. InsertItem(3,_T("四轴"));

        //禁止列拉伸
        m_AxisStatus_List. GetHeaderCtrl() - > EnableWindow(false);
    }
```

同理，再建立一个读取 I/O 状态的 List Control 控件，ID 设置为 IDC_IOStatus_List，在 StatusListInit（）函数内添加控件编辑代码，代码如下：

```
    //添加 IDC_IOStatus_List 初始化代码
        //为列表视图控件添加全行选中和栅格风格
        m_IOStatus_List. SetExtendedStyle( m_20Status_List. GetExtendedStyle( ) |LVS_EX_FULLROWSE-
LECT |LVS_EX_GRIDLINES |LVS_EX_DOUBLEBUFFER);

        //为列表视图控件添加四列
        m_IOStatus_List. InsertColumn(0,_T("输入信号"),LVCFMT_CENTER,90,0);
        m_IOStatus_List. InsertColumn(1,_T("状态"),LVCFMT_CENTER,50,1);
        m_IOStatus_List. InsertColumn(2,_T("输出信号"),LVCFMT_CENTER,110,2);
        m_IOStatus_List. InsertColumn(3,_T("状态"),LVCFMT_CENTER,50,3);

        //在列表视图控件中插入列表项,并设置列表子项文本
        m_IOStatus_List. InsertItem(0,_T("推料气缸收回"));
        m_IOStatus_List. SetItemText(0,2,_T("气缸推料"));
        m_IOStatus_List. InsertItem(1,_T("推料气缸推出"));
        m_IOStatus_List. SetItemText(1,2,_T("气缸复位"));
        m_IOStatus_List. InsertItem(2,_T("料仓检测 1"));
        m_IOStatus_List. SetItemText(2,2,_T("真空电磁阀打开"));
        m_IOStatus_List. InsertItem(3,_T("料仓检测 2"));
        m_IOStatus_List. SetItemText(3,2,_T("真空电磁阀关闭"));
        m_IOStatus_List. InsertItem(4,_T("流水线来料"));
        m_IOStatus_List. InsertItem(5,_T("真空负压"));
```

```
//禁止列拉伸
m_IOStatus_List. GetHeaderCtrl() - >EnableWindow(false);
```

4. 调用

在 OnInitDialog（）函数中调用 StatusListInit（）函数，可写在控制卡初始化之后，代码如下：

```
MotionControlCardInit();          //控制卡初始化
StatusListInit();                 //添加状态监测表初始化代码
```

运行后效果如图 13-6 所示。

轴号	使能状态	正限位	负限位	伺服报警	规划位置	实际位置
一轴	使能关闭	未触发	触发	伺服正常	-92559631...	-92559631...
二轴	使能关闭	未触发	触发	伺服正常	-92559631...	-92559631...
三轴	使能关闭	未触发	触发	伺服正常	-92559631...	-92559631...
四轴	使能关闭	未触发	触发	伺服正常	-92559631...	-92559631...

输入信号	状态	输出信号	状态
推料气缸收回	触发	推料气缸控制	气缸复位
推料气缸推出	触发	真空电磁阀	真空关闭
料仓检测1	未触发		
料仓检测2	未触发		
流水线来料	触发		
真空负压	未吸取		

图 13-6 状态检测表运行效果

13.2.5 添加状态查询功能

综合实训：添加状态查询功能

在界面部分制作完成后，需要实时监测控制卡的状态并将其显示在界面上。因此，需要建立一个不断循环读取轴和 I/O 状态的函数，为了使此函数不妨碍程序的其他功能执行，可专门为其开一个线程进行读取工作，并将结果通过 PostMessage 传递给界面线程后，由界面线程显示在状态表中。这里需要使用程序编写时常用的多线程编程方法。

1. 定义存取状态信息结构体

在 MotionControl_DemoDlg. h 中定义一个结构体进行状态信息的存取。结构体命名为 MotionStatusStruct，添加在 public 下，写在“CListCtrl m_IOStatus_List;”后面，代码如下：

```
typedef struct MotionStatusStruct //控制卡状态信息结构体
{
    long lAxisStatus;          //轴状态
    double dPrfPos;            //规划位置
    double dEncPos;            //实际位置
    long lInValue;             //输入信号
    long lOutValue;            //输出信号
} MotionStatusStruct;
```

2. 声明线程

定义一个线程，添加在 public 下，可写在 MotionStatusStruct 后面，代码如下：

```
static UINT MotionStatusThread(LPVOID pParam);//状态检测线程
```

3. 添加自定义消息 ID

添加自定义消息 ID，命名为 WM_MotionStatus_MESSAGE，代码如下：

```
#pragma once

#define WM_MotionStatus_MESSAGE WM_USER + 100    //控制卡状态消息

//CMotionControlDemoDlg 对话框
```

此处的 WM_USER 是 Windows 系统为非系统消息保留的 ID，为了防止用户定义的消息 ID 与系统的消息 ID 冲突，Windows 系统定义了一个宏 WM_USER，小于 WM_USER 的 ID 被系统使用，大于 WM_USER 的 ID 被用户使用。这里 WM_USER 的值至少要增加 100 以上使其大于 100，因为其他控件的消息会占用一部分。

4. 声明消息处理函数

定义消息处理函数，可添加在 DECLARE_MESSAGE_MAP（）上方，代码如下：

```
afx_msg LRESULT OnMotionStatusMessage(WPARAM wParam, LPARAM lParam); //控制卡状态监测
消息处理
```

5. 定义线程

在 MotionControlDemoDlg. cpp 中，新建函数 MotionStatusThread（），并编写控制卡状态读取工作，代码如下：

```
UINT CMotionControlDemoDlg::MotionStatusThread(LPVOID pParam)
{
    MotionStatusStruct mMotionStatus[4];                    //传递控制卡状态结构体数组
    long axisStatus;
    double PrfPos;
    double EncPos;
    long GpiValue;
    long GpoValue;

    while (1)
    {
        for (int axis = 1;axis < 5;axis ++)                 //循环读取 1 ~4 轴状态
        {
            GT_GetSts(axis,&axisStatus);                    //读取轴状态
            mMotionStatus[axis - 1].lAxisStatus = axisStatus;

            GT_GetPrfPos(axis,&PrfPos);                     //读取规划位置
            mMotionStatus[axis - 1].dPrfPos = PrfPos;

            GT_GetEncPos(axis,&EncPos);                     //读取实际位置
            mMotionStatus[axis - 1].dEncPos = EncPos;
        }
```

```
            GT_GetDi(MC_GPI,&GpiValue);                     //读取通用输入状态
            mMotionStatus[0].lInValue = GpiValue;

            GT_GetDo(MC_GPO,&GpoValue);                     //读取通用输出状态
            mMotionStatus[0].lOutValue = GpoValue;

            ::PostMessage(AfxGetMainWnd()->GetSafeHwnd(),WM_MotionStatus_MESSAGE,
(WPARAM)mMotionStatus,NULL);//传递状态至界面线程
            Sleep(300);                                     //延时300ms防止界面卡死
        }
        return 0;
    }
```

6. 启动线程

在 OnInitDialog（）函数中，启动状态监测线程，代码可写在监测表初始化之后，具体如下：

```
    StatusListInit();                            //添加状态监测表初始化代码
    AfxBeginThread((AFX_THREADPROC)MotionStatusThread,(VOID *)this,THREAD_PRIORITY_
NORMAL,0,0,NULL);                                //启动状态监控线程
```

7. 定义消息处理函数

新建函数 OnMotionStatusMessage（）作为消息处理函数，把监测线程中传递来的数据显示在界面上，代码如下：

```
    //更新状态至表格中
    LRESULT CMotionControlDemoDlg::OnMotionStatusMessage(WPARAM wParam,LPARAM lParam)
    {
        //TODO:处理用户自定义消息
        MotionStatusStruct * mAMotionStatus = (MotionStatusStruct *)wParam;
        CString str;

        //轴状态写入
        for (int i=0;i<4;i++)
        {
            //表格中写入使能状态
            if (mAMotionStatus[i].lAxisStatus& 0x200)
            {
                m_AxisStatus_List.SetItemText(i,1,_T("使能开启"));
            }
            else
            {
                m_AxisStatus_List.SetItemText(i,1,_T("使能关闭"));
```

```
		}
		//表格中写入正限位状态
		if (mAMotionStatus[i]. lAxisStatus& 0x20)
		{
			m_AxisStatus_List. SetItemText(i,2,_T("触发"));
			GT_ClrSts(i+1);//尝试清除限位状态
		}
		else
		{
			m_AxisStatus_List. SetItemText(i,2,_T("未触发"));
		}
		//表格中写入负限位状态
			if (mAMotionStatus[i]. lAxisStatus& 0x40)
		{
			m_AxisStatus_List. SetItemText(i,3,_T("触发"));
			GT_ClrSts(i+1);//尝试清除限位状态
		}
		else
		{
			m_AxisStatus_List. SetItemText(i,3,_T("未触发"));
		}
		//表格中写入伺服状态
		if (mAMotionStatus[i]. lAxisStatus& 0x2)
		{
			m_AxisStatus_List. SetItemText(i,4,_T("伺服报警"));
		}
		else
		{
			m_AxisStatus_List. SetItemText(i,4,_T("伺服正常"));
		}
		//表格中写入规划位置
		str. Format(_T("%. 3lf"),mAMotionStatus[i]. dPrfPos);
		m_AxisStatus_List. SetItemText(i,5,str);
		//表格中写入实际位置
		str. Format(_T("%. 3lf"),mAMotionStatus[i]. dEncPos);
		m_AxisStatus_List. SetItemText(i,6,str);
	}

	//I/O状态写入
	//表格中写入输入信号
	for (int i=0;i<5;i++)
	{
		if (mAMotionStatus[0]. lInValue& (1<<i))
```

```
        {
            m_IOStatus_List. SetItemText(i,1,_T("触发"));
        }
        else
        {
            m_IOStatus_List. SetItemText(i,1,_T("未触发"));
        }
        }
    if (mAMotionStatus[0]. lInValue& (1 <<5))
    {
        m_IOStatus_List. SetItemText(5,1,_T("吸取"));
    }
    else
    {
        m_IOStatus_List. SetItemText(5,1,_T("未吸取"));
    }

    //表格中写入输出信号
    //气缸输出状态
    if (mAMotionStatus[0]. lOutValue& (1 <<10))
    {
        m_IOStatus_List. SetItemText(0,3,_T("气缸复位"));
    }
    else
    {
        m_IOStatus_List. SetItemText(0,3,_T("气缸推料"));
    }
    //真空输出状态
    if (mAMotionStatus[0]. lOutValue& (1 <<11))
    {
        m_IOStatus_List. SetItemText(1,3,_T("真空关闭"));
    }
    else
    {
        m_IOStatus_List. SetItemText(1,3,_T("真空打开"));
    } returnLRESULT();
}
```

8. 消息映射

把消息 ID 和处理函数关联起来就是消息映射，同样是在主类中操作，找到 MESSAGE_MAP，在 BEGIN_MESSAGE_MAP（CMotionControlDemoDlg，CDialogEx）内写入代码，把消息功能和处理函数进行关联，代码如下：

```
//状态监测,消息 ID 关联处理函数
ON_MESSAGE(WM_MotionStatus_MESSAGE,&CMotionControlDemoDlg::OnMotionStatusMessage)
```

13.2.6 多界面切换功能

由于从功能设计上有三个功能模块，分别是单轴控制、回零功能和搬运流程，因此需要制作三个分别显示不同功能的交互界面，界面间可方便地进行切换，此处使用 Tab Control 控件实现。

综合实训：
多界面切换功能

1. 添加控件及声明变量

在资源视图中打开 IDD_MOTIONCONTROLDEMO_DIALOG，在界面编辑框中拖入一个 Tab Control 控件，ID 设置为 IDC_Mode_TAB。

打开 MotionControlDemoDlg. h，在 public 下，声明一个 CTabCtrl 变量，代码如下：

```
CTabCtrl m_Mode_TAB;
```

2. 声明初始化函数

声明初始化函数，位置可参考初始化状态监测表，代码如下：

```
afx_msgvoidTabInit();//初始化 Tab 界面
```

3. 添加映射关系

变量 m_Mode_TAB 用来与对话框中的 Tab Control 控件交互，为此要在 MotionControl_DemoDlg. cpp 中的 void CMotionControlDemoDlg::DoDataExchange (CDataExchange * pDX) 函数中加入如下 DDX_Control 语句：

```
DDX_Control(pDX,IDC_Mode_TAB,m_Mode_TAB);
```

4. 定义 Tab 界面初始化函数

新建一个函数 TabInit 用于初始化 Tab 界面，首先给 Tab Control 控件添加 3 个可切换的界面，代码如下：

```
//Tab 界面初始化
void CMotionControlDemoDlg::TabInit()
{
    m_Mode_TAB. InsertItem(0,_T(" 单轴控制 "));
    m_Mode_TAB. InsertItem(1,_T(" 回零功能 "));
    m_Mode_TAB. InsertItem(2,_T(" 搬运流程 "));
}
```

5. 调用初始化函数

在 OnInitDialog () 中调用初始化函数，可写在状态检测表初始化之后，代码如下：

```
StatusListInit();//添加状态监测表初始化代码
TabInit();//Tab 页面初始化
```

多界面切换功能运行后效果如图 13-7 所示。

6. 新建 Dialog 界面及添加类和变量

Tab 建立后，分别建立三个界面在 Tab 显示，以单轴控制为例。

(1) 新建 Dialog 界面　在资源视图中选择“Dialog”文件夹，右击弹出右键菜单，选择

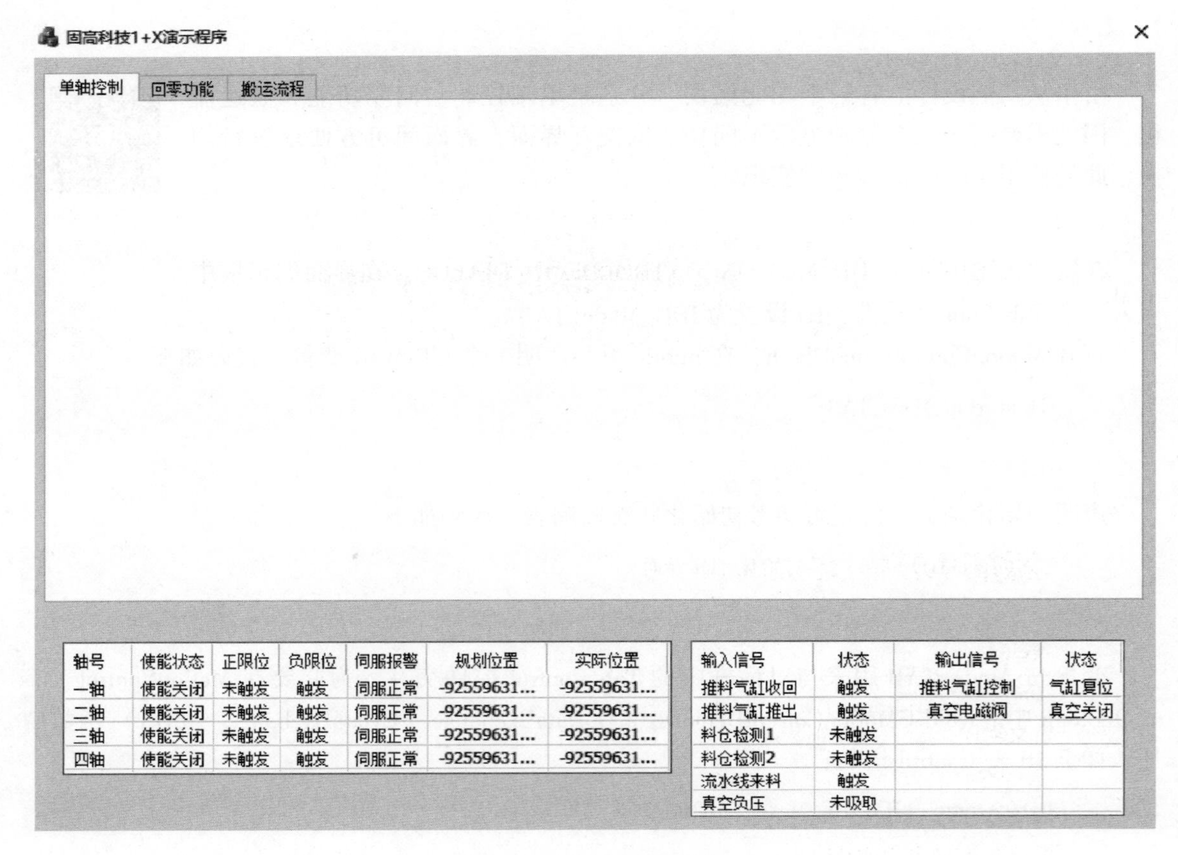

图 13-7　多界面切换效果

“插入 Dialog”，如图 13-8 所示。

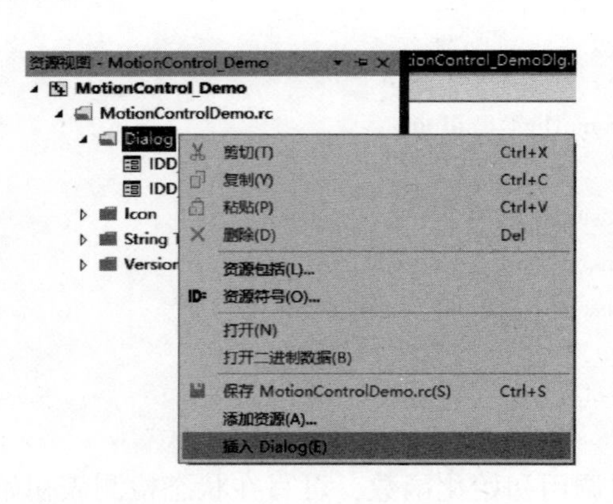

图 13-8　插入 Dialog 界面

在新创建的 Dialog 界面中，删除自动生成的按钮控件，在属性设置中将对话框 ID 设置为 IDD_SingleAxis__DIALOG，将边框设置为 None，样式设置为 Child。

（2）添加类　在框体中右击弹出右键菜单，选择“添加类”，如图 13-9 所示。

单击后在界面中填入类名，命名为 SingleAxis_Page，注意对话框 ID 是否为框体 ID：IDD_SingleAxis_DIALOG，单击“确定”按钮，完成添加类操作，如图 13-10 所示。

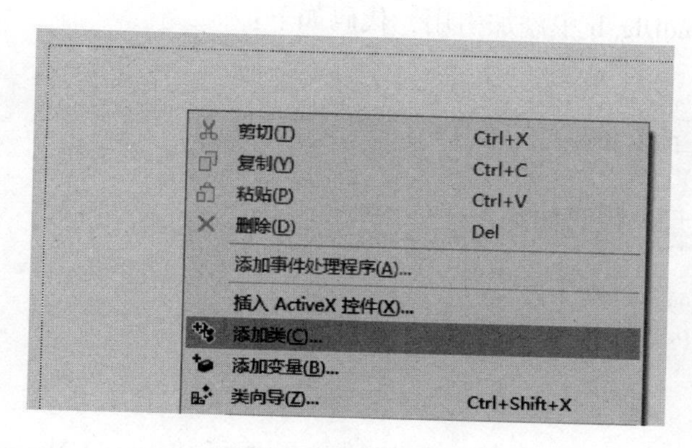

图 13-9　添加类

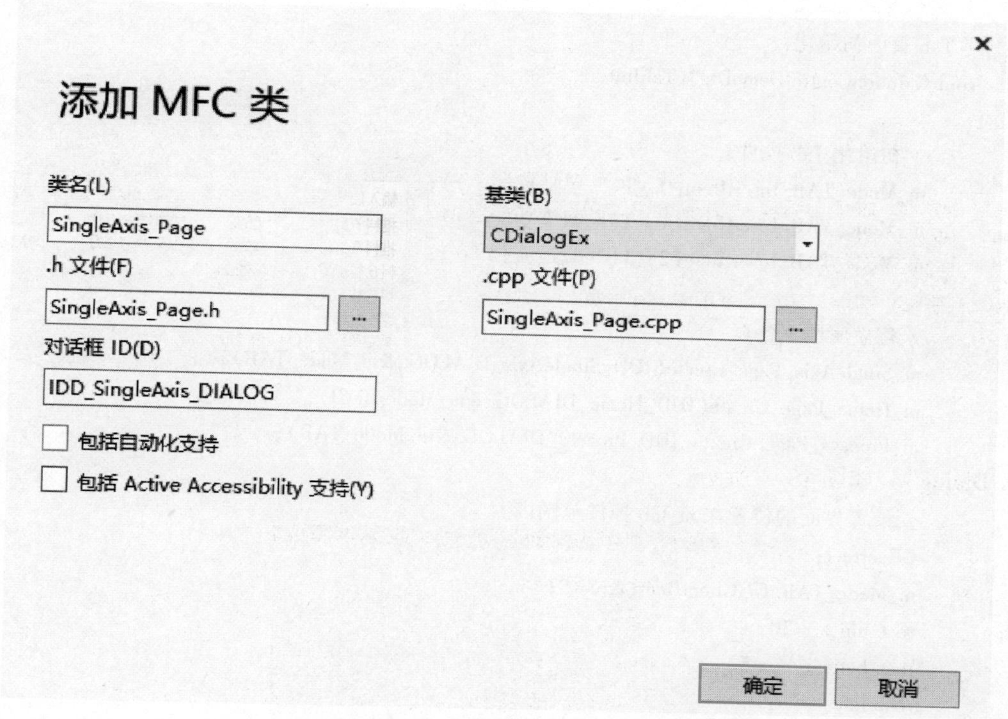

添加 MFC 类

类名(L)　SingleAxis_Page

基类(B)　CDialogEx

.h 文件(F)　SingleAxis_Page.h

.cpp 文件(P)　SingleAxis_Page.cpp

对话框 ID(D)　IDD_SingleAxis_DIALOG

包括自动化支持

包括 Active Accessibility 支持(Y)

确定　取消

图 13-10　添加 SingleAxis_Page 类

（3）添加引用　在 MotionControlDemoDlg. h 中添加 SingleAxis _ Page. h 的引用，代码如下：

```
#include"SingleAxis_Page. h"
```

（4）添加变量　在 public 下添加变量，代码如下：

```
SingleAxis_Page m_SingleAxis_Page;
```

（5）添加回零功能界面和搬运流程界面　同理建立另外两个界面。
回零功能界面 ID：IDD_Home__DIALOG，类名：Home_Page。
搬运流程界面 ID：IDD_Process__DIALOG，类名：Process_Page。

在 MotionControlDemoDlg. h 中添加引用，代码如下：

```
#include"Home_Page. h"
#include"Process_Page. h"
```

在 public 下添加变量，代码如下：

```
Home_Page m_Home_Page;
Process_Page m_Process_Page;
```

7. 完善 Tab 初始化函数

在 MotionControlDemoDlg. cpp 中的 Tab 初始化界面函数 void CMotionControlDemoDlg :: TabInit （） 中添加界面显示代码，具体如下：

```
//Tab 页面初始化
void CMotionControlDemoDlg :: TabInit( )
{
    //初始化 Tab 控件
    m_Mode_TAB. InsertItem(0,_T(" 单轴控制 "));
    m_Mode_TAB. InsertItem(1,_T(" 回零功能 "));
    m_Mode_TAB. InsertItem(2,_T(" 搬运流程 "));

    //建立属性页各页
    m_SingleAxis_Page. Create(IDD_SingleAxis_DIALOG,&m_Mode_TAB);
    m_Home_Page. Create(IDD_Home_DIALOG,&m_Mode_TAB);
    m_Process_Page. Create(IDD_Process_DIALOG,&m_Mode_TAB);

    //设置界面的位置在 m_tab 控件范围内
    CRectrect;
    m_Mode_TAB. GetClientRect(&rect);
    rect. top + =30;
    rect. bottom - =5;
    rect. left + =5;
    rect. right - =5;
    m_SingleAxis_Page. MoveWindow(&rect);
    m_Home_Page. MoveWindow(&rect);
    m_Process_Page. MoveWindow(&rect);
    m_SingleAxis_Page. ShowWindow(TRUE);
    m_Mode_TAB. SetCurSel(0);
}
```

8. 添加事件函数

在资源视图中打开 IDD_MOTIONCONTROLDEMO_DIALOG，选择“属性”，在事件选项卡中添加事件“TCN_SELCHANGE”和事件“TCN_SELCHANGING”的事件函数，如图 13-11 所示。

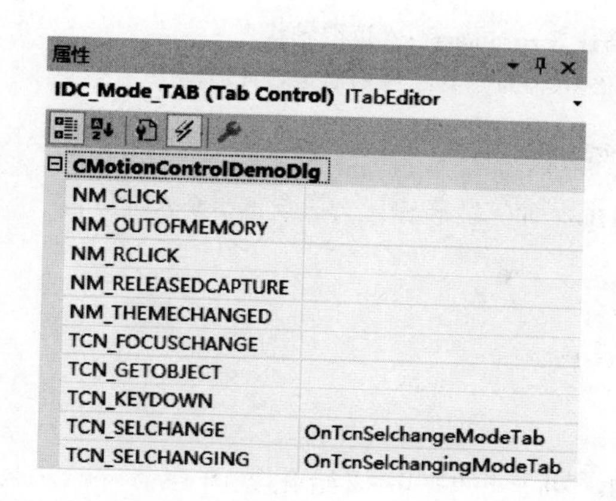

图13-11 添加事件“TCN_SELCHANGE”和事件“TCN_SELCHANGING”的事件函数

9. 获取界面编号

在 MotionControlDemoDlg. h 中的 public 下添加变量 CurSel，代码如下：

```
intCurSel;
```

在 MotionControlDemoDlg. cpp 中的 OnTcnSelchangingModeTab（）函数中编写记录当前界面编号功能代码，具体如下：

```
void CMotionControlDemoDlg::OnTcnSelchangingModeTab(NMHDR * pNMHDR,LRESULT * pResult)
{
    //TODO:在此添加控件通知处理程序代码
    //获取当前界面编号
    CurSel = m_Mode_TAB. GetCurSel();

    * pResult = 0;
}
```

10. 界面切换

在 MotionControlDemoDlg. cpp 中的 OnTcnSelchangeModeTab（）函数中编写界面切换功能代码，具体如下：

```
//Tab 界面切换功能
void CMotionControlDemoDlg::OnTcnSelchangeModeTab(NMHDR * pNMHDR,LRESULT * pResult)
{
    //TODO:在此添加控件通知处理程序代码
    long axisStatus;

    //运动中禁止切换界面
    for (intaxis = 1;axis <5;axis ++ )
    {
```

```
        GT_GetSts( axis, &axisStatus);//读取轴状态
        if (axisStatus& 0x400)//判断规划器是否在运动中
        {
            m_Mode_TAB. SetCurSel( CurSel);
            MessageBox(_T("轴运动中,停止后再切换界面"));
            return;
        }
    }

    //切换界面
    CurSel = m_Mode_TAB. GetCurSel();
    switch (CurSel)
    {
        case 0:
            m_SingleAxis_Page. ShowWindow(TRUE);
            m_Home_Page. ShowWindow(FALSE);
            m_Process_Page. ShowWindow(FALSE);
            break;

        case 1:
            m_SingleAxis_Page. ShowWindow(FALSE);
            m_Home_Page. ShowWindow(TRUE);
            m_Process_Page. ShowWindow(FALSE);
            break;

        case 2:
            m_SingleAxis_Page. ShowWindow(FALSE);
            m_Home_Page. ShowWindow(FALSE);
            m_Process_Page. ShowWindow(TRUE);
            break;

        default:;
    }
}
```

13.2.7 单轴控制模块制作

1. 设置单轴控制界面属性

综合实训：单轴控制模块制作

打开资源视图下的 IDD_SingleAxis_DIALOG，调出框体编辑界面。属性中的“字体（大小）”选项可调整整个界面内的字体大小，本例中字体大小设置为 10。

从工具箱分别拖入 Radio Button 控件、Static Text 控件、Edit Control 控件和 Button 控件，调整到合适位置，如图 13-12 所示。

编辑界面内控件的属性，见表 13-1。

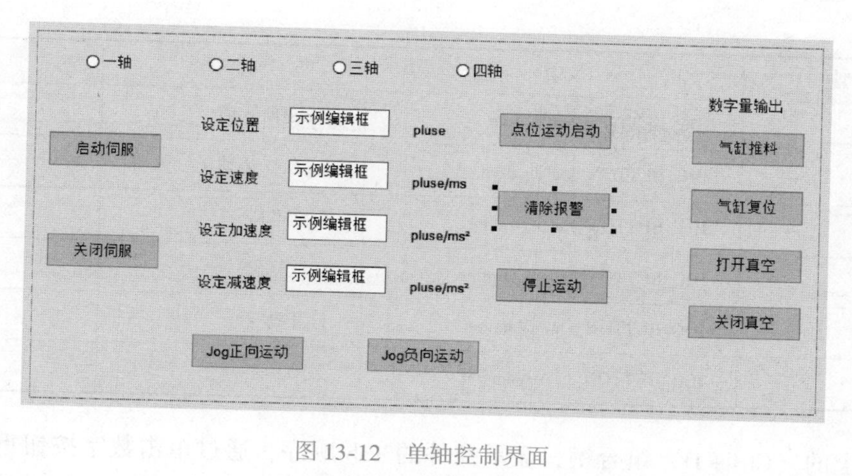

图 13-12　单轴控制界面

表 13-1　单轴控制界面控件属性

控件类型	ID	描述文字	组
Radio Button	IDC_RADIO_Axis1	一轴	True
Radio Button	IDC_RADIO_Axis2	二轴	
Radio Button	IDC_RADIO_Axis3	三轴	
Radio Button	IDC_RADIO_Axis4	四轴	
Static Text	IDC_STATIC	设定位置	
Static Text	IDC_STATIC	设定速度	
Static Text	IDC_STATIC	设定加速度	
Static Text	IDC_STATIC	pluse	
Static Text	IDC_STATIC	pluse/ms	
Static Text	IDC_STATIC	pluse/ms^2	
Static Text	IDC_STATIC	数字量输出	
Edit Control	IDC_EDIT_SetPos		
Edit Control	IDC_EDIT_SetVel		
Edit Control	IDC_EDIT_SetAcc		
Edit Control	IDC_EDIT_SetDec		
Button	IDC_BUTTON_AxisOn	启动伺服	
Button	IDC_BUTTON_AxisOff	关闭伺服	
Button	IDC_BUTTON_Trap	点位运动启动	
Button	IDC_BUTTON_clrsts	清除报警	
Button	IDC_BUTTON_Stop	停止运动	

（续）

控件类型	ID	描述文字	组
Button	IDC_BUTTON_JogPositive	Jog 正向运动	
Button	IDC_BUTTON_JogNegative	Jog 负向运动	
Button	IDC_BUTTON_PushCylinder	气缸推料	
Button	IDC_BUTTON_ResetCylinder	气缸复位	
Button	IDC_BUTTON_OpenVacuum	打开真空	
Button	IDC_BUTTON_CloseVacuum	关闭真空	

按键盘上的〈Ctrl + D〉组合键，显示控件的 Tab 顺序，通过单击数字按钮重新整理 Tab 顺序，如图 13-13 所示。

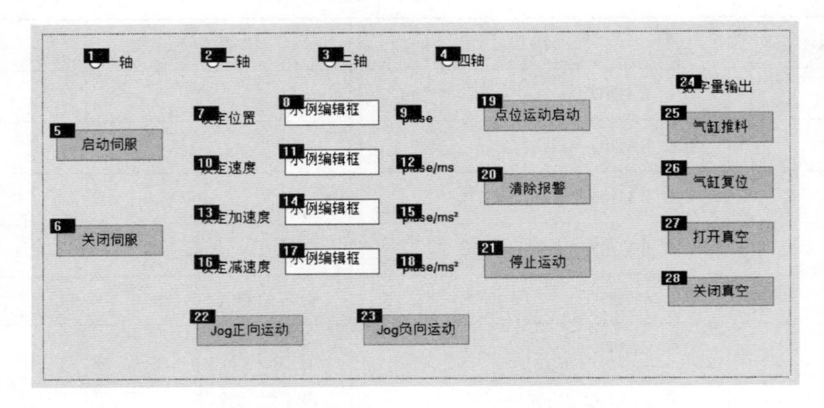

图 13-13　调整 Tab 顺序

2. 从界面获取轴号

右击“一轴”控件，在弹出的右键菜单中选择“添加变量”，如图 13-14 所示。

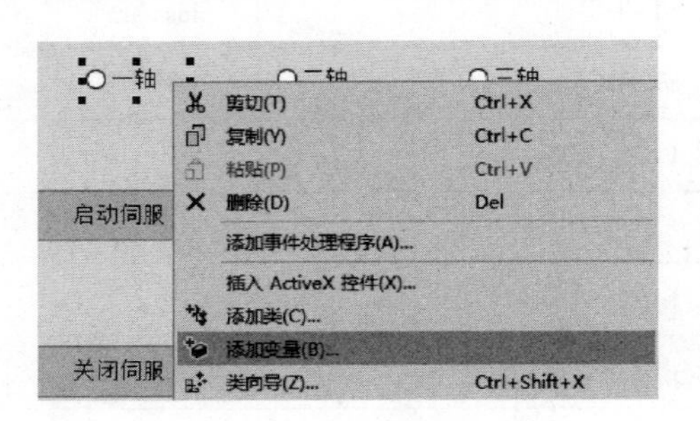

图 13-14　选择“添加变量”

在弹出的“添加控制变量”界面中将类别修改为“值”，名称文本框中输入 m_axis，变量类型改为“int”，单击“完成”按钮，如图 13-15 所示。

在“一轴”控件属性的“事件”中，添加 BN_CLICKED 事件函数，如图 13-16 所示。

在 SingleAxis_Page. cpp 中，找到生成的代码，具体如下：

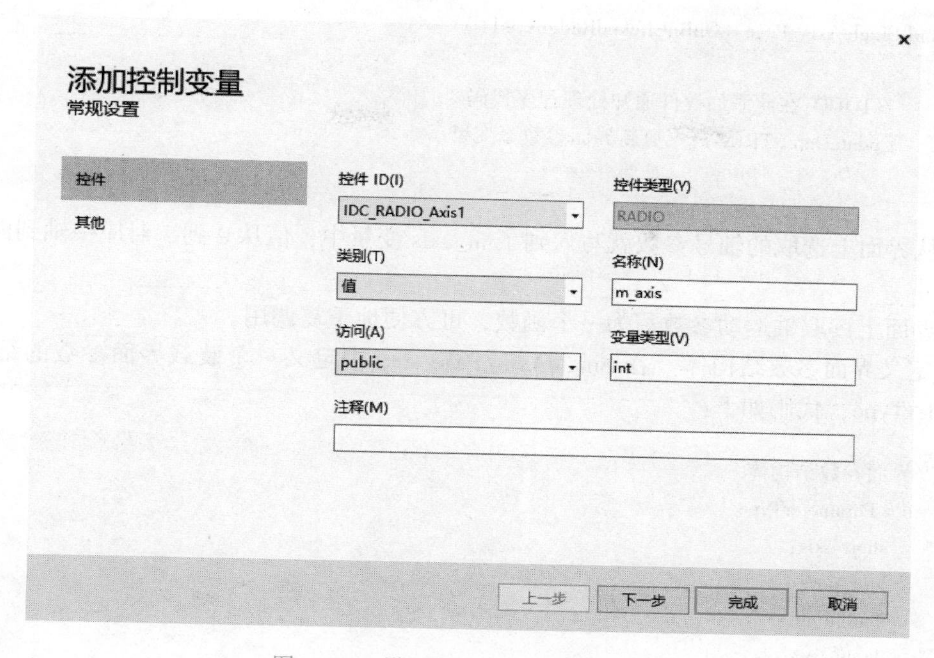

图 13-15 设置 Radio Button 控件变量

属性

IDC_RADIO_Axis1 (Radio-button Control) IRadioBtnEc

SingleAxis_Page	
BCN_DROPDOWN	
BCN_HOTITEMCHANGE	
BN_CLICKED	OnBnClickedRadioAxis1
BN_DOUBLECLICKED	
BN_KILLFOCUS	
BN_SETFOCUS	
NM_CUSTOMDRAW	
NM_GETCUSTOMSPLITRE	
NM_THEMECHANGED	

图 13-16 为 Radio Button 控件添加 BN_CLICKED 事件函数

```
ON_BN_CLICKED(IDC_RADIO_Axis1,&SingleAxis_Page::OnBnClickedRadioAxis1)
```

此时为二轴、三轴、四轴的单击事件也绑定此事件，添加如下代码：

```
BEGIN_MESSAGE_MAP(SingleAxis_Page,CDialogEx)
ON_BN_CLICKED(IDC_RADIO_Axis1,&SingleAxis_Page::OnBnClickedRadioAxis1)
ON_BN_CLICKED(IDC_RADIO_Axis2,&SingleAxis_Page::OnBnClickedRadioAxis1)
    //二轴绑定
ON_BN_CLICKED(IDC_RADIO_Axis3,&SingleAxis_Page::OnBnClickedRadioAxis1)
    //三轴绑定
ON_BN_CLICKED(IDC_RADIO_Axis4,&SingleAxis_Page::OnBnClickedRadioAxis1)
    //四轴绑定
END_MESSAGE_MAP()
```

在单击事件 void SingleAxis_Page::OnBnClickedRadioAxis1（）函数中添加如下代码：

```
void SingleAxis_Page::OnBnClickedRadioAxis1()
{
    //TODO:在此添加控件通知处理程序代码
    UpdateData(TRUE);//更新界面参数至变量
}
```

这样从界面上选取的轴号参数就写入到了 m_axis 变量中，值从 0 到 3 对应一轴到四轴。

3. 读取界面参数

将从界面上读取轴运动参数写为一个函数，可方便地重复调用。

（1）定义界面参数结构体　在 SingleAxis_Page. cpp 中定义一个装载界面参数的结构体类型 ParameterType，代码如下：

```
//界面参数结构体
struct ParameterType {
    short axis;
    long pos;
    double vel;
    double acc;
    double dec;
};
```

（2）声明读取界面参数函数　在 SingleAxis_Page. h 中声明一个 ParameterType 结构体类型的函数 InterfaceParameter（），写在 public 下，代码如下：

```
public:
    virtual BOOL OnInitDialog();
    virtual BOOL PreTranslateMessage(MSG* pMsg);
    afx_msg struct ParameterType InterfaceParameter();//读取界面参数
```

（3）实现读取界面参数功能　在 SingleAxis_Page. cpp 中编写函数，代码如下：

```
//读取界面参数
ParameterType SingleAxis_Page::InterfaceParameter()
{
    ParameterType temp;
    CString str;
    //读取界面选择的轴号
    temp.axis = m_axis + 1;
    //从界面获取目标位置
    temp.pos = GetDlgItemInt(IDC_EDIT_SetPos,NULL,1);
    //从界面获取目标速度
    GetDlgItem(IDC_EDIT_SetVel)->GetWindowTextW(str);
    temp.vel = _wtof(str.GetBuffer());
```

```
    //从界面获取目标加速度
    GetDlgItem(IDC_EDIT_SetAcc) - > GetWindowTextW(str);
    temp. acc = _wtof(str. GetBuffer());
    //从界面获取目标减速度
    GetDlgItem(IDC_EDIT_SetDec) - > GetWindowTextW(str);
    temp. dec = _wtof(str. GetBuffer());

    return temp;
}
```

4. 添加头文件

要使用运动控制功能，需要在 SingleAxis_Page. cpp 中添加控制卡库函数的头文件引用，代码如下：

```
#include "gts. h"
```

5. 启动伺服

在资源视图中选择 IDD_SingleAxis__DIALOG，双击“启动伺服”按钮，自动生成消息处理程序代码，在其中编写单轴伺服使能功能，代码如下：

```
//单轴伺服使能
void SingleAxis_Page :: OnBnClickedButtonAxison()
{
    //TODO:在此添加控件通知处理程序代码
    short sRtn;
    //获取界面参数
    ParameterType param = InterfaceParameter();
    //轴使能开启
    sRtn = GT_AxisOn(param. axis);
    CMotionControlDemoApp :: commandhandler(_T("GT_AxisOn"),sRtn);
}
```

6. 伺服关闭

在资源视图中选择 IDD_SingleAxis_DIALOG，双击“关闭伺服”按钮，自动生成消息处理程序代码，在其中编写单轴伺服使能关闭功能，代码如下：

```
//单轴伺服关闭
void SingleAxis_Page :: OnBnClickedButtonAxisoff()
{
    //TODO:在此添加控件通知处理程序代码
    short sRtn;
    //获取界面参数
    ParameterType param = InterfaceParameter();
    //轴使能关闭
```

```
        sRtn = GT_AxisOff(param.axis);
        CMotionControlDemoApp::commandhandler(_T("GT_AxisOff"),sRtn);
    }
```

7. 点位运动

在资源视图中选择 IDD_SingleAxis_DIALOG，双击“点位运动启动”按钮，自动生成消息处理程序代码，在其中编写单轴点位运动功能，代码如下：

```
//点位运动功能
void SingleAxis_Page::OnBnClickedButtonTrap()
{
    //TODO:在此添加控件通知处理程序代码
    short sRtn;
    TTrapPrm trap;
    //获取界面参数
    ParameterType param = InterfaceParameter();

    //设置轴模式为点位运动
    sRtn = GT_PrfTrap(param.axis);
    CMotionControlDemoApp::commandhandler(_T("GT_PrfTrap"),sRtn);
    //写入点位运动模式参数
    trap.acc = param.acc;
    trap.dec = param.dec;
    trap.velStart = 0;
    trap.smoothTime = 10;
    sRtn = GT_SetTrapPrm(param.axis,&trap);
    CMotionControlDemoApp::commandhandler(_T("GT_SetTrapPrm"),sRtn);
    //设置目标位置
    sRtn = GT_SetPos(param.axis,param.pos);
    CMotionControlDemoApp::commandhandler(_T("GT_SetPos"),sRtn);
    //设置目标速度
    sRtn = GT_SetVel(param.axis,param.vel);
    CMotionControlDemoApp::commandhandler(_T("GT_SetVel"),sRtn);
    //启动 axis 轴运动
    sRtn = GT_Update(1 << (param.axis - 1));
    CMotionControlDemoApp::commandhandler(_T("GT_Update"),sRtn);
}
```

8. 清除报警

在资源视图中选择 IDD_SingleAxis_DIALOG，双击“清除报警”按钮，自动生成消息处理程序代码，在其中编写清除当前轴异常状态报警功能，代码如下：

```
//清除异常状态报警
void SingleAxis_Page::OnBnClickedButtonclrsts()
{
```

```
        //TODO:在此添加控件通知处理程序代码
        short sRtn;
        ParameterType param = InterfaceParameter();
        sRtn = GT_ClrSts(param.axis,1);
        CMotionControlDemoApp::commandhandler(_T("GT_ClrSts"),sRtn);
    }
```

9. 停止运动

在资源视图中选择 IDD_SingleAxis_DIALOG，双击“停止运动”按钮，自动生成消息处理程序代码，在其中编写所有轴运动停止功能。

为了保证安全，防止在单击“停止运动”按钮时界面选择的轴与运动轴不一致的情况，在这里把“停止运动”按钮编写为停止所有轴运动，代码如下：

```
    //停止所有轴运动
    void SingleAxis_Page::OnBnClickedButtonStop()
    {
        //TODO:在此添加控件通知处理程序代码
        short sRtn;
        sRtn = GT_Stop(15,0);
        CMotionControlDemoApp::commandhandler(_T("GT_Stop"),sRtn);
    }
```

10. Jog 运动

Jog 运动设置为按下按钮时轴运动，松开按钮时停止运动。

首先编写 Jog 运动函数。

在 SingleAxis_Page. h 中声明 JogMotion（）函数，写在 public 下，代码如下：

```
    afx_msg void JogMotion(double direction);//jog 运动
```

在 SingleAxis_Page. cpp 中编写函数 JogMotion（），调用此函数时只需要输入方向参数，函数可以从界面中读取运动参数，调用运动控制卡指令完成运动，代码如下：

```
    //Jog 运动
    void SingleAxis_Page::JogMotion(double direction)
    {
        short sRtn;
        TJogPrm jog;
        //获取界面参数
        ParameterType param = InterfaceParameter();

        //将 AXIS 轴设置为 Jog 模式
        sRtn = GT_PrfJog(param.axis);
        CMotionControlDemoApp::commandhandler(_T("GT_PrfJog"),sRtn);
        //设置运动参数
```

```
        jog. acc = param. acc;
        jog. dec = param. dec;
        jog. smooth = 0. 3;
        //设置 Jog 运动参数
        sRtn = GT_SetJogPrm(param. axis,&jog);
        CMotionControlDemoApp :: commandhandler(_T("GT_SetJogPrm"),sRtn);
        //设置 AXIS 轴的目标速度
        sRtn = GT_SetVel(param. axis,param. vel  *  direction);
        CMotionControlDemoApp :: commandhandler(_T("GT_SetVel"),sRtn);
        //启动 AXIS 轴的运动
        sRtn = GT_Update(1 << (param. axis  -  1));
        CMotionControlDemoApp :: commandhandler(_T("GT_Update"),sRtn);
    }
```

11. 退出界面和调用 Jog 运动

调出界面初始化函数，在资源视图中选择 IDD_SingleAxis_DIALOG，在框体空白处右击，在弹出的右键菜单中选择“类向导”。在弹出的“类向导”对话框中选择“虚函数”选项卡，在“虚函数”列表栏中找到“PreTranslateMessage”，选择后单击“添加函数”按钮，“PreTranslateMessage”会出现在“已重写的虚函数”列表栏中，单击“确定”按钮，如图 13-17 所示。

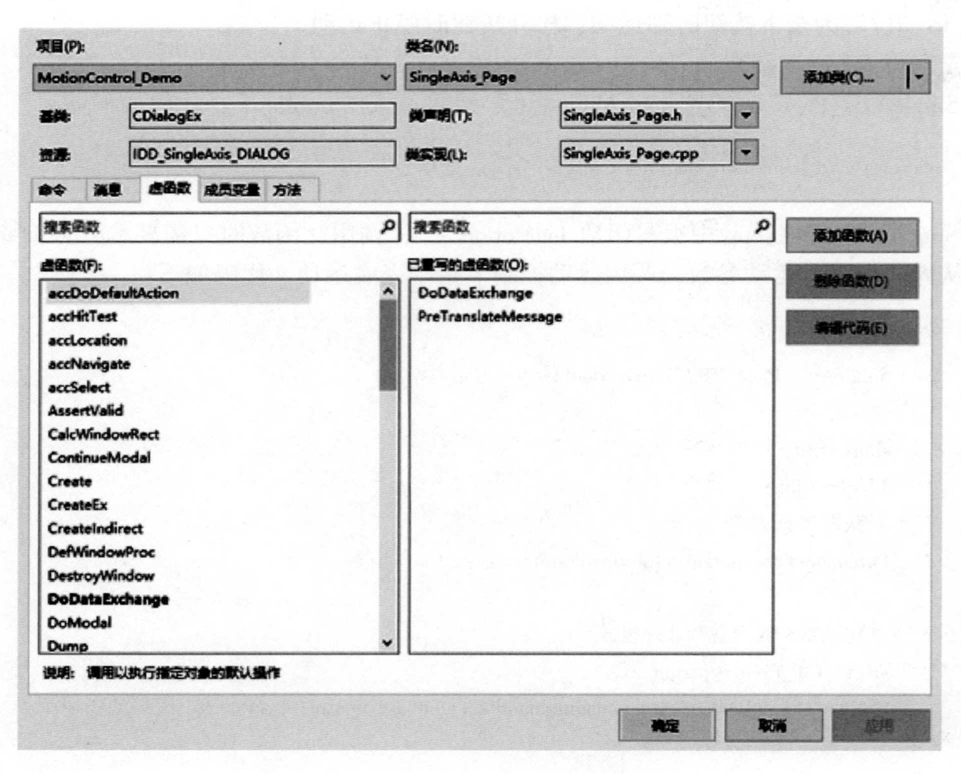

图 13-17　添加 PreTranslateMessage 函数

确定后在 SingleAxis_Page. cpp 中会自动生成 BOOL SingleAxis_Page :: PreTranslateMessage（MSG * pMsg）函数。

在 BOOL SingleAxis_Page :: PreTranslateMessage（MSG * pMsg）函数中编写取消界面关闭功能和 Jog 按钮调用 Jog 运动功能，代码如下：

```
BOOL SingleAxis_Page :: PreTranslateMessage(MSG * pMsg)
{
    //TODO:在此添加专用代码和/或调用基类
    //取消"ESC"键和回车键退出界面功能
    if (pMsg - > message == WM_KEYDOWN&&pMsg - > wParam == VK_RETURN)
    {
        return TRUE;
    }
    if (pMsg - > message == WM_KEYDOWN&&pMsg - > wParam == VK_ESCAPE)
    {
        return TRUE;
    }

    //拦截鼠标左键按下消息
    if (pMsg - > message == WM_LBUTTONDOWN)
    {
    //判断按下的位置是否为"Jog 正向运动"按钮
        if (pMsg - > hwnd == GetDlgItem(IDC_BUTTON_JogPositive) - > m_hWnd)
        {
            JogMotion(1);//正向运动
            return TRUE;
        }
        if (pMsg - > hwnd == GetDlgItem(IDC_BUTTON_JogNegative) - > m_hWnd)
    //判断按下的位置是否为"Jog 负向运动"按钮
        {
            JogMotion( -1);//负向运动
            return TRUE;
        }
    }

    if (pMsg - > message == WM_LBUTTONUP)//鼠标左键松开,停止轴运动
    {
        if ((pMsg - > hwnd == GetDlgItem(IDC_BUTTON_JogPositive) - > m_hWnd) || (pMsg - >
hwnd == GetDlgItem(IDC_BUTTON_JogNegative) - > m_hWnd))
        {
            short sRtn;
            sRtn = GT_Stop(15,0);
            CMotionControlDemoApp :: commandhandler(_T("GT_Stop"),sRtn);
        }
```

```
    }
    return CDialogEx :: PreTranslateMessage(pMsg);
}
```

12. 气缸推料

在资源视图中选择 IDD_SingleAxis_DIALOG，双击“气缸推料”按钮，自动生成消息处理程序代码，在其中编程实现输出信号控制推料气缸推料，代码如下：

```
//推料气缸推料
void SingleAxis_Page :: OnBnClickedButtonPushcylinder()
{
    //TODO:在此添加控件通知处理程序代码
    short sRtn;
    sRtn = GT_SetDoBit(MC_GPO,11,0);
    CMotionControlDemoApp :: commandhandler(_T("GT_SetDoBit"),sRtn);
}
```

13. 气缸复位

在资源视图中选择 IDD_SingleAxis_DIALOG，双击“气缸复位”按钮，自动生成消息处理程序代码，在其中编程实现输出信号控制推料气缸复位，代码如下：

```
//推料气缸复位
void SingleAxis_Page :: OnBnClickedButtonResetcylinder()
{
    //TODO:在此添加控件通知处理程序代码
    short sRtn;
    sRtn = GT_SetDoBit(MC_GPO,11,1);
    CMotionControlDemoApp :: commandhandler(_T("GT_SetDoBit"),sRtn);
}
```

14. 打开真空

在资源视图中选择 IDD_SingleAxis_DIALOG，双击“打开真空”按钮，自动生成消息处理程序代码，在其中编程实现输出信号控制真空吸盘打开，代码如下：

```
//真空吸盘打开
void SingleAxis_Page :: OnBnClickedButtonOpenvacuum()
{
    //TODO:在此添加控件通知处理程序代码
    short sRtn;
    sRtn = GT_SetDoBit(MC_GPO,12,0);
    CMotionControlDemoApp :: commandhandler(_T("GT_SetDoBit"),sRtn);
}
```

15. 关闭真空

在资源视图中选择 IDD_SingleAxis_DIALOG，双击“关闭真空”按钮，自动生成消息处理程序代码，在其中编程实现输出信号控制真空吸盘关闭，代码如下：

```
//真空吸盘关闭
void SingleAxis_Page :: OnBnClickedButtonClosevacuum()
{
    //TODO:在此添加控件通知处理程序代码
    short sRtn;
    sRtn = GT_SetDoBit(MC_GPO,12,1);
    CMotionControlDemoApp :: commandhandler(_T("GT_SetDoBit"),sRtn);
}
```

13.2.8 回零功能模块制作

综合实训：回零功能模块制作

1. 设置回零界面属性

打开资源视图下的 IDD_Home_DIALOG，调出框体编辑界面。

从工具箱分别拖入 Group Box 控件、Radio Button 控件、Static Text 控件、Edit Control 控件和 Button 控件，调整至合适位置，如图 13-18 所示。

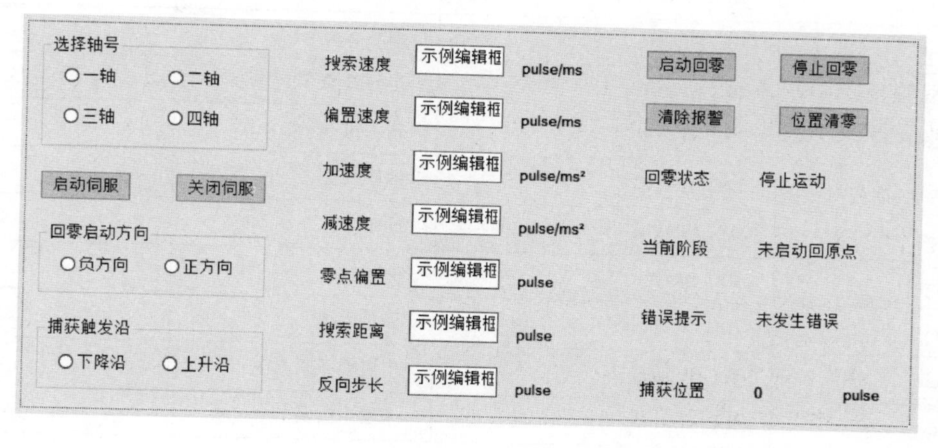

图 13-18　回零功能界面

编辑界面内控件的属性，见表 13-2。

表 13-2　回零功能界面控件属性

控件类型	ID	描述文字	组
Group Box	IDC_STATIC	选择轴号	
Group Box	IDC_STATIC	回零启动方向	
Group Box	IDC_STATIC	捕获触发沿	
Radio Button	IDC_H_Axis1	一轴	True
Radio Button	IDC_H_Axis2	二轴	
Radio Button	IDC_H_Axis3	三轴	
Radio Button	IDC_H_Axis4	四轴	

（续）

控件类型	ID	描述文字	组
Radio Button	IDC_H_StartNegative	负方向	True
Radio Button	IDC_H_StartPositive	正方向	
Radio Button	IDC_H_fallingEdge	下降沿	True
Radio Button	IDC_H_risingEdge	上升沿	
Static Text	IDC_STATIC	搜索速度	
Static Text	IDC_STATIC	偏置速度	
Static Text	IDC_STATIC	加速度	
Static Text	IDC_STATIC	减速度	
Static Text	IDC_STATIC	零点偏置	
Static Text	IDC_STATIC	搜索距离	
Static Text	IDC_STATIC	反向步长	
Static Text	IDC_STATIC	回零状态	
Static Text	IDC_STATIC	当前阶段	
Static Text	IDC_STATIC	错误提示	
Static Text	IDC_STATIC	捕获位置	
Static Text	IDC_STATIC	pulse	
Static Text	IDC_STATIC	pulse/ms	
Static Text	IDC_H_state	停止运动	
Static Text	IDC_H_step	未启动回原点	
Static Text	IDC_H_error	未发生错误	
Static Text	IDC_H_capturePos	0	
Edit Control	IDC_H_searchVel		
Edit Control	IDC_H_localizationVel		
Edit Control	IDC_H_acc		
Edit Control	IDC_H_dec		
Edit Control	IDC_H_offset		
Edit Control	IDC_H_homeSearch		
Edit Control	IDC_H_escapeStep		
Button	IDC_H_AxisOn	启动伺服	
Button	IDC_H_AxisOff	关闭伺服	
Button	IDC_H_start	启动回零	
Button	IDC_H_stop	停止回零	

（续）

控件类型	ID	描述文字	组
Button	IDC_H_clrsts	清除报警	
Button	IDC_H_zeroPos	位置清零	

按键盘上的〈Ctrl + D〉组合键，显示控件的 Tab 顺序，通过单击数字按钮重新整理 Tab 顺序，如图 13-19 所示。

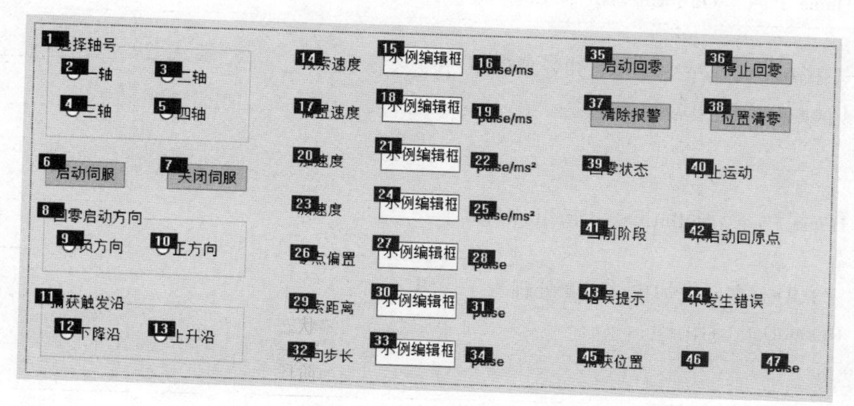

图 13-19　调整 Tab 顺序

2. 读取界面参数

参考制作单轴运动章节，从界面上获取"选择轴号""回零启动方向"和"捕获触发沿"的选项参数。

按表 13-3 添加控件 ID、变量及事件函数。

表 13-3　控件 ID、变量、事件函数对应表

控件	名称	事件函数 BN_CLICKED
IDC_H_Axis1	m_H_axis	OnBnClickedHAxis1
IDC_H_StartNegative	m_H_startDirection	OnBnClickedHStartnegative
IDC_H_fallingEdge	m_H_edge	OnBnClickedHfallingedge

在 Home_Page. cpp 中添加如下代码：

```
BEGIN_MESSAGE_MAP(Home_Page,CDialogEx)
    ON_BN_CLICKED(IDC_H_Axis1,&Home_Page::OnBnClickedHAxis1)
    ON_BN_CLICKED(IDC_H_Axis2,&Home_Page::OnBnClickedHAxis1)
    ON_BN_CLICKED(IDC_H_Axis3,&Home_Page::OnBnClickedHAxis1)
    ON_BN_CLICKED(IDC_H_Axis4,&Home_Page::OnBnClickedHAxis1)
    ON_BN_CLICKED(IDC_H_StartNegative,&Home_Page::OnBnClickedHStartnegative)
    ON_BN_CLICKED(IDC_H_StartPositive,&Home_Page::OnBnClickedHStartnegative)
    ON_BN_CLICKED(IDC_H_fallingEdge,&Home_Page::OnBnClickedHfallingedge)
    ON_BN_CLICKED(IDC_H_risingEdge,&Home_Page::OnBnClickedHfallingedge)
END_MESSAGE_MAP()
```

```
//Home_Page 消息处理程序
void Home_Page::OnBnClickedHAxis1()
{
    //TODO:在此添加控件通知处理程序代码
    UpdateData(TRUE);
}

void Home_Page::OnBnClickedHStartnegative()
{
    //TODO:在此添加控件通知处理程序代码
    UpdateData(TRUE);
}

void Home_Page::OnBnClickedHfallingedge()
{
    //TODO:在此添加控件通知处理程序代码
    UpdateData(TRUE);
}
```

3. 添加头文件

添加 gts. h 头文件引用，使用控制卡指令函数，代码如下：

```
#include "gts.h"
```

4. 启动伺服

添加“启动伺服”按钮功能，代码如下：

```
void Home_Page::OnBnClickedHAxison()
{
    //TODO:在此添加控件通知处理程序代码
    short sRtn;
    sRtn = GT_AxisOn(m_H_axis + 1);
    CMotionControlDemoApp::commandhandler(_T("GT_AxisOn"),sRtn);
}
```

5. 关闭伺服

添加“关闭伺服”按钮功能，代码如下：

```
void Home_Page::OnBnClickedHAxisoff()
{
    //TODO:在此添加控件通知处理程序代码
    short sRtn;
    sRtn = GT_AxisOff(m_H_axis + 1);
    CMotionControlDemoApp::commandhandler(_T("GT_AxisOff"),sRtn);
}
```

6. 实现回零

添加“启动回零”按钮功能，此处以限位 + Home 原点方式回零为例进行说明，代码如下：

```
void Home_Page::OnBnClickedHstart()
{
    //TODO:在此添加控件通知处理程序代码
    short sRtn;
    THomePrm tHomePrm;
    CString str;
    short axis = m_H_axis + 1;//回零轴号

    //读取回零参数
    sRtn = GT_GetHomePrm(axis,&tHomePrm);
    CMotionControlDemoApp::commandhandler(_T("GT_GetHomePrm"),sRtn);
    //设置回零模式为限位 + Home 原点
    if (axis < 4)
    {
        tHomePrm.mode = HOME_MODE_LIMIT_HOME;
    }
    else
    {
        tHomePrm.mode = HOME_MODE_LIMIT;
    }
    //设置回零启动方向
    if (m_H_startDirection == 0)
    {
        tHomePrm.moveDir = -1;
    }
    else
    {
        tHomePrm.moveDir = 1;
    }
    //设置捕获触发沿
    tHomePrm.edge = m_H_edge;
    //检测当前是否在限位或原点
    tHomePrm.pad2[0] = 1;
    tHomePrm.pad2[1] = 1;
    tHomePrm.pad2[2] = 1;
    //回零搜索速度
    GetDlgItem(IDC_H_searchVel) -> GetWindowTextW(str);
    tHomePrm.velHigh = _wtof(str.GetBuffer());
    //回零偏置速度
    GetDlgItem(IDC_H_localizationVel) -> GetWindowTextW(str);
```

```
    tHomePrm.velLow = _wtof(str.GetBuffer());
    //回零加速度
    GetDlgItem(IDC_H_acc) - >GetWindowTextW(str);
    tHomePrm.acc = _wtof(str.GetBuffer());
    //回零减速度
    GetDlgItem(IDC_H_dec) - >GetWindowTextW(str);
    tHomePrm.dec = _wtof(str.GetBuffer());
    //平滑时间
    tHomePrm.smoothTime = 10;
    //零点偏置
    tHomePrm.homeOffset = GetDlgItemInt(IDC_H_offset,NULL,1);
    //设置 Home 搜索范围
    tHomePrm.searchHomeDistance = GetDlgItemInt(IDC_H_homeSearch,NULL,1);
    //设置采用"限位回原点"方式时,反方向离开限位的脱离步长
    tHomePrm.escapeStep = GetDlgItemInt(IDC_H_escapeStep,NULL,1);

    //启动 Smart Home 回原点
    sRtn = GT_GoHome(axis,&tHomePrm);
    CMotionControlDemoApp::commandhandler(_T("GT_GoHome"),sRtn);
}
```

7. 停止回零

添加“停止回零”按钮功能，代码如下：

```
void Home_Page::OnBnClickedHstop()
{
    //TODO:在此添加控件通知处理程序代码
    short sRtn;
    sRtn = GT_Stop(15,0);
    CMotionControlDemoApp::commandhandler(_T("GT_Stop"),sRtn);
}
```

8. 清除报警

添加“清除报警”按钮功能，代码如下：

```
void Home_Page::OnBnClickedHclrsts()
{
    //TODO:在此添加控件通知处理程序代码
    short sRtn;
    sRtn = GT_ClrSts(m_H_axis + 1,1);
    CMotionControlDemoApp::commandhandler(_T("GT_ClrSts"),sRtn);
}
```

9. 位置清零

在回零运动结束后，轴会运动到机械零点，但控制器中的计数器并没有清零，此时需要使

计数器清零，以方便后续运动的位置计算。

添加“位置清零”按钮功能，代码如下：

```
void Home_Page::OnBnClickedHzeropos()
{
    //TODO:在此添加控件通知处理程序代码;
    short sRtn;
    sRtn = GT_ZeroPos(m_H_axis + 1,1);
    CMotionControlDemoApp::commandhandler(_T("GT_ZeroPos"),sRtn);
}
```

10. 监控回零状态

（1）定义消息 ID、对话框句柄和消息处理函数　添加一个线程实时监控轴的回零状态。在 Home_Page. h 中定义一个线程，添加在 public 下，代码如下：

```
static UINT HomeStatusThread(LPVOIDpParam);//状态检测线程
```

添加自定义消息 ID，命名为 WM_MotionStatus_MESSAGE，代码如下：

```
#pragma once

#define WM_HomeStatus_MESSAGE WM_USER + 101    //回零状态消息

//Home_Page 对话框
```

定义对话框句柄，代码如下：

```
public:
    Home_Page(CWnd * pParent = nullptr);    //标准构造函数
    virtual ~Home_Page();
    static HWND Home_Page::m_hWndHome;//定义对话框句柄
```

定义消息处理函数，可添加在 DECLARE_MESSAGE_MAP（）上方，代码如下：

```
afx_msg LRESULT OnHomeStatusMessage (WPARAM wParam,LPARAM lParam);//控制卡状态监测消息处理
```

（2）引入对话框句柄　在 Home_Page. cpp 中，引入对话框句柄，代码如下：

```
#include"gts.h"

HWND Home_Page::m_hWndHome = 0;//对话框句柄
//Home_Page 对话框
```

（3）读取回零状态　在 Home_Page. cpp 中，新建函数 HomeStatusThread（），编写回零状态读取工作，代码如下：

```
UINT Home_Page :: HomeStatusThread( LPVOID pParam)
{
    THomeStatus mHomeStatus[4];                                    //传递回零状
                                                                   //态数组
    while (1)
    {
        for (int i =1;i <5;i ++ )                                  //循环读取
                                                                   //1 ~4 轴回原
                                                                   //点状态
        {
            GT_GetHomeStatus(i,&mHomeStatus[i - 1]);
        }

        CWnd * m_hWndHome = CWnd :: FromHandle( Home_Page :: m_hWndHome) ; //获取对话框
                                                                   //句柄
        :: PostMessage ( m _ hWndHome - > GetSafeHwnd ( ), WM _ HomeStatus _ MESSAGE,
(WPARAM) mHomeStatus, NULL);                                       //传递状态至
                                                                   //界面线程
        Sleep(300);                                                //延时 300ms
                                                                   //防止界面卡死
    }
    return 0;
}
```

（4）添加 OnInitDialog 函数　在资源视图中打开 IDD_Home_DIALOG，右击，在弹出的右键菜单中选择“类向导”，如图 13-20 所示。

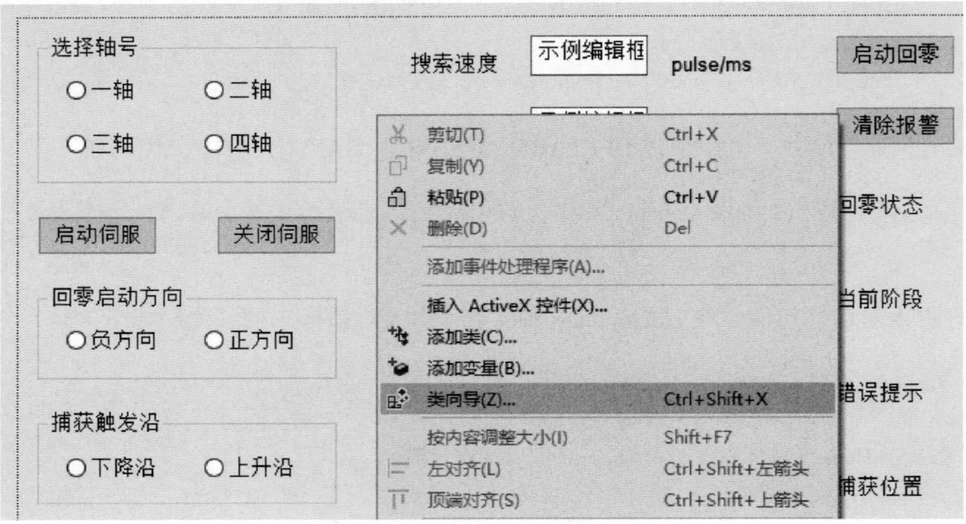

图 13-20　选择“类向导”

在类向导的虚函数中，选择 OnInitDialog 函数，如图 13-21 所示。

类向导

欢迎使用类向导

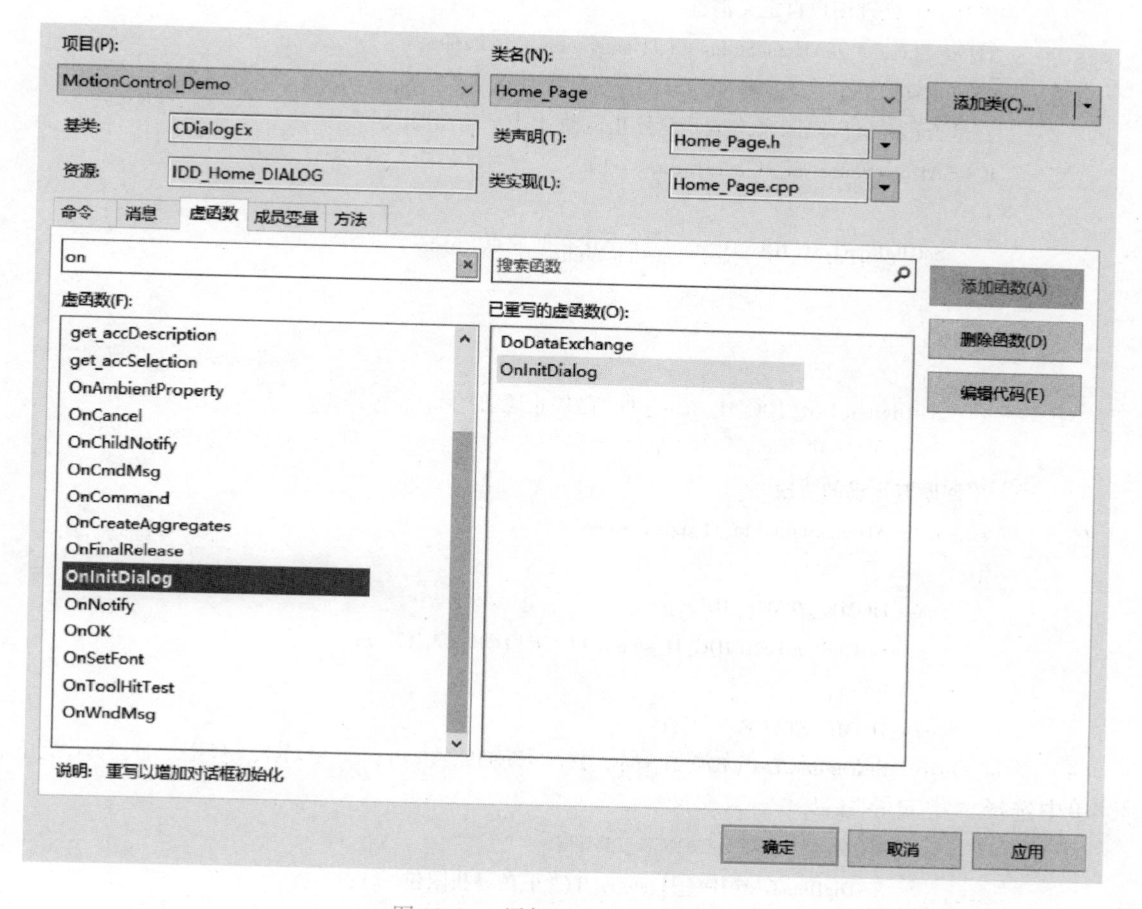

图 13-21　添加 OnInitDialog 函数

（5）启动状态监测　在 Home_Page. cpp 中，找到 OnInitDialog（）函数，添加获取对话框句柄和启动状态监测线程代码，具体如下：

```
BOOL Home_Page :: OnInitDialog( )
{
    CDialogEx :: OnInitDialog( );
    //TODO：  在此添加额外的初始化
    Home_Page :: m_hWndHome = this - > m_hWnd; //获取对话框句柄
    AfxBeginThread( ( AFX_THREADPROC) HomeStatusThread, ( VOID * ) this, THREAD_PRIORITY_
NORMAL,0,0,NULL) ; //启动状态监控线程
    return TRUE; //return TRUE unless you set the focus to a control
                 //异常:OCX 属性界面应返回 FALSE
}
```

（6）界面显示　新建函数 OnHomeStatusMessage（）作为消息处理函数，把监测线程中传递来的数据显示在界面上，代码如下：

```
//更新状态至界面
LRESULT Home_Page::OnHomeStatusMessage(WPARAM wParam,LPARAM lParam)
{
    //TODO:处理用户自定义消息
    THomeStatus *  mAHomeStatus = (THomeStatus *)wParam;
    CString str;
    //是否正在进行回原点,0 表示已停止运动,1 表示正在回原点
    if (mAHomeStatus[m_H_axis].run == 1)
    {
        SetDlgItemText(IDC_H_state,_T("正在回原点"));
    }
    else
    {
        SetDlgItemText(IDC_H_state,_T("已停止运动"));
    }
    //回原点运动的阶段
    switch (mAHomeStatus[m_H_axis].stage)
    {
        case HOME_STAGE_IDLE:
            SetDlgItemText(IDC_H_step,_T("未启动回原点"));
            break;
        case HOME_STAGE_START:
            SetDlgItemText(IDC_H_step,_T("启动回原点"));
            break;
        case HOME_STAGE_SEARCH_LIMIT:
            SetDlgItemText(IDC_H_step,_T("正在寻找限位"));
            break;
        case HOME_STAGE_SEARCH_LIMIT_STOP:
            SetDlgItemText(IDC_H_step,_T("触发限位停止"));
            break;
        case HOME_STAGE_SEARCH_LIMIT_ESCAPE:
            SetDlgItemText(IDC_H_step,_T("反方向运动脱离限位"));
            break;
        case HOME_STAGE_SEARCH_LIMIT_RETURN:
            SetDlgItemText(IDC_H_step,_T("重新回到限位"));
            break;
        case HOME_STAGE_SEARCH_LIMIT_RETURN_STOP:
            SetDlgItemText(IDC_H_step,_T("重新回到限位停止"));
            break;
        case HOME_STAGE_SEARCH_HOME:
```

```
            SetDlgItemText(IDC_H_step,_T("正在搜索 Home"));
            break;
        case HOME_STAGE_SEARCH_HOME_RETURN:
            SetDlgItemText(IDC_H_step,_T("搜索到 Home 后运动到捕获的 Home 位置"));
            break;
        case HOME_STAGE_SEARCH_INDEX:
            SetDlgItemText(IDC_H_step,_T("正在搜索 Index"));
            break;
        case HOME_STAGE_GO_HOME:
            SetDlgItemText(IDC_H_step,_T("正在执行回原点过程"));
            break;
        case HOME_STAGE_END:
            SetDlgItemText(IDC_H_step,_T("回原点结束"));
            break;
    }
    //回原点错误
    switch (mAHomeStatus[m_H_axis].error)
    {
        case HOME_ERROR_NONE:
            SetDlgItemText(IDC_H_error,_T("未发生错误"));
            break;
        case HOME_ERROR_NOT_TRAP_MODE:
            SetDlgItemText(IDC_H_error,_T("执行 Smart Home 回原点的轴不是处于点位运动模
式"));
            break;
        case HOME_ERROR_DISABLE:
            SetDlgItemText(IDC_H_error,_T("执行 Smart Home 回原点的轴未使能"));
            break;
        case HOME_ERROR_ALARM:
            SetDlgItemText(IDC_H_error,_T("执行 Smart Home 回原点的轴驱动报警"));
            break;
        case HOME_ERROR_STOP:
            SetDlgItemText(IDC_H_error,_T("未完成回原点,轴停止运动"));
            break;
        case HOME_ERROR_STAGE:
            SetDlgItemText(IDC_H_error,_T("回原点阶段错误"));
            break;
        case HOME_ERROR_HOME_MODE:
            SetDlgItemText(IDC_H_error,_T("模式错误"));
            break;
        case HOME_ERROR_SET_CAPTURE_HOME:
```

```
            SetDlgItemText(IDC_H_error,_T("设置 Home 捕获模式失败"));
            break;
        case HOME_ERROR_NO_HOME:
            SetDlgItemText(IDC_H_error,_T("未找到 Home"));
            break;
        case HOME_ERROR_SET_CAPTURE_INDEX:
            SetDlgItemText(IDC_H_error,_T("设置 Index 捕获模式失败"));
            break;
        case HOME_ERROR_NO_INDEX:
            SetDlgItemText(IDC_H_error,_T("未找到 Index"));
            break;
    }
    //捕获到 Home 或 Index 时刻的编码器位置
    str.Format(_T("%ld"),mAHomeStatus[m_H_axis].capturePos);
    SetDlgItemText(IDC_H_capturePos,str);

    return LRESULT();
}
```

（7）消息映射　把消息 ID 和处理函数关联起来就是消息映射，同样是在主类中操作，找到 MESSAGE_MAP，在 BEGIN_MESSAGE_MAP（Home_Page，CDialogEx）内写入关联代码，把消息 ID 和处理函数进行关联，具体如下：

```
//回零状态监测,消息 ID 关联处理函数
ON_MESSAGE(WM_HomeStatus_MESSAGE,&Home_Page::OnHomeStatusMessage)
```

13.2.9　搬运流程模块制作

综合实训：搬运流程模块制作

1. 设置搬运界面属性

打开资源视图下的 IDD_Process_DIALOG，调出框体编辑界面。

从工具箱分别拖入 Group Box 控件、Radio Button 控件、Static Text 控件、Edit Control 控件和 Button 控件，调整至合适位置，如图 13-22 所示。

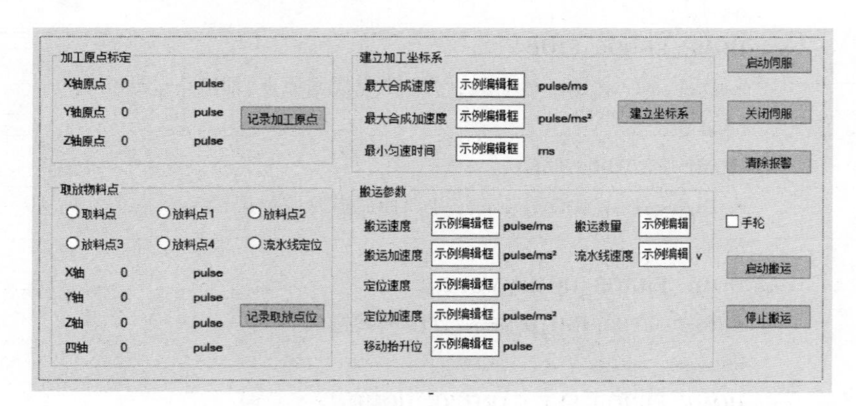

图 13-22　搬运流程界面

搬运流程界面内控件的属性见表 13-4。

表 13-4 搬运流程界面内控件属性

控件类型	ID	描述文字	组
Group Box	IDC_STATIC	加工原点标定	
Group Box	IDC_STATIC	建立加工坐标系	
Group Box	IDC_STATIC	搬运参数	
Group Box	IDC_STATIC	取放物料点	
Static Text	IDC_STATIC	X 轴原点	
Static Text	IDC_STATIC	Y 轴原点	
Static Text	IDC_STATIC	Z 轴原点	
Static Text	IDC_STATIC	X 轴	
Static Text	IDC_STATIC	Y 轴	
Static Text	IDC_STATIC	Z 轴	
Static Text	IDC_STATIC	四轴	
Static Text	IDC_STATIC	最大合成速度	
Static Text	IDC_STATIC	最大合成加速度	
Static Text	IDC_STATIC	最小匀速时间	
Static Text	IDC_STATIC	搬运速度	
Static Text	IDC_STATIC	搬运加速度	
Static Text	IDC_STATIC	定位速度	
Static Text	IDC_STATIC	定位加速度	
Static Text	IDC_STATIC	移动抬升位	
Static Text	IDC_STATIC	搬运数量	
Static Text	IDC_STATIC	流水线速度	
Static Text	IDC_P_Xorigin	0	
Static Text	IDC_P_Yorigin	0	
Static Text	IDC_P_Zorigin	0	
Static Text	IDC_P_xPoint	0	
Static Text	IDC_P_yPoint	0	
Static Text	IDC_P_zPoint	0	
Static Text	IDC_P_4Point	0	
Edit Control	IDC_P_synVelMax		

（续）

控件类型	ID	描述文字	组
Edit Control	IDC_P_synAccMax		
Edit Control	IDC_P_evenTime		
Edit Control	IDC_P_carryVel		
Edit Control	IDC_P_carryAcc		
Edit Control	IDC_P_lockVel		
Edit Control	IDC_P_lockAcc		
Edit Control	IDC_P_zPosForMove		
Edit Control	IDC_P_loop		
Edit Control	IDC_P_lineVel		
Radio Button	IDC_P_loadPoint	取料点	True
Radio Button	IDC_P_unloadPoint1	放料点 1	
Radio Button	IDC_P_unloadPoint2	放料点 2	
Radio Button	IDC_P_unloadPoint3	放料点 3	
Radio Button	IDC_P_unloadPoint4	放料点 4	
Radio Button	IDC_P_lineLockPoint	流水线定位	
Button	IDC_P_saveOrigin	记录加工原点	
Button	IDC_P_initCrd	建立坐标系	
Button	IDC_P_saveWorkPoint	记录取放点位	
Button	IDC_P_AxisOn	启动伺服	
Button	IDC_P_AxisOff	关闭伺服	
Button	IDC_P_clrsts	清除报警	
Button	IDC_P_startWork	启动搬运	
Button	IDC_P_stopWork	停止搬运	
Check Box	IDC_P_handwheel	手轮	

按键盘上的〈Ctrl + D〉组合键，显示控件的 Tab 顺序，通过单击数字按钮重新整理 Tab 顺序，如图 13-23 所示。

2. 添加头文件

在 Process_Page. cpp 中引用控制卡头文件 gts. h，代码如下：

```
#include "gts. h"
```

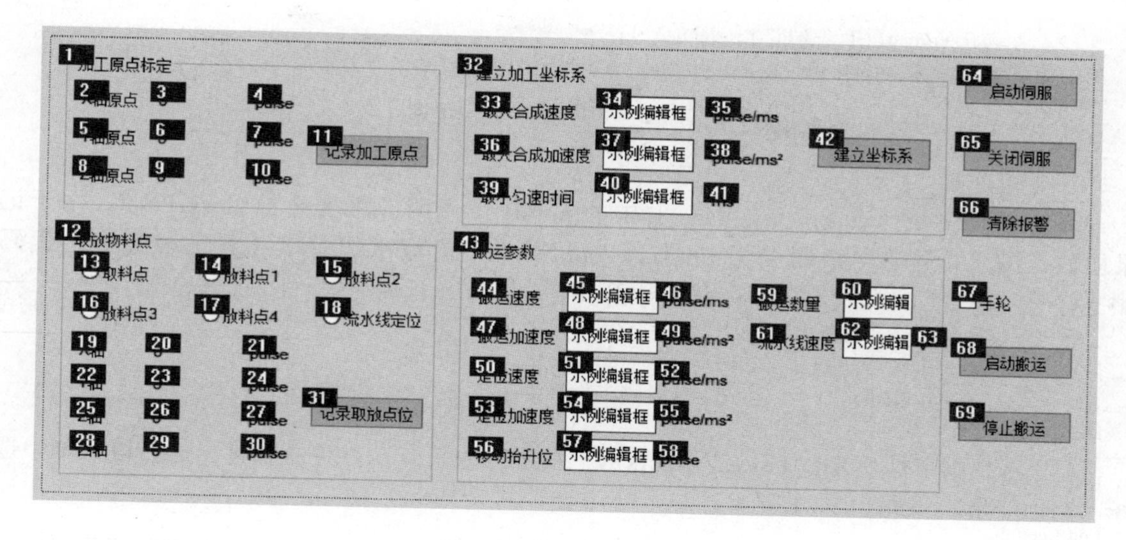

图 13-23　调整 Tab 顺序

3. 记录加工原点

在 Process_Page. h 中的 public 下声明变量数组 origin，代码如下：

```
public:
long origin[3];//记录加工原点坐标
```

在资源视图中打开 IDD_Process_DIALOG，双击“记录加工原点”按钮，添加按钮单击事件，代码如下：

```
void Process_Page::OnBnClickedPsaveorigin()
{
    //TODO:在此添加控件通知处理程序代码
    //记录加工原点位置
    CString str;
    short sRtn;
    double pValue;
    for (int i = 1;i < 4;i ++ )
    {
        sRtn = GT_GetEncPos(i,&pValue);
        CMotionControlDemoApp::commandhandler(_T("GT_GetEncPos"),sRtn);
        origin[i - 1] = (long)pValue;
    }
    //界面显示
    str.Format(_T("%ld"),origin[0]);
    SetDlgItemText(IDC_P_Xorigin,str);
    str.Format(_T("%ld"),origin[1]);
    SetDlgItemText(IDC_P_Yorigin,str);
```

```
        str.Format(_T("%ld"),origin[2]);
        SetDlgItemText(IDC_P_Zorigin,str);
    }
```

4. 记录取放点位

（1）添加变量　在 Process_Page.h 中的 public 下声明二维变量数组 xyzPoint，用于记录取放点的坐标位置，声明变量 lineLockPoint 用于记录流水线锁定物料的位置点，代码如下：

```
long xyzPoint[5][3];        //记录取放点坐标
long lineLockPoint;         //记录4轴锁定物料位置点
```

在资源视图中打开 IDD_Process_DIALOG，右击“取料点”控件，在弹出的右键菜单中选择“添加变量”，如图 13-24 所示。

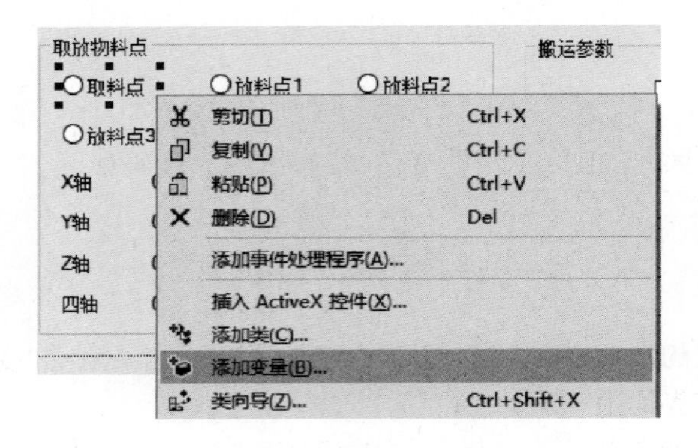

图 13-24　选择“添加变量”

在弹出界面中将类别修改为“值”，名称文本框中填入 m_pointSelected，变量类型改为“int”，单击“完成”按钮。

（2）从界面上获取选择的轴号　在“取料点”控件属性的“事件”中，添加 BN_CLICKED 事件函数。

在 Process_Page.cpp 中，为其余 Radio 控件的单击事件添加绑定事件函数，添加如下代码：

```
BEGIN_MESSAGE_MAP(Process_Page,CDialogEx)
    ON_BN_CLICKED(IDC_P_loadPoint,&Process_Page::OnBnClickedPloadpoint)
    ON_BN_CLICKED(IDC_P_unloadPoint1,&Process_Page::OnBnClickedPloadpoint)
    ON_BN_CLICKED(IDC_P_unloadPoint2,&Process_Page::OnBnClickedPloadpoint)
    ON_BN_CLICKED(IDC_P_unloadPoint3,&Process_Page::OnBnClickedPloadpoint)
    ON_BN_CLICKED(IDC_P_unloadPoint4,&Process_Page::OnBnClickedPloadpoint)
    ON_BN_CLICKED(IDC_P_lineLockPoint,&Process_Page::OnBnClickedPloadpoint)
```

（3）显示坐标　在单击事件 void Process_Page::OnBnClickedPloadpoint（）函数中添加代码，具体如下：

```
void Process_Page::OnBnClickedPloadpoint()
{
    //TODO:在此添加控件通知处理程序代码
    UpdateData(TRUE);//更新界面参数至变量
    //刷新取放物料点界面
    CString str;
    if (m_pointSelected ! =5)
    {
        str.Format(_T("%ld"),xyzPoint[m_pointSelected][0]);
        SetDlgItemText(IDC_P_xPoint,str);
        str.Format(_T("%ld"),xyzPoint[m_pointSelected][1]);
        SetDlgItemText(IDC_P_yPoint,str);
        str.Format(_T("%ld"),xyzPoint[m_pointSelected][2]);
        SetDlgItemText(IDC_P_zPoint,str);
    }
    else
    {
        str.Format(_T("%ld"),lineLockPoint);
        SetDlgItemText(IDC_P_4Point,str);
    }
}
```

这样从界面上选取的位置点选择参数就写入到了 m_pointSelected 变量中，同时可以把相对应的坐标点信息显示在界面上。

（4）实现记录取放点位置　在资源视图中打开 IDD_Process_DIALOG，双击“记录取放点位”按钮，添加按钮单击事件，代码如下：

```
void Process_Page::OnBnClickedPsaveworkpoint()
{
    //TODO:在此添加控件通知处理程序代码
    //记录取料点、放料点和流水线定位的坐标
    CString str;
    short sRtn;
    double pValue;
    if (m_pointSelected ! =5)
    {
        //取料点和放料点
        for (int i =1;i <4;i ++)
        {
            sRtn = GT_GetEncPos(i,&pValue);
            CMotionControlDemoApp::commandhandler(_T("GT_GetEncPos"),sRtn);
            xyzPoint[m_pointSelected][i - 1] = (long)pValue - origin[i - 1];
        }
    }
```

```
        else
        {
            //流水线定位
            sRtn = GT_GetPrfPos(4,&pValue);
            CMotionControlDemoApp::commandhandler(_T("GT_GetPrfPos"),sRtn);
            lineLockPoint = (long)pValue;
        }
        //刷新界面
        OnBnClickedPloadpoint();
    }
```

5. 建立坐标系

搬运工作中的 *X*、*Y*、*Z* 轴移动使用插补指令实现，使用插补指令前，先要进行坐标系的建立。

在资源视图中打开 IDD_Process_DIALOG，双击“建立坐标系”按钮，添加按钮单击事件，代码如下：

```
    void Process_Page::OnBnClickedPinitcrd()
    {
        //TODO:在此添加控件通知处理程序代码
        //建立坐标系
        short sRtn;
        CString str;
        TCrdPrm crdPrm;
        TCrdData crdData[200];//定义前瞻缓存区内存区

        //清空变量
        memset(&crdPrm,0,sizeof(crdPrm));
        //建立三维坐标系
        crdPrm.dimension = 3;
        //规划器对应到轴
        crdPrm.profile[0] = 1;
        crdPrm.profile[1] = 2;
        crdPrm.profile[2] = 3;
        //坐标系的最大合成速度
        GetDlgItem(IDC_P_synVelMax) - >GetWindowTextW(str);
        crdPrm.synVelMax = _wtof(str.GetBuffer());
        //坐标系的最大合成加速度
        GetDlgItem(IDC_P_synAccMax) - >GetWindowTextW(str);
        crdPrm.synAccMax = _wtof(str.GetBuffer());
        //坐标系的最小匀速时间
        GetDlgItem(IDC_P_evenTime) - >GetWindowTextW(str);
        crdPrm.evenTime = _wtoi(str.GetBuffer());
        //需要设置加工坐标系原点位置
        crdPrm.setOriginFlag = 1;
```

```
    //加工坐标系原点位置
    crdPrm.originPos[0] = origin[0];
    crdPrm.originPos[1] = origin[1];
    crdPrm.originPos[2] = origin[2];

    //设置坐标系
    sRtn = GT_SetCrdPrm(1,&crdPrm);
    CMotionControlDemoApp::commandhandler(_T("GT_SetCrdPrm"),sRtn);
    //初始化坐标系 1 的 FIFO0 的前瞻模块
    sRtn = GT_InitLookAhead(1,0,10,1,100,crdData);
    CMotionControlDemoApp::commandhandler(_T("GT_InitLookAhead"),sRtn);
}
```

6. 启动伺服

在资源视图中打开 IDD_Process_DIALOG，双击"启动伺服"按钮，添加按钮单击事件，代码如下：

```
//TODO:在此添加控件通知处理程序代码
    //启动伺服
    short sRtn;
    for (short i = 1;i <5;i ++)
    {
        sRtn = GT_AxisOn(i);
        CMotionControlDemoApp::commandhandler(_T("GT_AxisOn"),sRtn);
    }
```

7. 编写手轮功能

（1）添加变量　当"手轮"复选框勾选上时，启动一个线程实现手轮控制轴运动，取消勾选时停止运动。在资源视图中打开 IDD_Process_DIALOG，右击"手轮"控件，在弹出的右键菜单中选择"添加变量"，如图 13-25 所示。

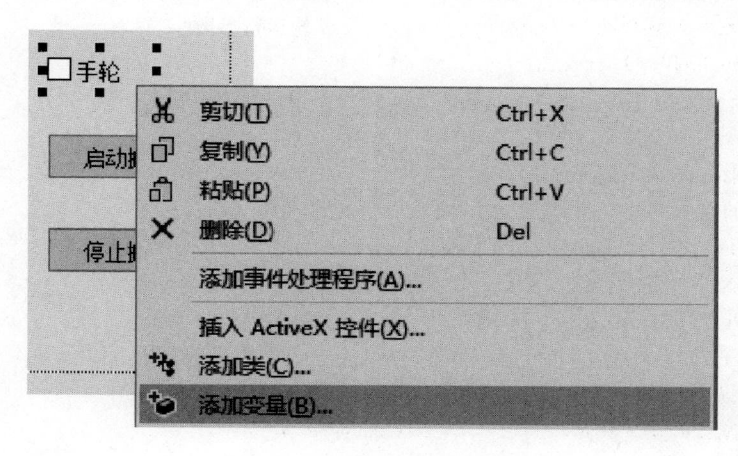

图 13-25　选择"添加变量"

在弹出界面中将类别修改为"值"，名称文本框中输入 m_wheelCheck，变量类型改为

"BOOL"，单击"完成"按钮。

（2）声明变量和函数　在 Process_Page. h 中，在 public 下声明手轮功能使用的变量和函数，代码如下：

```
BOOL m_wheelCheck;
CWinThread * pWheelThread = NULL;//手轮线程
static UINT AfxThreadHandWheel(LPVOID pParam);//手轮线程执行函数
bool m_handWheelExit;//手轮线程退出标志
```

（3）实现手轮功能　在 Process_Page. cpp 中，编写实现手轮功能的线程函数，代码如下：

```
UINTProcess_Page::AfxThreadHandWheel(LPVOIDpParam)
{
    //手轮线程
    longwheelDiValue = 0;                    //保存上一周期的手轮信号读取值
    short sRtn;                              //返回值变量
    longdiValue;                             //轴选和倍率 I/O 变量
    shortslaveAxis = 0;                      //从轴轴号
    longslaveEvn = 1;                        //从轴传动比系数必须初始化否则切换倍率时会
                                             //中断

    Process_Page * pWnd = (Process_Page * )pParam;

    while (pWnd - > m_handWheelExit)
    {
        sRtn = GT_GetDi(MC_MPG,&diValue); //轴选和倍率
        CMotionControlDemoApp::commandhandler(_T("GT_GetDi"),sRtn);

        if (wheelDiValue ! = diValue)        //当前手轮信号读取值与上一周期不同时,重设手
                                             //轮运行参数
        {
            wheelDiValue = diValue;          //记录新的手轮信号值

            for (int i = 0;i < 7;i ++ )
            {
                if ((diValue& (1 << i)) == 0)
                {
                    if (i < 4)               //获取轴号
                    {
                        slaveAxis = i + 1;
                    }
                    if (i == 4)              //一倍倍率
                    {
```

```
                        slaveEvn = 1;
                    }
                    if (i ==5) //十倍倍率
                    {
                        slaveEvn = 10;
                    }
                    if (i ==6) //百倍倍率
                    {
                        slaveEvn = 100;
                    }
                }
            }
            sRtn = GT_Stop(diValue& 0x0f,0);//停止不使用的轴

            if (slaveAxis) //当从轴轴号不为0时执行if语句
            {
                sRtn = GT_AxisOn(slaveAxis);//使能选中轴
                sRtn = GT_PrfGear(slaveAxis);//设置从轴运动模式为电子齿轮模式
    //设置从轴,跟随手轮编码器
                sRtn = GT_SetGearMaster(slaveAxis,11,GEAR_MASTER_ENCODER);
    //设置从轴的传动比和离合区
                sRtn = GT_SetGearRatio(slaveAxis,1,slaveEvn,100);
                sRtn = GT_GearStart(1 << (slaveAxis - 1));//启动从轴
            }
        }
        Sleep(300);
    }
    //停止轴
    sRtn = GT_Stop(15,0);
    CMotionControlDemoApp::commandhandler(_T("GT_Stop"),sRtn);
    return 0;
}
```

（4）使用和取消手轮功能　在资源视图中打开 IDD_Process_DIALOG，双击“手轮”控件，添加按钮单击事件。

```
void Process_Page::OnBnClickedPhandwheel()
{
    //TODO:在此添加控件通知处理程序代码
    //手轮勾选判断
    UpdateData(TRUE);
    if (m_wheelCheck)
    {
```

```
                //手轮勾选
        m_handWheelExit = 1;
        pWheelThread = AfxBeginThread(AfxThreadHandWheel,this);//启动手轮线程
    }
    else
    {
        //取消手轮勾选
        m_handWheelExit = 0;
        WaitForSingleObject(pWheelThread,INFINITE);//等待线程结束
    }
}
```

8. 搬运工作编写

实现搬运工作，按顺序可分为以下几步：①复位；②料仓出料；③定位物料；④吸取物料；⑤放置物料。摆放多个物料只需循环这5个步骤即可。

（1）声明变量和函数　在 Process_Page.h 中的 public 下声明搬运功能使用的变量和函数，代码如下：

```
CWinThread * pCarry = NULL;                    //搬运工作线程
static UINT AfxThreadCarry(LPVOIDpParam);      //搬运线程执行函数
bool m_carryExit;                              //搬运工作线程退出标志
double carryVel;                               //搬运工作X、Y、Z轴合成速度
double carryAcc;                               //搬运工作X、Y、Z轴合成加速度
double lockVel;                                //搬运工作4轴锁定速度
double lockAcc;                                //搬运工作4轴锁定加速度
long zPosForMove;                              //搬运工作中Z轴抬升安全位置参数
int loop;                                      //搬运工作一次流程搬运数量
```

（2）实现搬运功能　在 Process_Page.cpp 中，编写实现搬运功能的线程函数，代码如下：

```
UINT Process_Page::AfxThreadCarry (LPVOID pParam)
{
    //搬运工作线程
    Process_ Page * pWnd = (Process_ Page *) pParam;
    short sRtn;                                //指令返回值变量
    short run;                                 //坐标系运动状态查询变量
    long segment;                              //坐标系运动完成段查询变量
    long gpiValue;                             //通用输入读取值
    long axis4Sts;                             //4轴状态
    double crdPos [3];                         //坐标系1状态
    unsigned long timeBegin;                   //延时计算 -- 起始时间
    unsigned long timeEnd;                     //延时计算 -- 结束时间
```

```
                                                    //循环搬运
    for (int i = 1;i < (pWnd - >loop) + 1;i ++ )
    {
        //1 复位
        if (pWnd - >m_carryExit)
        {
            return 0;
        }
        sRtn = GT_SetDoBit(MC_GPO,11,1);//气缸回位
        //Z 轴上升,X、Y 轴移动至取料点上方
        sRtn = GT_GetCrdPos(1,crdPos);
        CMotionControlDemoApp::commandhandler(_T("GT_GetCrdPos"),sRtn);
        sRtn = GT_LnXYZG0(1,(long)crdPos[0],(long)crdPos[1],pWnd - >zPosForMove,pWnd
 - >carryVel,pWnd - >carryAcc);
        sRtn = GT_LnXY(1,pWnd - >xyzPoint[0][0],pWnd - >xyzPoint[0][1],pWnd - >car-
ryVel,pWnd - >carryAcc);
        sRtn = GT_CrdData(1,NULL,0);              //将前瞻缓存区中的数据压入控制器
        CMotionControlDemoApp::commandhandler(_T("GT_CrdData"),sRtn);
        sRtn = GT_CrdStart(1,0);                  //启动运动
        CMotionControlDemoApp::commandhandler(_T("GT_CrdStart"),sRtn);

        //4 轴复位
        sRtn = GT_SetPos(4,0);
        sRtn = GT_Update(1 << (4 - 1));
        do
        {
            if (pWnd - >m_carryExit)
            {
                return 0;
            }

            sRtn = GT_GetSts(4,&axis4Sts);
        } while (axis4Sts& 0x400);

        //2 料仓出料
        //等待料仓有料
        do
        {
            if (pWnd - >m_carryExit)
            {
                return 0;
            }
            sRtn = GT_GetDi(MC_GPI,&gpiValue);
```

```
} while (gpiValue& 0xd);
sRtn = GT_SetDoBit(MC_GPO,11,0);//气缸推料
//等待气缸推出到位
do
{
    if (pWnd - >m_carryExit)
    {
        return 0;
    }
    sRtn = GT_GetDi(MC_GPI,&gpiValue);
} while (gpiValue& (1 <<1));

//3 定位物料
//等待物料移动至对射传感器
do
{
    if (pWnd - >m_carryExit)
    {
        return 0;
    }
    sRtn = GT_GetDi(MC_GPI,&gpiValue);
} while (gpiValue& (1 <<4));

sRtn = GT_SetDoBit(MC_GPO,11,1);//气缸回位

//延时 3s
GT_GetClock(&timeBegin);
do
{
    if (pWnd - >m_carryExit)
    {
        return 0;
    }
    sRtn = GT_GetClock(&timeEnd);
} while (timeEnd - timeBegin < =3000);

//定位物料
sRtn = GT_SetPos(4,pWnd - >lineLockPoint);
sRtn = GT_Update(1 << (4 - 1));
do
{
    if (pWnd - >m_carryExit)
    {
```

```
            return 0;
        }
        sRtn = GT_GetSts(4,&axis4Sts);
    } while (axis4Sts& 0x400);

    //4 吸取物料
    //等待坐标系 1 静止
    do
    {
        if (pWnd - > m_carryExit)
        {
            return 0;
        }
        sRtn = GT_CrdStatus(1,&run,&segment,0);
    } while (run == 1);

    //移动至定位点,吸取物料
    sRtn = GT_LnXY(1,pWnd - > xyzPoint[0][0],pWnd - > xyzPoint[0][1],pWnd - > carryVel,pWnd - > carryAcc);
    sRtn = GT_LnXYZ(1,pWnd - > xyzPoint[0][0],pWnd - > xyzPoint[0][1],pWnd - > xyzPoint[0][2],pWnd - > carryVel,pWnd - > carryAcc);
    sRtn = GT_BufDelay(1,500,0);
    sRtn = GT_BufIO(1,MC_GPO,0x800,0x0);
    sRtn = GT_BufDelay(1,1000,0);
    sRtn = GT_LnXYZ(1,pWnd - > xyzPoint[0][0],pWnd - > xyzPoint[0][1],pWnd - > xyzPoint[0][2],pWnd - > carryVel,pWnd - > carryAcc);
    sRtn = GT_CrdData(1,NULL,0);
    CMotionControlDemoApp::commandhandler(_T("GT_CrdData"),sRtn);
    sRtn = GT_CrdStart(1,0);
    CMotionControlDemoApp::commandhandler(_T("GT_CrdStart"),sRtn);

    //等待运动停止
    do
    {
        if (pWnd - > m_carryExit)
        {
            return 0;
        }
        sRtn = GT_CrdStatus(1,&run,&segment,0);
    } while (run == 1);

    //判断吸取状态
```

```
            sRtn = GT_GetDi(MC_GPI,&gpiValue);
            if (! (gpiValue& (1 <<5)))
            {
                ::MessageBox(NULL,_T("吸取失败,退出取料工作!"),_T("Error"),MB_OK);
                return 0;
            }

            //解除定位锁定
            sRtn = GT_SetPos(4,0);
            sRtn = GT_Update(1 << (4 - 1));

            //5 放置物料
            sRtn = GT_LnXYZ(1,pWnd - >xyzPoint[0][0],pWnd - >xyzPoint[0][1],pWnd - >zPos-
ForMove,pWnd - >carryVel,pWnd - >carryAcc);
            sRtn = GT_LnXY(1,pWnd - >xyzPoint[i][0],pWnd - >xyzPoint[i][1],pWnd - >car-
ryVel,pWnd - >carryAcc);
            sRtn = GT_LnXYZ(1,pWnd - >xyzPoint[i][0],pWnd - >xyzPoint[i][1],pWnd - >xyz-
Point[i][2],pWnd - >carryVel,pWnd - >carryAcc);
            sRtn = GT_BufDelay(1,500,0);
            sRtn = GT_BufIO(1,MC_GPO,0x800,0x800);
            sRtn = GT_BufDelay(1,500,0);
            sRtn = GT_LnXYZ(1,pWnd - >xyzPoint[i][0],pWnd - >xyzPoint[i][1],pWnd - >zPos-
ForMove,pWnd - >carryVel,pWnd - >carryAcc);
            sRtn = GT_CrdData(1,NULL,0);
            CMotionControlDemoApp::commandhandler(_T("GT_CrdData"),sRtn);
            sRtn = GT_CrdStart(1,0);
            CMotionControlDemoApp::commandhandler(_T("GT_CrdStart"),sRtn);
            do
            {
                if (pWnd - >m_carryExit)
                {
                    return 0;
                }
                sRtn = GT_CrdStatus(1,&run,&segment,0);
            } while (run ==1);
        }

        return 0;
    }
```

（3）启动搬运功能　在资源视图中打开 IDD_Process_DIALOG，双击“启动搬运”按钮，添加按钮单击事件，代码如下：

```
void Process_Page::OnBnClickedPstartwork()
{
    //TODO:在此添加控件通知处理程序代码
    //启动搬运工作
    CString str;
    //读取界面参数
    //读取搬运速度
    GetDlgItem(IDC_P_carryVel) - >GetWindowTextW(str);
    carryVel = _wtof(str. GetBuffer());
    //读取搬运加速度
    GetDlgItem(IDC_P_carryAcc) - >GetWindowTextW(str);
    carryAcc = _wtof(str. GetBuffer());
    //读取定位速度
    GetDlgItem(IDC_P_lockVel) - >GetWindowTextW(str);
    lockVel = _wtof(str. GetBuffer());
    //读取定位加速度
    GetDlgItem(IDC_P_lockAcc) - >GetWindowTextW(str);
    lockAcc = _wtof(str. GetBuffer());
    //读取移动抬升位
    GetDlgItem(IDC_P_zPosForMove) - >GetWindowTextW(str);
    zPosForMove = _wtol(str. GetBuffer());
    //读取取料个数
    GetDlgItem(IDC_P_loop) - >GetWindowTextW(str);
    loop = _wtoi(str. GetBuffer());
    if (loop <1 || loop >4)
    {
        MessageBox(_T("物料数错误"));
        return;
    }
    //读取流水线速度
    GetDlgItem(IDC_P_lineVel) - >GetWindowTextW(str);
    doubledLineVel = _wtof(str. GetBuffer());
    if (dLineVel <0 || dLineVel >10)
    {
        MessageBox(_T("流水线速度错误"));
        return;
    }

    //伺服启动
    OnBnClickedPAxison();

    //流水线运动
    shortlineVel = (short)(32768 * dLineVel/10);
    GT_SetDoBit(MC_GPO,9,0);
```

```
    GT_SetDac(5,&lineVel);

    //4 轴运动参数
    GT_PrfTrap(4);
    TTrapPrm trap;
    trap.acc = lockAcc;
    trap.dec = lockAcc;
    trap.smoothTime = 25;
    trap.velStart = 0;
    GT_SetTrapPrm(4,&trap);
    GT_SetVel(4,lockVel);

    //重置退出搬运线程标志
    m_carryExit = 0;
    //启动搬运线程
    pCarry = AfxBeginThread(AfxThreadCarry,this);
}
```

（4）停止搬运功能　在资源视图中打开 IDD_Process_DIALOG，双击“停止搬运”按钮，添加按钮单击事件，代码如下：

```
void Process_Page::OnBnClickedPstopwork()
{
    //TODO:在此添加控件通知处理程序代码
    //流水线停止
    GT_SetDoBit(MC_GPO,9,1);
    GT_SetDac(5,0);
    //退出搬运线程
    m_carryExit = 1;
    //停止轴运动
    short sRtn;
    sRtn = GT_Stop(15,0);
    CMotionControlDemoApp::commandhandler(_T("GT_Stop"),sRtn);
    //清空坐标系 1 插补点
    sRtn = GT_CrdClear(1,0);
    CMotionControlDemoApp::commandhandler(_T("GT_CrdClear"),sRtn);
}
```

9. 关闭伺服

在资源视图中打开 IDD_Process_DIALOG，双击“关闭伺服”按钮，添加按钮单击事件，代码如下：

```
void Process_Page::OnBnClickedPAxisoff()
{
    //TODO:在此添加控件通知处理程序代码
    //关闭伺服
```

```
        short sRtn;
        for (short i = 1;i < 5;i ++ )
        {
        sRtn = GT_AxisOff(i);
        CMotionControlDemoApp :: commandhandler(_T("GT_AxisOff"),sRtn);
        }
        //重置手轮
        m_handWheelExit = 0;
        CButton * pBtn = (CButton * )GetDlgItem(IDC_P_handwheel);
        pBtn - > SetCheck(0);
        //重置搬运工作
        OnBnClickedPstopwork();
    }
```

10. 清除报警

在资源视图中打开 IDD_Process_DIALOG，双击“清除报警”按钮，添加按钮单击事件，代码如下：

```
    void Process_Page :: OnBnClickedPclrsts()
    {
        //TODO:在此添加控件通知处理程序代码
        //清除报警
        short sRtn;
        for (int i =0;i < 5;i ++ )
        {
            sRtn = GT_ClrSts(i,1);
            CMotionControlDemoApp :: commandhandler(_T("GT_ClrSts"),sRtn);
        }
    }
```

参 考 文 献

[1] 熊田忠．运动控制技术与应用［M］. 2 版．北京：中国轻工业出版社，2016.
[2] 基洛卡．工业运动控制：电机选择、驱动器和控制器应用［M］. 尹泉，王庆义，等译．北京：机械工业出版社，2018.
[3] 全国金属切削机床标准化技术委员会．机床检验通则　第 2 部分：数控轴线的定位精度和重复定位精度的确定：GB/T 17421. 2—2016［S］. 北京：中国标准出版社，2016.